U0285034

中华茶文化与礼仪

胡付照　著

中国财富出版社

图书在版编目（CIP）数据
中华茶文化与礼仪 / 胡付照著 .—北京：中国财富出版社，2018.8
（2020.10 重印）
ISBN 978-7-5047-6651-9

Ⅰ. ①中…　Ⅱ. ①胡…　Ⅲ. ①茶文化－礼仪－中国　Ⅳ. ① TS971.21

中国版本图书馆 CIP 数据核字（2018）第 217135 号

策划编辑　宋　宇　　责任编辑　齐惠民　刘静雯
责任印制　梁　凡　　责任校对　刘瑞彩　　责任发行　董　倩

出版发行　中国财富出版社
社　　址　北京市丰台区南四环西路 188 号 5 区 20 楼　　邮政编码　100070
电　　话　010－52227588 转 2098（发行部）　010－52227588 转 321（总编室）
　　　　　010－52227588 转 100（读者服务部）　010－52227588 转 305（质检部）
网　　址　http://www.cfpress.com.cn
经　　销　新华书店
印　　刷　天津市仁浩印刷有限公司
书　　号　ISBN 978-7-5047-6651-9/TS・0099
开　　本　787mm×1092mm　1/16　　版　　次　2018 年 11 月第 1 版
印　　张　20　　印　　次　2020 年 10 月第 3 次印刷
字　　数　338 千字　　定　　价　58.00 元

茶树植根于丰沃的泥土，享受着充足的阳光和雨露，无尽的茶山常常在云雾的笼罩之下，受到日月星辰的格外恩宠。春日载阳，便生发出嫩嫩的芽尖，在温暖阳光的抚爱和催发下，趁着东风飞快成长，那一片被人们珍视如宝的小小树芽，就是江南所出产的“明前茶”，清明节前的茶叶可以卖个好价钱呢！

人们喜爱茶的绿色，可以从中体味到大自然的活力生发。人们喜欢饮茶，淡淡的茶汤展示了大自然阴阳变化的馈赠，人们从中体味到人生的滋味，茶汤也因而被人们寄予了无数的希望和梦想。中国人喜欢茶，中国是茶的故乡，是茶文化的发源地，具有博大精深的茶文化。

胡付照所写的《中华茶文化与礼仪》一书旨在介绍中国的茶文化以及饮茶时的礼仪。作者因多年以来一直在高校从事茶文化的教学工作，所以对中华茶文化与礼仪颇有心得，知晓现在的年轻人喜欢什么样的茶，注重引导大学生学习如何享受茶。作者叙来娓娓动情，多有他书所不具备之处。书中有从商品到文化的思考，对于从哪里学习茶知识也做了引导，揭示了茶能够令人愉悦平静，更能引发人哲学思考的道理。

本书对饮茶礼仪做了介绍，指出中国人历来就有“客来敬茶”的礼仪之道，茶礼仪是饮食之礼的重要组成部分。本书不但有茶礼仪的理论阐述，而且有操作的习练，是一部茶礼仪的入门之作。读者由阅读此书而知茶之礼仪，进

而习学普通礼仪，做一个仪表得体、待人有礼、内心真诚的现代人，何乐而不为呢？

我理解，书中对各种茶的详细介绍，也应该是明习茶礼仪的一个方面，不了解茶性、茶品，又怎么能根据客人的不同要求提供适合的茶叶呢？

中国号称“礼仪之邦”，《周礼》《仪礼》《礼记》关于不同礼仪的记载多到难以述说，《礼记·中庸》就说“礼仪三百，威仪三千”。祭祀有礼仪，饮食有礼仪，这些都见于周秦之间的儒家经典，但是，茶的礼仪如何，却不见经传。陆羽《茶经》对茶的礼仪也言之不详，仅在“六之饮”中指出招待客人时如何区分粗茶、散茶、末茶、饼茶等，如何根据客人的数量来斟茶。陆羽指出：喝茶要想茶味浓、香气重，那么只分三碗；其次，分五碗。假如共五个人喝茶，那么就可以将三碗茶分开来喝；假如七个人，那么就将五碗茶分开来喝；六个人的时候，不必限定喝三碗还是五碗，只不过比七个人少了一个人，那么就可以把茶汤一沸时留存的那一瓢，当作是第七个人喝的，这样就能分得恰好了。至于更详细的规矩，《茶经》就没有提及了。

其实，茶礼仪的兴起由来已久，在两晋、南北朝时，江南一带“客坐设茶”便已成为普遍的待客礼仪。

卒于晋怀帝永嘉五年（311年）的杜毓，所作的《荈赋》（荈即茶）是中国早期有关茶的文学作品，文中就已经说到烹茶选水及茶具的选择和饮茶的效用：“水则岷方之注，挹彼清流。器择陶拣，出自东瓯；酌之以匏，取式公刘。惟兹初成，沫沈华浮，焕如积雪，晔若春敷。”其意是对于烹茶用水和品饮的茶器，要有讲究。所选择的水是取于流经岷江之地的清澈山泉，茶器则选择东瓯越州的精致陶器。品茶方式则效仿周代先贤公刘之法，盛茶用具是用葫芦剖开做的。待茶煮好，茶汤呈现一种积雪般的耀眼，犹如春天般的草木亮丽灿烂。杜毓所提出的就是待客之道，其宗旨是殷勤周到，烹制茶的水要选取天下最好的水，所使用的茶具也同样考究，盛茶的器具则要追仿《诗经》中所描写的“笃公刘”炮制的葫芦式样，以此来体现至诚。杜毓的以茶待客之道仅仅是茶礼仪的一个轮廓，但是他已经提出了茶的礼仪之道的核心是追求极致，契合于心之至诚，唯其如此，方可换来茶汤之清澈明亮。

礼仪的提出与制定，必定植根于社会的需求。魏晋南北朝时期人们以茶聚会的机会增多，人各有习，地别有俗，就需要有大体一致的饮茶礼仪，以

便表达彼此的充分尊重，同时又不失温存之道。

陆纳、桓温以茶代酒的故事就说明了这一时期的社会风气的改变，饮茶已经成为待客的普遍礼仪。

《茶经》和《晋书》都记载了东晋陆纳的故事。陆纳担任吴兴太守时，将军谢安想到陆府拜访。陆纳的侄子陆俶为叔叔准备了一桌十来个人的酒馔。谢安到来，陆俶忙命人把早已备下的酒馔搬上来。谁知叔叔陆纳并不领情，仅以几盘果品和茶水招待。客人走后，陆纳大怒，说："你不能为我增添什么光彩也就罢了，怎么还这样奢侈，玷污我一贯清操绝俗的素业！"于是当下把侄儿打了四十大板。谢安是何等人物，一场淝水之战已经足以使其名扬天下了。陆纳以茶代酒来招待官阶品位极高的谢安，表示提倡清操节俭固然是衷心所在，所以估计谢安会接受这种方式也一定是陆纳所考虑的。再说了，以茶会友体现的是雅淡，利于深谈，而酒的浓烈激发人的兴奋，高谈阔论倒不一定适合君子之交呢！

与陆纳有相同举动的还有个桓温，他也主张以茶代酒。桓温很有政治、军事才干，一代风流人物，曾率兵伐蜀，灭成汉，威名大振。按说他的性情更接近于"酒"，他问陆纳能饮多少酒，陆纳说只可饮二升。桓温说自己也不过三升酒，十来块肉罢了。桓温担任扬州牧时，"每宴惟下七奠，拌茶果而已"。桓温的饮茶也是为表示节俭，同时也是引领社会风尚。

不仅是桓温，南北朝时南齐世祖武皇帝，去世前下遗诏，说他千古之后丧礼要尽量节俭，不要麻烦百姓，灵位上不要以"三牲"为祭品，只放些干饭、果饼和茶饮便可以了。以茶为祭品，大约正是从这时候开始的。

《太平御览》卷八百六十七引《世说新语》记载晋代的王濛喜好饮茶，每次有客人造访，必定以茶水招待。有的士大夫惧怕茶水太苦，每次往王濛家去便说"今日有水厄"。水厄，就是水灾，当时的士人还把饮茶看作遭受水灾，故有此说。《洛阳伽蓝记》记载，梁武帝的儿子萧正德投降了北魏，魏人元义想为他设茶水，先问道："卿于水厄多少？"这里就借用了"水厄"的典故，这句问话就是问萧正德：你能喝多少茶？谁想，萧正德不懂茶，便道："下官虽生在江南水乡，却并未遭受过什么水灾之难。"此言一出，引起周围人一阵大笑。这两则故事都说明饮茶在当时还并不普遍，据此可以推测，饮茶的礼仪这时虽然已经有了，但是还没有成型。

饮茶礼仪的形成应该是在唐代。

唐代已经有了全国性的用茶招待客人的礼俗。以茶宴客之礼仪，也称为“茶宴”。“茶宴”最早的记载见于《世说新语·轻诋篇》：“褚太傅初渡江，尝入东，至金昌亭，吴中豪右燕集亭中。褚公虽素有重名，于时造次不相识，别敕左右多与茗汁，少箸粽。”“茶宴”一词，最早出现于南北朝山谦之的《吴兴记》：“每岁吴兴、昆陵二郡太守采茶宴会于此。”到了唐代，茶宴已正式化。唐代诗人钱起的诗《与赵莒茶宴》：“竹下忘言对紫茶，全胜羽客醉流霞。尘心洗尽兴难尽，一树蝉声片影斜。”反映了唐代茶宴与会者代酒欢宴的感慨之情。刘禹锡在《秋日过鸿举法师寺院，便送归江陵》中说道：“客至茶烟起，禽归讲席收。浮杯明日去，相望水悠悠。”是说客人来后升起炊烟烧水沏茶，这杯茶是为了第二天在水边送客人远去的。可以推见当时已经有沏茶送客的习俗。与此相同，白居易在《曲生访宿》中称：“林家何所有，茶果迎来客。”山林人家招待客人时，用的也是自己种植所得的茶叶和水果。杜荀鹤《山居寄同志》所言“垂钓石台依竹垒，待宾茶灶就岩泥”，也明确地说用茶水招待客人。李咸用的《访友人不遇》中有“短僮应捧杖，稚女学擎茶”的诗句，可知朋友的女儿已经学会了沏茶，用茶来招待客人。此处的“擎茶”，意为托举茶杯，应该理解为比一般的端茶要高一等，程式要复杂一些，那应该就是较为复杂的茶的礼仪了。唐时茶宴，风格多元，既有古朴清和的寺宴，又有官贵名流的官宴；既有简朴务实的宅宴，又有富有诗情画意、隐逸清雅的在山水之间的野宴。茶宴之道，以清俭淡雅为主旨，体现了人们对和平与安定生活的向往。

以茶叶相馈赠也属于茶礼仪的内容，同样记载于唐代的文献中。如《全唐诗》中馈赠茶叶就是常见的题材。李白《答族侄僧中孚赠玉泉仙人掌茶》中，李白记载道，与侄儿中孚禅师在金陵（今江苏南京）栖霞寺不期而遇，中孚禅师以仙人掌茶相赠并要李白以诗作答，遂有此作；柳宗元《巽上人以竹间自采新茶见赠酬之以诗》记永州龙兴寺僧人重巽采摘珍异的茶叶嫩芽送给自己；白居易《萧员外寄新蜀茶》中，白居易为四川寄来茶叶的新鲜而惊异；卢仝《走笔谢孟谏议寄新茶》中同样收到的是蜀地寄来的新鲜茶叶，可见远地寄送茶叶已经很普遍，都被视作尊贵的礼仪，因而多有诗作吟诵。

与唐代以茶为礼、以茶相馈盛极一时相关，在社会上围绕茶的饮用，还兴起了其他一些新的风尚，茶会即是其中最值得称道的一种。“茶会”即今天的茶话会，最早见于唐诗。钱起的《过长孙宅与朗上人茶会》：“偶与息心侣，忘归才子家。玄谈兼藻思，绿茗代榴花。岸帻看云卷，含毫任景斜。松乔若逢此，不复醉流霞。”作者在诗歌中展示了僧俗三人茶会，以茶助清谈，以茶激发写作灵感，兴奋得掀起头巾露出前额。帻是覆盖在额头上的头巾。在古代，戴帻既是一种装束，也是一种礼节。把帻掀开，便代表了行事不受拘束、率性而为的一种状态。说明文人间以茶会友，程式规矩很随意，服饰也没有讲究，完全以放松为目的，以交流为快感。茶礼仪是服从于以茶聚会者一致的兴趣的。

唐代有许许多多的诗歌颂赞茶礼，叙写茶会，说明文人已经满腔热忱地参与到茶文化的创造中来，参与到对茶礼仪的完善中来。文人的主动性与创造性，加上时代的伟大升腾气象，使得茶文化得以发展，茶礼仪具备雏形。

《论语》曰：“礼之用，和为贵。”唐代提倡茶礼，希望借茶礼实现人与人之间的和谐美好。茶文化与礼仪在当代也有了长足的进步。

作者倾心于食品文化研究，已有多部著作，所见精进，引导我渐入佳境，然索句于我，吾遂以随感为序。

徐兴海

戊戌年正月　于上海

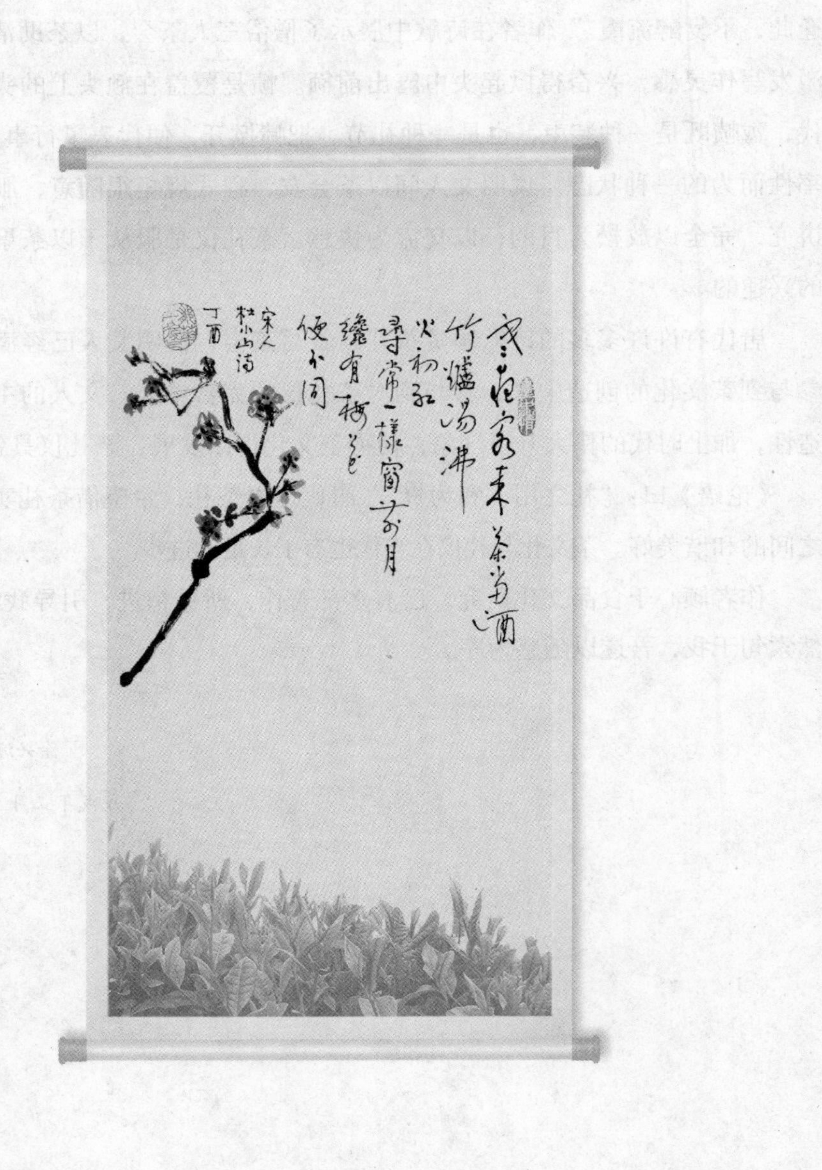
寒夜客來茶當酒
竹爐湯沸火初紅
尋常一樣窗前月
纔有梅花便不同
宋人杜小山詩
丁酉

序二

“茶还是咖啡？”作为被招待的客人，主人经常热情地这样询问，然后奉上一杯我们喜欢的饮料。茶叶与咖啡、可可并称为世界三大无醇饮料。现代饮茶之风早已遍及世界各国，受到全世界人民的欢迎。中国作为茶的故乡，数千年来，一片小小的茶叶承载了丰富的文化内涵。

茶叶被追求饮食之味的茶客们塑造了千变万化的形态，也创造了千奇百怪的品饮之法。先人们发现了茶树上的叶子，有提神、充饥、解毒之妙用，数千年来，茶叶的形态及饮用方式发生了诸多变化，体现了人们在饮食趣味、生活仪礼、健康养生、修身养性等方面对茶叶的期待。中国茶叶主要分为绿茶、红茶、乌龙茶、白茶、黄茶、黑茶六大基本茶类和花茶、紧压茶、粉茶等再加工茶类。随着人们对茶叶口味的追求，茶叶工艺不断创新，茶叶品类不断演变，无不彰显了人们的期待与创造！在茶叶上所展现的种种商品的状态，反映了消费者的追求、茶叶生产者的创造、经营管理者的智慧。一片自然生长的树叶变为有价值的商品，商品物性映人性。

二三人围着茶器坐下来，人们在泡茶品茶的过程中，人与茶交流，人与人交流，泡茶者会根据品茶者脸上的表情、口中的语言、身体动作姿态的细微变化而不断地调试茶器中的茶汤风味，这种细微的变化，会不断促使泡茶者换位思考，增强服务和关爱照顾他人之心，因为一杯茶，而增进了友谊，增加了彼此了解，体现了茶作为人际交流媒介的价值。

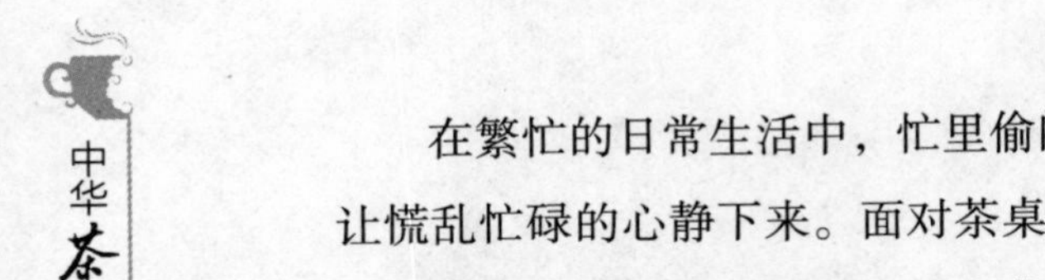

在繁忙的日常生活中，忙里偷闲，独自泡上一杯茶，能平复内心的焦躁，让慌乱忙碌的心静下来。面对茶桌，正襟危坐，调整呼吸，手上以舒缓的动作来泡茶，涤器、置茶、出汤、分茶、品茗。用心地为自己泡上一杯茶，细细品鉴茶汤的颜色、香气、滋味，感悟茶汤的当下之美。每一次品茶都是无法重复的，“一期一会”的茶，让人珍惜生命的时光之美。

茶叶是文化的载体，对 21 世纪更加注重沟通的人们而言，会品茶、会泡茶已经成为一种时尚。“如法”地在有茶的场合自信地展现自我，需要谙熟与茶相关的礼仪。当你接到邀请参加茶会雅集，赴会时穿着得体的服装，茶艺师与茶客分享一杯茶的美妙，众人皆因有“礼”而其乐融融。“品茶明志，历事练心”，一杯茶给我们带来的惊喜，远远超过了茶叶本身的价值。

我有幸在校园中宣传茶的健康与美妙，从教二十多年来，与来自世界各地的学生因为茶而相识，而他们中的很多人也因为生活中有茶而改变了人生之旅。青年学子不妨试着亲近茶，哪怕只品尝一口，我相信，也许因此契机，借由茶，会开启一个充满智慧和灵性的人生。

在每一个温暖阳光照耀的清晨，嗅着美妙的茶香，开始我们充满爱与善意的生活吧！

胡付照

戊戌年春 于无锡观一居

目录
CONTENTS

天地和

1 绪 论

茶叶是茶树上的叶子，勤劳智慧的劳动人民在数千年的人类生活实践中发现了茶叶有益身体健康之功效，在不断的探索加工中，形成了丰富多彩的茶叶品类。茶叶成为人们日常生活中饮与食的对象，经过了食用、药用、饮用阶段。中国是茶的故乡，人们种茶、采茶、制茶，形成了多种多样的饮用方法、食用方法，并在生产生活中深入研发应用。在中国茶文化历史中，茶叶经过了自然之物、人造之物、药物、食蔬、饮品等形态的发展演变。茶叶是文化的载体，常与茶壶一起，成为识别中国的文化符号。中华茶文化内涵博大精深，在不同的民族、不同的地区饮茶方式及习俗各有不同。茶叶传播到国外，与当地的饮食文化相结合，呈现出另一番景象。随着全球经济一体化的加深，世界各国文化的交流加速，在互联网时代，学习探索茶文化的内涵，更具有现实意义。

春華秋實

1.1 茶文化概述

1.1.1 商品、文化与嗜好品

1. 茶叶商品

商品是人类社会生产力发展到一定历史阶段的产物，是用于交换的劳动产品。恩格斯对此进行了科学的总结：商品“首先是私人产品。但是，只有这些私人产品不是为自己消费，而是为他人的消费，即为社会的消费而生产时，它们才成为商品；它们通过交换进入社会的消费”①。茶树上自然生长的茶叶不是商品，但经过人类的采摘与系列的工艺制作，流通于市场，就完成了茶叶从产品向商品的转变。

人们发现了自然环境中的茶树有益于人类的价值，数千年来把它作为劳动的对象，根据人们的消费需求，其叶子被智慧的人们塑造成千姿百态的茶叶产品体系。在这个丰富的茶叶产品体系之中，不仅包括各种茶叶饮品，还包括经深加工提炼出来的茶叶中的有益成分，供医药、食品、纺织、农业等多种产业所用，现代茶产业大大拓宽了茶叶的应用渠道。

从饮品的角度而言，一片茶叶经沸水冲泡之后，所散发出来的香气是丰富且令人迷恋的。因为不同茶叶的香气具有不同的特征，这也使得茶叶成为人们的嗜好品。茶叶与香烟、咖啡、酒一样，被痴迷者迷恋或上瘾而欲罢不能。这种对身体、精神及心理有极强影响的商品，与人们的生活联系密切，成为人类文化生活中的一部分。

---

①恩格斯．反杜林论［M］. 北京：人民出版社，1970：302.

茶叶不是生活的必需品，但因为茶叶有特殊的风味及有益于人体的成分（如茶多酚、茶氨酸、咖啡碱等），在你的身体健康程度能接纳茶的情况下，不妨试着品尝它，也许这一片小小的茶叶，就能让你重新审视自己的人生。

在中国有很多地方出产茶叶，尤其是山川名胜之地，人们在长期的生产生活中，茶叶已经成为文化的载体，承载了茶区人民生活的方方面面。在饮茶习俗盛行的地区，通过茶叶消费方式的不同，我们也能发现茶所承载的丰富的文化内涵。

“客来敬茶”，几乎是每一个中国家庭的待客礼仪之道。柴米油盐酱醋茶，不仅是中国人的开门七件事，还是更多热爱中国文化的国际友人的爱好。中国饮食文化的丰富多彩，令外国友人感叹：到了中国，身体怎么那么容易发福？

2. 文化内涵

《周易·贲卦·彖传》：“观乎天文，以察时变；观乎人文，以化成天下。”这是我国古代典籍中第一次提到“文”和“化”。意思是说：通过观察天象的运行，来认知时节时令的变化；通过观察人间事相，来化育养成天下。西汉刘向《说苑·指武》：“圣人之治天下也，先文德而后武力。凡武之兴，为不服也；文化不改，然后加诛。”意思是说：圣人治理天下，会先用文德教化天下，然后才用武力征服天下。但凡动用武力征服天下的，是因为不信服文德教化；先用文德治理而改变不了的，就可以诛罚他了。此中“文化”是“文治教化”的意思。又如，南朝著名文学家王融（467—493 年），在《三月三日曲水诗序》中有：“设神理以景俗，敷文化以柔远。”“文化”在这里指的是以“文”化育万物，毕成礼乐典章制度的总称，所以孔子说：“郁郁乎文哉，吾从周。”这种理解在我国一直保留到近代。

我们今天所用的“文化”一词，略受西方的影响。“文化”（Culture）一词，起源于拉丁文的动词“Colere”，意思含有：耕种、居住、练习、留心、注意、敬神等，后来引申为培养一个人的兴趣、精神和智慧。“文化”的概念在西方最早是由英国人类学家爱德华·泰勒在 1871 年提出的。他对文化的定义是：包括知识、信仰、艺术、法律、道德、风俗以及作为一个社会成员所获得的能力与习惯的复杂整体。《牛津现代词典》中对文化的解释是：“文化是人类能力的高度发展，借训练与经验而促成的身心的发展、锻炼、修养，或者说是人类社会智力发展的证据、文明，如艺术、科学等。文化是一种社会现象，是人们长期创造形成的产物，同时又是一种历史现象，是社会历史的积淀物。”中国古代的“文”指的就是这样一种天人积淀。

1.1.2 茶文化的内涵

1. 茶文化的四个层面

不同角度的“文化”有不同的划分方式。从四个层面划分来看，文化的内部结构可以划分为：物质文化、行为文化、制度文化和心态文化。物质文化是人类的物质生产活动方式和产品的总和，是可触知的具有物质实体的文化事物；行为文化是人际交往中约定俗成的以礼俗、民俗、风俗等形态表现出来的行为模式；制度文化是人类在社会实践中制定的各种社会行为规范；心态文化是人类在社会意识活动中孕育出来的价值观念、审美情趣、思维方式等主观因素，相当于通常所说的精神文化、社会意识等概念，这是文化的核心层。

中国茶文化是指人类在整个茶叶发展历程中的物质和精神财富的总和。

物质文化：人们从事茶叶生产的活动方式和产品的总和，包括茶叶生产工具和创造茶叶产品的技术等，如茶叶的栽培、制造、加工、保存，茶叶成分提炼技术等，也包括品茶时所使用的茶叶、水、茶具以及桌椅、茶室等看得见、摸得着的物品和建筑物。

制度文化：人们在从事茶叶生产和消费过程中所形成的社会行为规范。如随着茶叶生产的发展，历代统治者不断加强管理措施，称之为“茶政”，包括纳贡、税收、专卖、内销、外贸等。

行为文化：人们在茶叶生产和消费过程中的约定俗成的行为模式，通常是以茶礼、茶俗以及茶艺等形式表现出来。

心态文化：人们在应用茶叶的过程中所孕育出来的价值观念、审美情趣、思维方式等主观因素。如人们在品饮茶汤时所追求的审美情趣，在茶艺操作过程中所追求的意境和韵味，以及由此产生的丰富联想；反映茶叶生产、茶区生活、饮茶情趣的文艺作品；将饮茶与人生处世哲学相结合，上升至哲理高度，形成所谓茶德、茶道等。这是茶文化的核心部分。

2. 茶文化中的几个名词

中国茶文化与中华茶文化。若按国别角度区分，中国茶文化更强调了国家色彩；若按文化类型区分，中华茶文化更彰显了中华民族的文化特色。

茶道与茶艺。“道”一般是指事物的来源、本质和规律。笔者认为，中国茶道是人们以“茶”作为载体，通过茶来彰显中国茶文化的精神。茶道通常会以获得及感受一杯茶汤的技艺和行为、礼仪等体现出来。茶艺是以艺术化的手法调制好一杯茶汤，悦己悦人，是以艺合道的行为艺术。中华茶艺，以“和”为核心，倡导精行俭德的精神，传承中华文化。茶道以茶艺为载体，依存于茶艺。茶艺重点在“艺”，重在习茶艺术，以获得审美享受；茶道的重点在“道”，旨在通过茶艺修身养性、参悟大道。茶道更强化精神、理念，茶艺更强调艺术性。茶道无形，指导茶事活动，指导茶艺行为，指导人们在与茶有关的活动中合乎人伦之道，合乎自然大道。

茶人与爱茶人。“茶人”一词最早见于陆羽《茶经·二之具》：“茶人负以采茶。”此后，唐代白居易诗《谢李六郎中寄新蜀茶》：“应缘我是别茶人”（鉴别茶叶的行家）；《山泉煎茶有怀》：“寄与爱茶人”。这里，诗人明确提出“爱茶人”一词。近年来，“茶人”这个称呼流行了起来，而且，似乎是一种尊称。对于酒行业而言，“酒人”的称呼则为普通，从高到低的称呼是：酒圣、酒贤、酒仙、酒董、酒徒、酒鬼等，但即使在酒行业，似乎这些称谓也没有流行起来。在茶行业，有制茶、鉴茶、茶艺等职业分工的区别，也有制茶大师、评茶大师、茶艺大师等流行称谓，酒行业中也有评酒大师、酿酒大师等称谓，网络上曾有一段时间对“茶人”称呼与身份起了争论，但结果不了了之。而对于从事茶行业的人而言，笔者认为称呼“茶人”不如称呼其为“爱茶人”亲切些。当然，即使是爱茶人，对文字名词理解的不同，也会有不同的偏爱。比如有人自谦为茶童、茶痴、茶客等。

1.1.3 茶的历史及演变

1. 崇尚科学，审慎对待茶神话

唐代陆羽在《茶经》中说：“茶，南方之嘉木也。”茶叶最早生长在中国西南地区，云南、贵州、四川是茶树原产地的中心地带。各个行业都有自己崇拜的鼻祖，炎帝神农作为茶叶的发现者自古以来就被茶界所尊崇。最早把神农与茶联系起来的是陆羽，他在《茶经》中提出“茶之为饮，发乎神农氏，闻于鲁周公”，这是陆羽的推论，并非历史记载。被人广为引证的《神农本草经》有“神农尝百草，一日而遇七十毒，得茶而解之”的说法。但因《神农本草经》文献史料的不确认，此证被学界所不认。神农尝百草也只能算作民间传说了。但好古尚古的中国人大都相信这是真的。中国社会文化中有一个较为鲜明的特点，人们需要精神支柱，热衷于造神及功利化的追求，长年累月的口口相传，甚至以讹传讹，使得人们心目中的神也模糊、神秘起来，根据各个时代所需，不断地被修改身份、面目、功力等。从行业发展来看，在现代社会，多一点敬畏与真诚，对行业健康发展非常有利，但人们对膜拜的对象应有清醒的、理性的认识。

在涉及茶行业的传说中，还有几位高人被尊为“茶祖”。

其一，云南普洱地区奉诸葛亮为茶祖。其二，四川地区奉吴理真为茶祖，传说他是世界上种植茶叶的第一人，但近年来学界考证，从学术意义上，吴理真的身份存有争议，有待进一步研究[①]。其三，布朗族传说叭岩冷是种茶始祖。但从历史的角度看，炎帝神农是中国的“三皇五帝”之一，传说他是中国历史上第一个发现茶叶和食用茶叶的人，理所当然地成为“中华茶祖”。

茶的原产地在哪里呢？人们在讨论茶的起

关于东亚和南亚的植被与东亚半月弧

以云贵高原为中心，西起印度阿萨姆，东至中国湖南的月牙形地带是照叶树林东亚半月弧。照叶树林是指树叶闪闪发光的常绿乔木，茶树是其中之一。最早提出照叶树林文化论的日本学者中尾佐助博士指出，尽管在南美和阿拉伯都有将植物的叶子加工成饮料的做法，但是在照叶树林地带种类最丰富多彩，从中国西南到喜马拉雅山地区各种植物被当作饮料饮用，这些植物都是灌木或乔木，没有草本植物。它们有时是作为茶的代用品而被饮用。照叶树林文化拥有把树叶加工成饮料而饮用的习俗，茶叶就是在这种环境下脱颖而出的。（转引自关剑平 . 文化传播视野下的茶文化研究 [M]. 北京：中国农业出版社，2009：11-12.）

①董存荣 . 蒙山茶话 [M]. 北京：中国三峡出版社，2004：32-47.

源问题时常常会把茶树的原产地与饮茶文化的起源混淆，但它们是两个完全不同性质的问题。关于茶树的原产地问题，历来争论较多。主要有[①]：一元论的印度原产说；二元论的中国和印度说；多元论的东南亚原产说；印度、缅甸和中国交界的无名高地原产说；一元论的原产中国说。

在各种茶树的起源假说中，以中国起源说最为有力。中国西南地区的云南、贵州、四川一带是茶树原产地的中心地带，至今仍有超过千年树龄的茶树，且每年都能产出茶叶供人们饮用。

在这些关于茶树原产地的争论中，尚存在着一个误区，就是以国家概念代替地理概念，而茶树的生长不是受近百年的政治格局所左右的。

2. 茶文化的传播

茶叶的传播与时代的政治、经济、交通和自然条件等多个因素密切相关。从生物学观点看，物种一般是顺着江河的流向扩展传播的。关剑平先生认为，现在普及世界的饮茶文化是照叶树林文化在向北方发展中，与中原文化复合的产物，因此产生于四川、照叶树林地带的边缘。照叶树林地带丰富的茶树资源在四川遇到了不同于其南面云南、缅甸、泰国和越南等地的崭新的需求、技术与认识。如以“神仙思想”为背景的制药技术，茶叶使用制药技术加工，为了未来“羽化登仙”而饮用。这样便逐渐发展为现在的茶文化。[②]

饮茶习俗的全球化过程可以分为四个阶段：一是秦灭蜀（公元前 316 年）以前，茶是以四川为中心的地方性饮料；二是魏晋南北朝时期，茶是立足于长江流域向北方普及的中国饮料；三是唐宋时代，茶是从长江、黄河流域向北方普及的中国饮料；四是元明清时代，茶立足于中国向全球普及，最终成为世界性饮料。

茶叶的外传最初是从汉代开始，茶叶商品经“丝绸之路”向西亚传播。一是通过来华的僧侣和使臣，将茶叶带往周边的国家和地区；二是通过派出的使节以馈赠礼品的形式与各国上层交换；三是通过贸易交流，将茶叶作为商品向各国输出。唐代国事兴盛，茶的栽培、制造、品饮等各方面的深入发展使唐代成为茶业史上的重要时期。唐王朝采取开放的外交政策，派出使节

①关剑平 . 文化传播视野下的茶文化研究 [M]. 北京：中国农业出版社，2009：9-10.

②关剑平 . 文化传播视野下的茶文化研究 [M]. 北京：中国农业出版社，2009：18.

出使西域，文成公主远嫁吐蕃，长安遍布各国遣唐使及商人的舍馆，成为当时世界的国际文化、贸易、经济中心。这一时期也是中国茶文化对外传播的重要时期。

唐贞元二十年（804 年），日本高僧最澄到浙江天台山国清寺学习佛教，唐永贞元年（805 年）回国时带回茶籽，种在京都比睿山东麓日吉神社。同一时期，到中国学佛的僧人还有空海与永忠，他们都将中国饮茶的生活习惯带回了日本。

唐文宗太和二年（828 年），朝鲜遣唐使金大廉从中国带回茶籽，种在智异山下的华岩寺周围，随着禅宗的发展，茶叶的种植在朝鲜半岛曾推广到 51 个地区。当时朝鲜的教育制度规定，除“诗、文、书、武”必修之外，还必须学习“茶艺”。

唐大中四年（850 年）左右，阿拉伯人将中国茶带往西域各国，16 世纪由威尼斯传入欧洲。1780 年英国东印度公司商人从中国输入茶籽到印度试种，因种植不当而未成功；1834 年又派专人来学习，并购买茶籽、茶苗，招募制茶技工，制茶得以在印度发展。

斯里兰卡于 1824 年首次由荷兰人从中国输入茶籽，1839 年又从印度阿萨姆引种种植，1841 年再次从中国引入茶苗，聘制茶技工，1867 年开始商品生产。

印度尼西亚直到 1872 年由斯里兰卡引入阿萨姆种及中国种茶树才试制成功。

北美洲茶叶最初由英国东印度公司输入，红茶、乌龙茶、绿茶等大量输入美国。南美洲种茶始于 1812 年，中国茶籽与制茶技术同时传入巴西。

非洲的肯尼亚 1903 年从印度引种茶树，并成为当今世界主产茶国之一。

澳大利亚最早在 1940 年从中国引种茶树，试种在塔斯马尼亚等地。

俄国在中国明代后期，由我国西北边境输入少量茶叶，当时的茶叶十分昂贵，只有贵族才能饮用得到。1847 年俄国在黑海沿岸的萨克姆植物园试种茶树成功。

越南、老挝、缅甸等东南亚国家与中国毗邻，很早就向中国西南民族学习茶事，越南在 1825 年开始大规模经营茶场，缅甸在 1919 年创办了专门从事红茶生产的茶场。

中国茶的对外传播和友好交流，是中国儒家“修身齐家治国平天下”思想的一个体现。通过“丝绸之路”与海上茶路，茶叶商品及其文化联结了世界人民的友谊，爱茶者无不感慨：天下茶人是一家！

良子书法

茶叶从云南向外界的传播还造就了非常著名的绵延穿行横断山脉的高山峡谷，贯穿于滇、川、藏“大三角”地带的一条神秘的古道——“茶马古道”。

产自云南等地的茶叶沿着茶马古道被源源不断地输送到我国西南边疆地区以及缅甸、尼泊尔、越南、老挝等国，在进行茶马等商品交易的同时，也交流和传播着不同地区和国家之间的文化。

云南地处云贵高原，地形复杂，山高川多，道路交通极其不便。云南有一种矮小壮实的马，俗称云南马，其性温和，个头矮小，不善奔跑，但善行走。吃苦耐劳的云南人驾着云南马，组成了世界交通史上一支奇特的运输队伍——云南马帮。马帮驮着以茶叶为主的云南特产走出云南，又将外部世界的各种信息带回云南。千百年来，便形成了著名的茶马古道，把普洱茶带到了世界各地。历史上，茶马古道主要有以下五条①：

一是官马大道。从云南普洱出发，向北经昆明中转到四川、陕西、山西、河北，最终到达北京，沿途向其他各省辐射。向南延至车里（景洪）、佛海（勐海）、打洛，直至缅甸的景栋，然后再转运至泰国、马来西亚等地。这是茶马古道中最重要的一条。

二是关藏茶马道。由普洱经下关、丽江、香格里拉（旧称中甸），至西藏拉萨，可中转至尼泊尔等地。

三是江莱茶马道。由普洱经江城，至越南莱州，可中转向欧洲。

四是勐腊茶马道。由普洱经勐腊，至老挝北部山区。

五是旱季茶马道。由普洱经思茅（现普洱市）、孟连，至缅甸。

①中映良品．茶道普洱[M]．成都：成都时代出版社，2008.

在茶马古道中，历史上最著名、利用效率最高、最繁忙的当属“官马大道”。它既是连接云南与中央政府的重要纽带，又是普洱茶向封建宫廷进贡，向我国其他各地辐散，直至销往蒙古、俄罗斯，海运至世界各国的重要通道。在当今普洱市内，在宁洱镇民主村、磨黑镇孔雀坪、同心乡（今同心镇）仍保留有三处较为完整的茶马古道遗址。随着时代的变迁，马帮消失了，茶马古道也已是历史遗存。

3. 茶字及称呼的演变

自从人们识茶、利用茶叶以来，由于产地、方言、习惯的不同，从古至今，对茶的叫法也有多种，见诸文字的就有十几种。唐代陆羽《茶经·一之源》有：“其字，或从草，或从木，或草木并。从草，当作‘茶’，其字出《开元文字音义》。从木，当作‘梌’，其字出《本草》。草木并，作‘荼’，其字出《尔雅》。其名，一曰茶，二曰槚，三曰蔎，四曰茗，五曰荈。”

在古代，“茶”字的形、音、义变化多，在不同区域、不同时期、不同民族中茶的名称也不同。在汉代以前茶字的字形已经出现，但作为一个完整的茶字，字形、字音、字义三者被同时确定下来，乃是中唐及以后的事。唐代国事兴盛，全国普遍饮茶，所谓“开门七件事，柴米油盐酱醋茶”，“茶”

“茶圣”陆羽与《茶经》

陆羽（733—804 年），字鸿渐，一名疾，字季疵，号竟陵子、桑苎翁、东冈子，唐复州竟陵（今湖北天门）人。他一生研习茶道，精于茶艺，所著的《茶经》是中国第一本茶书，对中国茶业和世界茶业的发展作出了卓越的贡献，《茶经》也是中国茶文化形成的标志。

《茶经》在中国乃至世界茶文化史上具有无可替代的奠基性地位。它首次以著作的形式对中国茶史、茶学、茶文化进行全方位的研究总结，初步建立了茶学理论体系，开茶学先河，使人类茶史有了文献原典；第一次较为全面地总结了唐代以前有关茶的多方面经验，且有创新，对后世茶叶生产、茶文化普及具有极大的推动作用，其理论对后世茶学研究有深远影响；首次将茶的生产和消费活动提升到精神文化层面上加以审视，后世兴起的茶文化，实以此为奠基石。

《茶经》问世千余年，流行之广、版本之多令人瞠目。唐代北方的回纥国曾以千头良马换取《茶经》。如今的《茶经》中外版本已逾百种。

“茶”字的字形流变图例

民族	文字	民族	文字
汉族	茶	侗族	XiiC
回族	茶	傣族	[illegible]
满族	[illegible]	壮族	caz
蒙古族	[illegible]	拉祜族	lal
藏族	E	锡伯族	[illegible]
维吾尔族	چاي	俄罗斯族	чай
哈萨克族	شاي	彝族	[illegible]
柯尔克孜族	چاي	傈僳族	lobei
朝鲜族	차	白族	zoD
苗族	jinl	佤族	gax
景颇族	hpa-lap	黎族	dhe
布依族	Xaz	纳西族	ltl
哈尼族	laqbeiv		

各民族文字中的“茶”字

语言	称呼	语言	称呼
法语 French：	THÉ	世界语 Esperanto：	TEO
英语 English：	TEA	意大利语 Italian：	TÈ
日语 Japanese：	茶	拉丁语 Latin：	THEA
俄语 Russian：	чай	泰国语 Thai Language：	ชา
德语 German：	TEE	朝鲜语 Korean：	차
波兰语 Polish：	HERBATA	阿拉伯语 Arabic：	شاي

世界上多种语言对“茶”的称呼

成了更为普遍的通称。《尔雅·释木篇》：“槚，苦荼。”郭璞《尔雅注》云：“树小似栀子，冬生，叶可煮羹饮。今呼早取为荼，晚取为茗。”现如今，人们对茶的叫法经常使用的是“茶”和“茗”。与古时不同的是，“茗”在当今被作为茶的雅称而使用。

文字作为一种抽象的语言虽然已定下来，但由于中国民族众多性、方言差异性，同样一个茶字，发音仍有差异，一直到现代茶之发音也有其多样性。如汉民族中，广州发音为“chá”，福州发音为“tá”，厦门、汕头发音为“dèi”，长江流域及华北各地发音为“chái”“zhou”“chà”，云南傣族发音为“la”，贵州苗族发音为“chu ta”等。

国外对茶的称呼和发音也受到中国的巨大影响，学者普遍认为历史上茶叶由我国海路传播至世界各地，因此，如英国、美国、法国、荷兰、德国、西班牙、意大利、丹麦、挪威、捷克、拉脱维亚、斯里兰卡等国家的人们对茶的发音，多近似于我国福建等地的“te”和“ti”音。

由中国陆路向北、向西传播至西亚、东欧各国，因此，日本、俄罗斯、印度、土耳其、蒙古、朝鲜、希腊、阿拉伯等国家的人们对茶的发音，近似于我国华北的“cha”音。

世界各国“茶”的读音也证明了茶的故乡在中国，世界上各国种植和饮用的茶叶都是直接或间接地由中国传播出去的。茶叶从中国传播出去的物流通道，如今以“茶路”之称，成为研究课题。“茶路”除上文所述的“茶马古道”之外，还有两汉之后的南北丝绸之路、宋元之后的海上丝绸之路、汉代至元末的万里茶路等。

4. 世界产茶及茶文化

中国的茶经过千百年来的传播，现已成为世界上最健康的三大无醇饮料（茶、咖啡、可可）之一。世界上约有 60 个国家和地区种茶，30 个国家或地区稳定出口茶叶，150 多个国家或地区常年进口茶叶，170 多个国家和地区的人有饮茶习惯，约 30 亿人喜爱饮茶，日饮茶超过 30 亿杯。

如今，中国茶叶出口遍及 120 多个国家和地区。中国的茶与世界上不同国家的饮食文化相结合，产生了丰富多彩、各具特色的世界茶文化风俗，影响较大的有英国下午茶、日本茶道、韩国茶礼、美国冰红茶等。

茶树在世界地理上的分布，主要在亚热带和热带地区。目前茶树分布的最北界限已达北纬 49°（乌克兰外喀尔巴阡），最南为南纬 22°（南非纳塔尔），垂直分布从低于海平面到海拔 2300 米（四川省九龙县）范围内。其中，亚洲种植面积最大，约占全球的 89%，非洲占 9%，南美洲和其他地区占 2%。根据茶叶生产分布和气候条件，世界茶区可分为东亚茶区、东南亚茶区、南亚茶区、西亚茶区、欧洲茶区、东非茶区、中南美茶区等几大茶区。主要产茶国有：非洲的喀麦隆、肯尼亚、马拉维、南非、坦桑尼亚、布隆迪、埃塞俄比亚、马达加斯加、毛里求斯、莫桑比克、卢旺达、乌干达、津巴布韦等；亚洲的中国、印度尼西亚、日本、孟加拉国、伊朗、马来西亚、尼泊尔、土耳其、越南等及位于印度次大陆的印度、斯里兰卡；南美洲的阿根廷、巴西、厄瓜多尔、秘鲁等；欧洲的亚速尔群岛等；大洋洲的澳大利亚、巴布亚新几内亚等。

在这些产茶国家之中，从世界茶叶的总产量来看，印度、中国和斯里兰卡三国约占 60%。从茶园种植面积分布之广、茶树品种资源之丰富、茶叶品类花色多样化上来看，首推中国。从茶叶总产量和国内消费量来看，印度第一。印度主要生产红茶，以大吉岭茶叶品质最优。斯里兰卡、印度尼西亚、肯尼亚及俄罗斯等国的茶区，均以生产红茶为主，年产量都超过百万担以上。日本以生产绿茶为主，茶叶生产实现了集约化经营管理，并且高产、稳产。

联合国粮食及农业组织（FAO）于2010年提出“一杯茶促进粮食安全”，呼吁世界茶叶生产国增加茶叶作物创造的收入，提高茶叶生产国国内茶叶消费，加大力度宣传茶叶对健康的有益作用。

随着茶的传播，世界茶叶产销两旺，目前茶在世界人民生活中的饮用之广已超过其他饮料。茶叶贸易不断发展，国际茶叶贸易方式向多样化、自由化发展，茶业经济由粗放型向效益型方向发展。随着茶文化的研究深入，茶叶已经被世界各地越来越多的人所喜爱，茶事业也不断得到发展。

5. 茶类的流变

从历史的角度看，茶在不同的历史时期被人们所利用的方式有所不同。秦代以前是茶文化的萌芽时期，这一时期是我国发现茶和利用茶的初始阶段。清初学者顾炎武《日知录》：“自秦人取蜀而后，始有茗饮之事。”表明巴蜀地区是中国茶业和茶文化的摇篮。从秦、汉到南北朝时期，是我国茶业的发展时期，茶叶栽培区域扩大并向东部转移，茶叶成为全国流通的商品，且作为药物、饮料、贡品、祭祀用品等在社会生活中发挥重要作用，饮茶已成为南方的普遍习俗。隋、唐、宋、元代是我国茶业兴盛时期，茶叶种植规模和范围逐步扩大，茶叶生产及贸易以长江下游的浙江、福建为重，饮茶习俗普及全国，已有关于茶的著作问世。明清两代是茶业鼎盛时期，栽培面积及茶叶产量大，茶叶生产技术大发展，散茶成为茶类主流。明代茶业全面发展，大量的茶书问世，散茶备受推崇，各地名茶受人追捧，冲泡法的流行推动了茶具的发展，壶、盏、杯、碗随冲泡法而不断创制变化。清代宫廷茶文化兴盛，贡茶进一步发展，茶具随饮茶习俗的不同而呈现多元化发展，茶诗、茶事小说众多。自唐宋以来的茶马贸易在清代停止。此外，明清两代的茶楼文化发展兴盛，茶馆成为人们日常生活中社会文化活动的重要场所。清代中期和鸦片战争以后，茶业生产及在国际市场上的竞争力渐成颓势。新中国成立以后，前30年茶业处于恢复阶段，1978年改革开放以后，茶业经济迅速发展，高校开办茶学及茶文化专业教育，兴办相关茶研究机构、茶组织社会团体等，茶文化书籍及影视纪录片等不断问世，各地多种形态及风格的茶艺馆纷纷兴起，茶文化旅游方兴未艾，以茶为主题的休闲旅游风情小镇、田园综合体逐渐建成，保护并利用茶文化遗产，各民族茶文化异彩纷呈，各地以茶为主题的文化节、博览会等一年四季不间断开展，如今呈现出茶行业兴盛及茶文化繁荣发展的局面。

茶类的演变受到了人们饮茶方式、科技发展状况、政治制度、文化习俗等多方面的影响，主要有七个方面的发展变化：从生煮羹饮到晒干收藏、从蒸青造型到龙团凤饼、从团饼茶到散叶茶、从蒸青到炒青、从绿茶发展至其他茶、从素茶到花香茶、现代茶饮料及茶产业的跨界融合创新发展等。

①从生煮羹饮到晒干收藏

《晋书》记载："吴人采茶煮之，曰茗粥。"类似于现代的煮菜汤。现代云南基诺族还流传着吃"凉拌茶"的习俗：采来新鲜茶叶，揉碎放在碗中，加入少许黄果叶、大蒜、辣椒、盐等，再加入泉水拌匀即可。

②从蒸青造型到龙团凤饼

三国时期，人们对茶叶的制作多为先做成饼，晒干或烘干，饮用时，碾末冲泡，加佐料调和作羹饮。到唐代，蒸青做饼茶的制作方法已逐渐完善，陆羽《茶经·三之造》记述："晴，采之。蒸之，捣之，拍之，焙之，穿之，封之，茶之干矣。"另外，又对这七道工序制成的蒸青饼茶，根据其外形匀称度和色泽分成八等。另据《旧唐书·食货志》载："贞元（785—805年）江淮茶为'大模'一斤至五十两。"说明唐代时的饼茶已初具规模。

宋代，制茶技术发展很快。自唐至宋，贡茶兴起，也促进了茶叶新品的不断涌现。如宋徽宗《大观茶论》称："岁修建溪之贡，龙团凤饼，名冠天下。"龙凤团茶的制造工艺，据宋代赵汝砺《北苑别录》记述，分采茶、拣茶、蒸茶、榨茶、研茶、造茶、过黄等工序。即采来茶叶先浸于水中，挑选匀整芽叶进行蒸青，蒸后用冷水冲洗，然后小榨去水，大榨去茶汁，去汁后置瓦盆内兑水研细，再入龙凤模压饼，烘干。

继龙凤茶之后，宋仁宗时蔡君谟又创造出了小龙团。大观年间，又创制了三色细芽（即御苑玉芽、万寿龙芽、无比寿芽）等，均是采摘细嫩芽叶进行制作。

③从团饼茶到散叶茶

唐代制茶以团饼茶为主，但因茶叶的兴盛，其他类茶也有所发展。陆羽《茶经・六之饮》："饮有觕（cū）茶、散茶、末茶、饼茶者。"其中觕茶即为粗茶。

宋太宗太平兴国二年（977 年）已有腊面茶、散茶、片茶三类，片茶即饼茶，腊面茶即龙凤团饼茶，散茶是蒸后不捣不拍烘干的散叶茶。

元代王桢在《农书・卷十・百谷谱》中对当时制蒸青叶茶工序也有详细具体的记载。

到明代，团饼茶的缺点如耗时费工、水浸和榨汁都使茶的香味有损等，逐渐为茶人所认识，龙团饼茶逐渐衰落，蒸青散叶茶、炒青散叶茶渐盛行。

④从蒸青到炒青

唐宋时期以蒸青茶为主，但也开始萌发炒青茶技术。唐代刘禹锡《西山兰茗试茶歌》中："山僧后檐茶数丛，春来映竹抽新茸。宛然为客振衣起，自傍芳丛摘鹰觜。斯须炒成满室香，便酌沏下金沙水……新芽连拳半未舒，自摘至煎俄顷余。"诗中"斯须炒成满室香""自摘至煎俄顷余"，说明了采下的嫩茶叶经过炒制，满室生香，而且炒制花费时间不长。这是至今发现的关于炒青绿茶最早的文字记载。

经过唐、宋、元代的进一步发展，炒青茶逐渐增多。到了明代，炒青制法日趋完善，在《茶录》《茶疏》《茶解》中都有较详细的记载。

关于"炒青"的茶名，清代茹敦和《越言释》中记载："茶理精于唐，茶事盛于宋，要无所谓撮泡茶者。今之撮泡茶，或不知其所自，然在宋时有之，且自吾越人始之。按炒青之名已见于陆诗，而放翁《安国院试茶》之作有曰，我是江南桑苎家，汲泉闲品故园茶，只应碧缶苍鹰爪，可压红囊白雪芽。其自注曰，日铸以小瓶蜡纸，丹印封之，顾诸贮以红蓝缣囊，皆有岁贡。小瓶蜡纸至今犹然，日铸则越茶矣。不团不饼，而曰炒青曰苍龙爪，则撮泡矣。"上述炒青绿茶制法大体是：高温杀青、揉捻、复炒、烘焙至干，这种工艺与现代炒青绿茶的制法十分相似。

自明代炒青绿茶盛行以后，各地茶人对炒制工艺不断革新，因而先后产生了不少外形和内质各具特色的炒青绿茶。如徽州的松萝茶，杭州的龙井茶，歙县的大方，嵊州的珠茶，六安的瓜片，徽州的屯绿，浙江的珍眉等。

⑤从绿茶发展至其他茶

黄茶的产生。绿茶的基本工艺是杀青、揉捻和干燥，制成的茶绿汤绿叶，故称绿茶。当绿茶炒制工艺不当时，如炒青杀青温度低，蒸青杀青时间过长，杀青后未及时摊凉、揉捻，或揉捻后未及时烘干、炒干，堆积过久，都会使叶子变黄产生黄叶黄汤，类似后来出现的黄茶。因此，黄茶的产生可能是从绿茶制法掌握不当演变而来的。

黑茶的出现。绿茶杀青时叶量过多，火温低，使叶色变为近似黑色的深褐绿色，或以绿毛茶堆积后发酵，渥成黑色，这是黑茶产生的过程。根据现存史料记载，一般认为黑茶的制作始于明代中期。

白茶的由来及演变。唐宋时所谓的白茶，是指偶然发现的白叶茶树采摘制成的茶。明嘉靖三十三年（1554年）田艺蘅著的《煮泉小品》记载有类似现在白茶的制法："芽茶以火作者为次，生晒者为上，亦更近自然，且断烟火气耳。况作人手器不洁，火候失宜，皆能损其香色也。生晒茶瀹之瓯中，则旗枪舒畅，清翠鲜明，尤为可爱。"现代白茶是从宋代绿茶三色细芽、银丝水芽逐渐演变而来的，最初是指干茶，表面密布白色茸毫、色泽银白的"白毫银针"，后来经发展又产生了白牡丹、贡眉和寿眉等不同花色。白茶是由采摘大白茶树的芽叶制成。大白茶树最早发现于福建政和，传说清代咸丰、光绪年间被乡农偶然发现。这种茶树嫩芽肥大、毫多，生晒制干，香味俱佳。

红茶的产生和发展。在茶叶的制作发展过程中，用日晒代替杀青，揉后叶色变红而产生了红茶。最早的红茶生产是从福建崇安的小种红茶开始的，而后才传至安徽、江西等地。安徽祁门生产的红茶，就是1875年安徽余干臣从福建罢官回乡，将福建红茶制法带回去，在至德县（今东至县）尧渡街设立红茶庄试制成功，翌年在祁门历口又设分庄试制，以后逐渐扩大生产，从而产生了著名的"祁门工夫红茶"。后来我国出口的红茶深受国外饮茶爱好者的赞赏。

20世纪20年代，印度等国开始发展将茶叶切碎加工而成的红碎茶，产销量逐年增加，最终成为世界茶叶贸易市场的主要茶类，中国于20世纪50年代末也开始试制红碎茶。

乌龙茶的起源。各学者认定起源时间不一，有的认为出现于北宋，有的

认为始于明末清初，也有学者认为是在清咸丰年间（1851—1861年），但都认为最早在福建制作。乌龙茶属半发酵茶，也叫青茶，其叶底具有“绿叶底红镶边”的特点。

⑥从素茶到花香茶

在茶中加入香料或香花的做法历史悠久。有学者认为北京、天津及东北地区人们爱喝花茶的主要原因是好茶多产于南方，而宫中需茶量又大，品质要求又高，所以为了防止因路途遥远茶叶染上异味而兴起了花茶。

北宋蔡襄《茶录》中提到加香料茶，“茶有真香，而入贡者微以龙脑和膏，欲助其香”。南宋施岳《步月·茉莉》词中也有茉莉花焙茶的记述：“茉莉，岭表所产……此花四月开，直至桂花时尚有玩芳味，古人用此花焙茶。”

明代顾元庆删校、钱椿年原辑的《茶谱》中有用橙皮窨茶和用莲花含窨的记述：“橙茶：将橙皮切作细丝一筋，以好茶五筋焙干，入橙丝间和，用密麻布衬垫火箱，置茶于上，烘热；净绵被罨之三两时，随用建连纸袋封裹，仍以被罨焙干收用。”“莲花茶：于日未出时，将半含莲花拨开，放细茶一撮纳满蕊中，以麻皮略絷（zhí），令其经宿。次早摘花，倾出茶叶，用建连纸包茶焙干。再如前法，又将茶叶入别蕊中，如此数次，取其焙干收用，不胜香美。木樨、茉莉、玫瑰、蔷薇、兰蕙、菊花、栀子、木香、梅花皆可作茶[①]。”

现代窨制的花茶除上述介绍之外，还有珠兰、白兰、玳玳、金银花等。

⑦现代茶饮料及茶产业的跨界融合创新发展

除以上介绍的各种茶类外，为合乎时代的变迁，除有泡饮、煮饮之外，还出现了各种茶饮料，如速溶茶、浓缩茶、罐装茶饮料、茶汽水、茶可乐、果味茶、药用保健茶等，新产品开发层出不穷。从茶叶中分离提取的物质，还被广泛地用于食品、医疗、纺织等多个行业，体现了茶叶资源的用途多样化。比如，新产品中天然超微绿茶粉是用茶树鲜叶经特殊工艺处理后，瞬间粉碎成200目微小颗粒而成的。天然超微绿茶粉能最大限度地保持绿茶原有的色香味品质和各种营养成分，可用于制作食品，使“喝茶”变为“吃茶”。它不仅能将通常泡茶和喝茶时许多无法

①朱自振，沈冬梅，增勤．中国古代茶书集成［M］．上海：上海文化出版社，2010：187.

利用的营养成分或保健成分加以充分利用，而且能赋予食品天然的绿色色泽和营养及保健功能。同时绿茶粉能广泛应用于冰激凌、果冻、糖果、饼干、糕点、茶豆腐、口香糖、茶饮料及面条、面包等食品中；还以其抗氧化性，能有效防止食品氧化变质，延长食品的保质期。20 世纪 90 年代以来，茶饮料行业和茶馆业发展势头较好，成为带动中国茶产业发展的新的增长点，在中国茶饮料发展优势比较显著。中国是世界茶叶原产地，茶叶资源丰富，是茶饮料产品取之不尽、成本低廉、用之方便的宝库，大量中低档茶叶已成为茶饮料首选原料。茶是中国的国粹，比碳酸饮料、果汁饮料、纯净水等饮品多出几千年的饮用史。在生活习惯、文化传统上，中国人都有喝茶的习惯和风俗。生活节奏加快后，即开即饮的茶饮料易携带、饮用方便，正在逐步被消费者接受。茶饮料和茶一样，富含多种对人体有益的物质，相对于其他饮料而言，消费者更愿喝健康饮料。

6. 饮茶方式的演变

茶的利用经过了药用、食用和饮用三个阶段。陆羽在《茶经》中引用《神农食经》："茶茗久服，令人有力、悦志。"《神农本草·木部》载："茗，苦茶，味甘苦，微寒无毒，主瘘疮，利小便，去痰渴热，令人少睡。"这些记载可以说明茶不仅有药用疗效，还有药用历史。

食用茶叶，即是把茶叶当作食物充饥或者作为菜肴食用。三国时魏张揖的《广雅》载："荆巴间采茶作饼。叶老者，饼成，以米膏出之。欲煮茗饮，先炙令赤色，捣末，置瓷器中，以汤浇覆之，用葱、姜、橘子芼之。其饮醒酒，令人不眠。"这段文字记载类似如今仍然流行在南方少数民族中的打油茶。目前，在中国不少地区仍流行擂茶、姜盐豆子茶、茶粥等食茶习俗。

药食阶段是人们利用茶叶的最早阶段，饮用则是后来的事。饮用即是把茶作为饮料，用以解渴或提神。人类何时将茶叶用于饮料，古籍尚无确切记载。清代顾炎武《日知录》载："自秦人取蜀后，始有茗饮之事。"他推测饮茶始于战国末期，但缺乏证据。公元前 59 年，西汉王褒《僮约》中记载了"烹茶尽具""武阳买茶"的内容。《僮约》是他买杨惠家奴便了时，给便了制定的各种工作规定。由此看来，中国饮茶的历史已逾两千年。当然，汉代以前，

中国只有四川（古巴蜀）一带饮茶，其他地区的饮茶是在汉代以后由四川传播和在四川影响下发展起来的。

中国的饮茶历史经历了漫长的发展和变化时期。不同历史时期的饮茶方法和特点都不相同，大约可分为煮茶、煎茶、点茶和泡茶四个阶段。

在唐代以前，以煮茶为主。因茶无采制之法，采来投水中煮了吃喝，并加入佐料为“茗粥”，冷热水皆可投茶煮。

从时代特征来看，唐代煎茶、宋代点茶、明清泡茶和当代饮茶富有特色。从茶艺角度来看，当代以泡茶及煮茶法为主流，其中泡茶法又有玻璃杯泡法、盖碗泡法、壶泡法和碗泡法等几种。

①唐代煎茶

唐代是我国饮茶历史上的鼎盛时期，中唐时饮茶已经蔚然成风。陆羽《茶经》中描述了二十四器，讲饮茶分为赏茶、鉴水、列具、烹煮、品饮等多个环节，把饮茶的方式程序化，具有美学艺术上的精神享受。

唐代时期的茶类以团饼茶为主，也有少量粗茶、散茶和末茶。饮用饼茶之法是磨碎了在鍑（一种大口锅，两侧有方形的耳，是陆羽设计的茶具）中煮饮之法。所煮出的茶汤为浅黄色，因青瓷茶具宜于观汤色，而备受推崇。在饮茶方式上，有煎茶、庵茶、煮茶等。

唐代中叶盛行煎茶，以饼茶经炙、碾、罗三道工序加工成细末状颗粒的茶末。经初步处理后的茶末存放在茶盒里备用。煎茶包括两道程序，即烧水与煮茶。先将水放入鍑中烧开，到“沸如鱼目，微有声”时是第一沸。随即加入适量的盐来调味，到了“缘边如涌泉连珠”，为第二沸。这时舀出一瓢开水，用茶筴在鍑中搅动，形成水涡，使水的沸度均匀。然后用一种叫“则”的量茶小杓，量取一“则”茶末，投入水涡中心，再加以搅动。到茶汤“势若奔涛溅沫”时称第三沸，将原先舀出的一瓢水倒回去，使开水停沸，这时会出现许多“沫饽”，即茶汤面上的浮沫，汤花。古人以为，茶以沫饽多为胜。等到汤花漂浮，茶香也就发挥到恰到好处了，这时开始“酌茶”。

酌茶就是用瓢向茶盏分茶。酌茶的基本要领是使各碗的沫饽均匀。茶汤与汤花均匀地分到各盏，每盏之中，嫩绿带黄的汤色上浮动着如同积雪的汤花，相映成趣，令人赏心悦目。酌茶的数量，陆羽也有一定之规，他反对煎茶随便添水，茶汤煎毕，“珍鲜馥烈者，其碗数三，次之者，碗数五”，也就是说，用一“则”茶末煎一升茶汤，如果要求茶味浓烈，可酌三碗，次一等的，酌五碗，原汁饮用，趁热喝完，不至于使“精英随气而竭”。剩下的，由于“沫饽”酌完，淡而无味，不是解渴就犯不着去喝了。如果人数增为四或六人，缺了一碗，则用“隽永”（即预先留下的茶汤）来补充。若多到十人，则应煮两炉。饮茶要趁热品饮，要将鲜白的茶沫、咸香的茶汤和嫩柔的茶饽一起喝下去。若冷了，精华就会随着热气散去，没有喝完的茶汤，精华也会失去。

唐代饮茶法，另有庵茶和煮茶等。

庵茶是将茶叶碾碎，再煎熬、烤干、舂捣，然后放在瓶子或细口瓦器之中，注入沸水浸泡之后饮用。此法民间和宫廷中均有流行，唐代《宫乐图》中就描绘了宫廷中用庵茶法冲饮的画面。

煮茶法是把葱、姜、枣、橘皮、薄荷等与茶放在一起煮沸，或者使汤更加沸腾以求汤滑，或者煮去茶沫。但这种方法在唐代已经过时。

②宋代点茶

“茶兴于唐，盛于宋”，宋代制茶工艺有了新的突破，尤其是福建建安北苑出产的龙团凤饼贡茶天下闻名。宋代饮茶已经普及于各个阶层，饮茶之风深入民间生活的多个层面。宋代以点茶法最为流行，主要包括了炙茶、碾罗、候汤、熁盏、点茶等程序。宋代饮茶高度普及，街市和茶肆文化繁荣，文人茶文化兴盛，朝廷重视茶叶。

宋代的茶叶多制成半发酵的饼茶（龙凤团茶达到了中国饼茶生产的最高成就），饮用时，把茶碾成细末，或煮饮及点茶冲饮。宋代茶具是以工艺精湛的贡茶（龙团凤饼茶）和讲究技艺的斗茶、分茶艺术为特征。宋代盛行点茶、斗茶、分茶，宋徽宗赵佶精于点茶、分茶，并撰《大观茶论》，总结点茶之法。

龙团凤饼茶模具图样

宋代的点茶是福建建安民间斗茶

时使用的冲点茶汤的方法，在唐时已出现，由于蔡襄《茶录》的流行，斗茶在社会各个阶层流行开来，尤其是官僚士大夫阶层对煎点法的推崇，使所用茶饮器具变得十分讲究。斗茶又称为“茗战”“斗茗”“点茶”“点试”等。斗茶时，以茶色白、咬盏持久为佳，因黑釉茶盏最宜观茶色、水痕，因而获得极大发展，尤其以建窑、吉州窑创制的兔毫纹、油滴釉、玳瑁纹、鹧鸪斑、木叶纹、剪纸贴花等黑釉茶盏最盛。

宋代的斗茶法[①]：先在钵内煎水，然后调制茶膏，调制茶膏要根据茶盏的大小而定，茶盏大则茶末宜放多些，反之则少。在茶盏中放入适量的事先加工好的茶末，再往盏中注入钵中的沸水，然后用茶筅加以搅拌调制，直到调制成如浓膏油状，在此过程中，一边加温，一边调制，使盏内有水汽逸出，若加温不足，将会使茶末不浮，达不到斗茶需要的效果。然后，在茶盏中第二次注入钵中的沸水，此时，可以观察和评判斗茶的胜负。斗茶开始后，首先要看茶盏内沿与汤花相结处有无“汤痕”，这种汤痕能保持较长的时间紧贴盏内沿而不退，此现象称“咬盏”。若盏内沿先出现汤痕者为输家，而咬盏时间持久者为赢家。

③明清泡茶

明代，团饼茶的缺点如耗时费工，水浸和榨汁都使茶的香味有损等，逐渐为茶人所认识，洪武二十四年（1391 年）九月，朱元璋下令：“罢造龙团……惟采茶芽以进……其品有四，曰探春、先春、次春、紫笋。”（《明太祖实录》卷二百一十二）从此，饼茶日趋衰落，而蒸青散叶茶大为盛行。另外，明代的炒青制茶法也趋于成熟，制成的炒青茶也为散叶茶。

明代茶类的改变使得明代茶叶品饮方法有很大改变。饮茶方式则以“撮泡”散茶为流行，茶之显色已发生变化，使用白瓷更具雅兴。品茶崇尚自然，追求茶叶的自然色香味，明确反对在茶叶中添加各种香料，保留茶叶的自然之性。茶室讲究简约，以方便茶叶沏泡品饮。对不同产地茶叶的评价有所改变，重视炒青绿茶沏泡方法的研究。

明代泡茶时，讲究先洗茶。张谦德《茶经》载：“凡烹蒸熟茶，先以热汤洗一两次，去其尘垢冷气，而烹之则美。”泡茶时投茶讲究茶叶与注水先后的

①李晓光．我国宋代的斗茶之风及斗茶用盏 [J]. 岱宗学刊，1998（3）.

上、中、下投法。酾茶是把茶壶中的茶汤倒出至茶杯的过程。酾茶讲究时宜，讲究茶叶在茶具中沏泡的时间应恰好，太早和太晚都不宜。品饮茶汤也讲究时宜，茶汤酾出来之后要及时品尝，放置太久茶汤会变黄，香气会散失。饮茶讲究茶候，也就是一壶茶冲泡的次数，每次的茶汤滋味香气都各不同，应注意品鉴。另外，在茶事活动中，讲究品茶氛围，强调品茶环境，也强调一同品茶之人，择茶侣共品一壶茶也很重要。

清朝是以少数民族入主中原而建立的王朝，文化的交融与发展使得清代的饮食具有“等级性、封闭性、变异性、交融性、时尚性和多元一体化”等特点。清代的茶文化更加艺术化和精巧化，雅俗共兴。茶类的制作有了很大的发展，除绿茶外，黄茶、黑茶、白茶、红茶和乌龙茶的创制形成了六大基本茶类。但这些茶的形状仍属条形散茶（部分黑茶有紧压茶之团、饼、柱状）。因此，清人在饮茶方式上，仍沿用明代的沸水冲泡法。明清时期，人们饮茶多习惯以壶或盖碗自饮。瓷器和紫砂茗壶普遍流行，用陶瓷茶具饮茶成为普遍的社会饮食风尚。

④当代饮茶

当代饮茶之法沿袭了明清泡茶之法，主流仍是泡茶和煮茶，兼容其他方式。随着饮料工业的发展，现代茶饮料为软饮料家族增添了多种茶饮品，如罐装茶饮料、瓶装茶饮料，方便快捷，易于携带，成为人们居家生活、外出旅游、运动休闲的常用之选。

当代中国的饮茶方式中，常见的有清饮、混饮，泡茶和煮茶等。清饮式泡茶是以沸水冲泡散叶状茶叶，讲究泡茶用水、水温和茶具，追求茶汤的滋味和香气。以杯、盏或壶冲泡时只有茶叶、沸水，不加其他物质。人们在清饮中细细品味茶的色香味形，使饮者能够身心放松，享受休闲自得之趣。宗教修行人士也多清饮，如修道、参禅人士，以茶助修行，清静人心。

混饮式泡茶是以沸水冲泡茶叶并添加其他物质，如糖、盐、奶、酥油、果汁、蜂蜜、生姜、橄榄等，对茶汤风味及营养保健功效颇为重视。近年来，也有在茶叶中添加沉香木等沏泡，以发思古之幽情，啜树脂之香，品奥妙之味。

伴随着生活节奏的快速化和方便化，袋泡茶也是当今生活、工作场所常见的饮茶方式。

当代泡茶，人们习惯用一壶或一盖碗泡好之后，平均倒在品茗杯中分饮或倒在公道杯中再倒入品茗杯中分饮。

一壶 一公道杯 一品茗杯

在泡茶法中，洗茶是否必要？有不少茶文化专家针对茶艺师洗茶浪费茶水及误导观者的做法，呼吁不要洗茶。笔者认为，针对有机茶、细嫩的名优茶、碎茶、袋泡茶等不应该洗茶。对普洱茶、粗老的茶叶有必要洗茶，既是醒茶，又能带给人以清洁感。

随着国内经济水平的提升，旅游经济的发展，各地各民族的茶饮料制品、饮茶方式也不断为人们所识，茶文化内涵不断丰富。如汉族的慢呷细品清饮龙井茶、啜饮工夫茶、泡茶馆品休闲茶、品饮茶汤还佐以小茶食等。在少数民族以及部分地区，在茶汤中添加其他物质的混饮之法，是受当地饮食风俗的影响。如藏族酥油茶、蒙古族咸奶茶、土家族擂茶、维吾尔族香茶、羌族罐罐茶、白族三道茶、回族三炮台盖碗茶等。

近年来，随着国内城市化建设的加速，从南到北，从东到西，可以说，整个中国城市中的茶馆里经营的茶叶种类、茶艺演绎几乎趋同。尤其是云南普洱茶、湖南黑茶、福建白茶等流行，几番茶叶消费市场冷热交替。市场

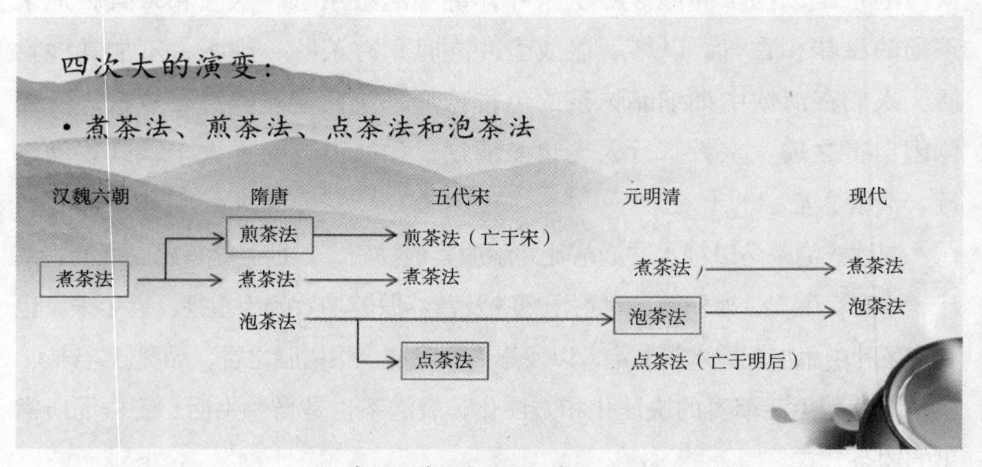

中国饮茶方式演变示意图

竞争，茶客追捧，人们逐渐对茶叶少了盲目，多了理性。当然，各城市茶馆经营特色上既有共时性，亦存在着地域文化个性。这也是茶文化爱好者乐于到不同城市间体验各种风格和类型的茶艺馆的原因所在吧。

1.2 研习中华茶文化的方法

茶叶是人们从茶树上采摘下来经过一系列的加工工艺而制成的商品。学习中华茶文化，涉及诸多学科，不仅要懂茶叶商品，还要对茶叶商品作为载体所承载的文化有深刻理解。具体而言，学习内容涉及植物学、地理学、商品学、文化学、营销学、美学、设计学等，不仅需要学习相关理论知识，还要非常重视实践。尤其是亲自泡茶、品茶，积累品鉴经验，对各种茶都有一定的感官认识。笔者认为，从目前读者能够较为方便地寻找资料及实践方式的角度，特推荐以下几个方面的学习资源，供大家学习中华茶文化作参考。

1.2.1 重视各种与茶有关的文献

中国茶文化的研究随着教学研究者的增多，研究队伍也逐渐壮大起来。相关的研究成果可通过多种形式传播，主要有图书专著、学术论文、纪录片、电影、电视剧、音频文献等方式。真正意义上的中国茶文化学术研究肇始于 20 世纪 80 年代初，之后经历了 20 世纪 90 年代的奠基阶段和 21 世纪初的深化阶段[①]。近 40 年来的中国茶文化研究成果，主要表现在：茶文化综合研究、茶史研究、茶艺茶道研究、陆羽及其《茶经》研究和茶文化文献资料整理等方面。近几年来，当代茶艺及茶生活方面发展较为活跃，各种组织及相关部门举办与茶相关的节庆赛事活动较为频繁。如中国（杭州）国际茶叶博览会、中国（北京）国际茶业暨茶文化博览会、中国（上海）国际茶业暨茶文化博览会、中国（深圳）国际茶业茶文化博览会、中国（广州）国际

①丁以寿．近三十年中国茶文化研究述论 [C]// 姚国坤・第十一届国际茶文化研讨会暨第四届中国重庆（永川）国际茶文化旅游节论文集．北京：中央文献出版社，2010：7-15.

茶业博览会、海峡两岸茶业博览会、贵州黔南州举办的国际茶人会、独山论坛中国茶产业发展智库峰会、世界禅茶文化交流大会、无我茶会、中华茶奥会等都具有较大影响力。

1. 图书专著及学术论文

有关茶主题的图书著作非常多。从古代有记载茶的文献而言，当代备受重视的主要有几部带有整理集成特色的茶书，这些书收录了大部分存世的中国古代茶文献，值得收藏、研读。主要有：《中国茶书全集校证》（方健，2015）、《中国古代茶学全书》（杨东甫、杨骥，2011）、《中国古代茶书集成》（朱自振、沈冬梅、增勤，2010）、《中国茶叶大辞典》（陈宗懋，2000）、《中国茶文化经典》（陈彬藩、余悦，1999）、《中国古代茶叶全书》（阮浩耕等，1999）、《中国茶叶历史资料选辑》（陈祖椝、朱自振，1981）、《茶书总目提要》（万国鼎，1958）等，这些书收录了大部分古代茶学典籍，虽然有些可能存在一些小瑕疵，但仍可供茶文化研究者作为工具书参阅使用。

古代茶文化专著按照内容大致可分为综合类、地域类、专题类、汇编类。综合类茶书如唐代陆羽《茶经》，宋徽宗赵佶《大观茶论》，明代朱权《茶谱》、许次纾《茶疏》、罗廪《茶解》、屠本畯《茗笈》等；地域类茶书如宋代宋子安《东溪试茶录》、赵汝砺《北苑别录》、熊蕃《宣和北苑贡茶录》，明代熊明遇《罗岕茶记》、周高起《洞山岕茶系》、冯可宾《岕茶笺》，清代冒襄《岕茶汇钞》、陈鉴《虎丘茶经注补》、程淯《龙井访茶记》等；专题类茶书如唐代张又新《煎茶水记》、苏廙《十六汤品》，宋代审安老人《茶具图赞》、蔡襄《茶录》，明代周高起《阳羡茗壶系》、田艺蘅《煮泉小品》、徐献忠《水品》、陆树声《茶寮记》、夏树芳《茶董》、陈继儒《茶董补》、喻政《茶集》、邓志谟《茶酒争奇》、醉茶消客辑《明抄茶水诗文》，清代程雨亭《整饬皖茶文牍》等；汇编类茶书如明代喻政《茶书全集》，清代刘源长《茶史》、余怀《茶史补》、陆廷灿《续茶经》等。

除带有集成古代茶书性质的图书之外，当代出版各种茶类题材的书籍也非常多，学术型与文化普及型、茶科学普及型的图书满足了不同读者的需求。比如：《中国茶经》（陈宗懋，1992）、《茶经述评》（吴觉农，1987）、《茶叶全书》（威廉·乌克斯，1949）、《茶之书》（冈仓天心，1906）、《中国唐宋茶道（修订版）》（梁子，1997）、《茶与中国文化》（关剑平，2001）、《中国茶道》（丁以寿、关剑平、章传政，2011）、《茶事微论》（金刚石，2014）、《中国茶密码》（罗军，2016）、《用心学泡茶》（何厚余，2010）、《中华茶史·唐代卷》（李斌城、韩金科，2013）、《中华茶史·宋辽金元卷》（沈冬梅、黄纯艳、孙洪升，2016）、《文化传播视野下的茶文化研究》（关剑平，2009）、《中国式日常生活：茶艺文化》（朱红缨，2013）、《中国茶与茶疗》（余悦，2016）、《中国茶俗学》（余悦、叶静，2014）、《中国茶文化教程》（周圣弘、罗爱华，2016）、《茶与健康》（屠幼英，2011）、《茶与养生》（屠幼英，2017）、《茶文化与茶健康（第2版）》（王岳飞、徐平，2017）、《大学茶道教程（第2版）》（吴远之，2013）、《茶席设计》（乔木森，2005）、《中国茶文化图典》（王建荣、郭丹英，2006）、《茶与宋代社会生活》（沈冬梅，2007）、《中国茶产业优化发展路径》（张士康，2015）、《茶之路》（《生活月刊》，2014）、《紫砂茗壶文化价值研究》（胡付照，2009）、《紫砂的意蕴——宜兴紫砂工艺研究》（杨子帆，2014）、《吃茶一水间》（王迎新，2013）、《茶席窥美》（静清和，2015）、《茶味的初相》（李曙韵，2013）、《茶铎八音》（许玉莲，2014）、《现代茶道思想》（蔡荣章，2015）、《轻松茶艺全书》（李洪等，2010）、《茶艺师国家职业资格培训教程》（劳动和社会保障部中国就业培训技术指导中心组织，2004）、《中国茶艺学》（林治，2011）、《生活茶艺》（童启庆、寿英姿，2000）、《茶百戏：复活的千年茶艺》（章志峰，2013）、《茶悦：奇茗30品》（陈勇光，2014）、《一方茶席》（陈燚芳，2018）等。

以茶为主题的图书不仅在图书馆里可以借阅到，有些图书在网络书店（如当当网、亚马逊、中国图书网等）或实体书店里也可以检索购买。网络上一些二手旧书店（如孔夫子旧书网）、电子商务网站（如淘宝网、京东商城）等也可以买到与茶相关的图书。

学术论文方面，国内较有影响的数据库有：中国知网、万方数据库等，这些数据库收录了大量的期刊论文、硕博论文、国内外会议论文等，只要输入相关检索关键词，如“茶文化”“茶”等，即能搜索到与茶相关的论文文献，便于学习。

另外，在生活中，若有朋友是研究茶的学者、爱好者，他们也会有相关图书的收藏。想学习茶方面的知识，不妨多向他们请教，交流探讨。

2. 中国大学公开视频课（MOOC）

MOOC 是借助互联网而实现的在线教育，大规模在线课程的简称。自 2011 年以来，MOOC 在世界各地掀起了网络在线学习的浪潮。目前，我国很多网站都有相关 MOOC 课程的公开开设。如爱课程网站、学堂在线、好大学在线等，大部分课程都是免费的。茶文化爱好者只要能连接互联网，运用电脑或手机等设备，都可以十分方便地学习 MOOC 中有关茶文化的课程。截至 2018 年 10 月，与茶相关的中国大学公开视频课主要有：《茶文化与茶健康》（浙江大学王岳飞、龚淑英、屠幼英）、《中国茶道》（湖南农业大学刘仲华、朱海燕）、《中华茶礼仪》（湖南农业大学朱海燕）、《魅力中国茶》（安徽农业大学宛晓春、夏涛）、《茶叶品鉴艺术》（南京农业大学房婉萍）、《中医药茶与养生》（贵阳中医学院曹峰）、《茶韵茶魂——安溪铁观音》（福建农林大学林金科等）、《人文飘香：静思茶道》（慈济大学李六秀）、《茶艺》（职教 MOOC 建设委员会、北京市外事学校郑春英等）、《茶艺》（宁波城市职业技术学院初晓恒等）、《茶叶加工学》（华中农业大学余志）等。

3. 与茶相关的流媒体资料

近年来，随着饮食文化的热度加深，与茶文化相关的专题片、纪录片、电视台相关栏目等播出量增加，有的影响还很大。在此推荐几部较有影响且网络上较为方便搜寻到、可观赏的视频资料。

纪录片《茶，一片树叶的故事》是中央电视台纪录频道于 2013 年 11 月 18 日推出的一部由王冲霄导演的原创纪录片，也是中国首部全面探寻世界茶文化的纪录片，该片一共有 6 集：《土地和手掌的温度》《路的尽头》《烧水煮茶的事》《他乡，故乡》《时间为茶而停下》以及《一碗茶汤见人情》，分别从茶的种类、历史、传播、制作等角度完整呈现了茶的故事。该片的主创团队在拍摄期间走访了中国、日本、英国、印度、美国、格鲁吉亚、泰国、肯尼亚 8 个“茶国”，得到了各个国家的帮助与支持，还翻越了 30 多座著名茶山，先后采访了120多位茶人，通过中国小小的一片茶叶，将整个世界连接为一个整体。

中国纪录片网或央视网等收录的由天津卫视都市频道录制的46集纪录片《拾遗·保护》"茶系列"《茶话》于2014年推出，其内容丰富，每集10分钟。主要内容包括：古代茶事篇（饮茶的起源、武阳买茶、兴于唐、陆羽与《茶经》、唐诗与茶、盛于宋、皇帝与茶、文人与茶、明清茶事、随园茶酒）；茶类篇（绿茶、黄茶、白茶、黑茶、乌龙茶、红茶、千姿百态的中国茶）；名茶篇（从来佳茗似佳人、坐饮香茶爱此山、茶香缭绕古徽州、武夷溪边粒粒芽、山高月明观音韵、茶中英豪群芳最、品尽千年普洱情）；茶具篇（茶具的今世前缘、唐代茶具与陆羽、精致的宋代茶具、横空出世的兔毫盏、简静的明代茶具、文人爱壶、竹炉、盖碗儿）；茶艺篇（茶道与茶艺、松月下花鸟间、饮非其人茶有语、无水不可与论茶、来试人间第二泉、天泉水、鱼眼蟹眼松风声、竹炉榄炭手自煎）；茶与儒释道（自古高僧爱斗茶、禅茶一味、茶与道儒）；茶与茶馆茶俗（茶馆、茶俗）；茶与文化艺术（茶与中国画、书法楹联中的茶、茶与红楼梦）；茶与戏剧（民歌中的茶）等。

10集纪录片《茶界中国》，由江苏卫视和北京天润农影视文化传播有限公司共同出品，2017年8月4日在江苏卫视首播。该纪录片摄制组拍摄了近百位茶人，从全新的角度解读茶叶，展示当下中国的文化自信。总导演刘嘉认为，每一个茶到味蕾的故事，都是人和情感的故事。作为中国标志性的文化符号，茶人的执着和坚守代表着中华传承的匠人之心。10集内容包括：口感的追随、古树与新芽、技艺的坚守、时间在奔跑、人间生草木、根脉的传承、田野的约定、杯水的相遇、世界中流转、时尚在召唤。该纪录片里不仅有茶园生态环境的展示，还有微观上对茶叶商品品质、冲泡细节的呈现，以及与茶相关的文化内涵等。

另外，与茶密切相关的紫砂壶方面的视频资料较有影响的主要有：

《中国紫砂》（2004）、《紫泥春华》（2009）、《壶开生面》（2015），是以"紫砂文化"为主题的三部系列电视艺术片。其中《中国紫砂》《紫泥春华》这两部艺术片均获得江苏省"五个一"工程奖。该艺术片由资深媒体人郝建林总策划并担任艺术总监，珠江电影制片公司资深导演姚若瑰执导。8集电视艺术片《中国紫砂》，首次集中展示了当代中国工艺美术大师的艺术风采，在社会各界引起巨大反响，其中已故中国工艺美术大师蒋蓉的专题内容，成为重要的视频资料。2009年，原《中国紫砂》主创人员再度联手拍摄《紫泥春华》，以当代54位中青年紫砂英才为主体，展示了宜兴紫砂源远流长的历史传承、丰富多样的风格流派、异彩纷呈的艺术面貌。2015年，《壶开生面》专题艺术片，与前两部从人物角度切入不同，其以紫砂文化为主线，分别从紫砂材质的特殊性、紫砂功能的特殊性、紫砂壶的品种与款式、紫砂壶制作技艺的特殊性、紫砂壶的装饰技法、紫砂陶刻与雕塑、紫砂文化的内涵、佳作欣赏8个主题展开，制作8集，每集时长约40分钟，全方位解读、记录了宜兴紫砂文化的独特内涵与艺术魅力，是具有“知识性、权威性、艺术性”，兼具“画面美、解说美、音乐美”的专题艺术片。

50集纪录片《中国紫砂陶文化》于2014年播出，每集10分钟，从历史的角度详细介绍了紫砂陶的发展过程，对宜兴紫砂文化的历史及现代发展做概览式的介绍，值得爱茶、爱壶者观赏。

大型非物质文化遗产纪录片《指尖上的传承》于2015年7月23日通过新媒体方式进行网络播放。《指尖上的传承》是《运行中国》制作方五洲传播中心的又一力作，旨在展示中国传统手工艺传承的精神。这也是该类型精品纪录片选用新媒体平台进行首播的尝试，通过在线播放平台爱奇艺、优酷、土豆、腾讯、芒果TV、凤凰视频、搜狐、风行网等播放。其中，《千年紫砂》是以紫砂壶工艺传承人季益顺的人物故事为主线，展示了紫砂壶精巧的制作工序。

3集纪录片《一壶春秋》于2015年9月由中央电视台第9套播出，内容包括：紫玉金砂、紫气东来、姹紫嫣红。片中概览式地把紫砂壶的历史及现代发展进行了介绍，对了解紫砂壶文化具有积极的意义。

中央电视台10套科教频道于2016年6月播出的《手艺》第六季之《还原紫砂》，对紫砂壶的烧制工艺做了详细介绍。

《大师说器》是宜兴电视台紫砂频道在2012年推出的一档紫砂文化访谈类栏目，每期邀请一位紫砂大师谈古说今、以器论道。栏目通过邀请众多大师、学者做客演播室，共同探讨当今紫砂艺术，交流创作心得，弘扬陶都文化。2013年《大师说器》首发光盘，记录了10位国家级工艺美术大师的访谈内容、从艺经历和艺术成就。

4. 手机应用中的与茶相关的学习资源

近年来，随着移动互联网迅猛发展，几乎人手一机，人们每天通过手机中的各种 App（应用软件）完成很多日常的生活、工作和学习等活动。通过微信朋友圈或订阅号可以浏览和搜索一些与茶有关的文章，也可以搜到一些与茶相关的公众号（如问山茶友会、弘益茶道美学、素业茶院、食话），关注后即可方便学习。另外，也会有一些茶艺师利用微信开设较为个性化的茶艺课程。

5. 重视与茶行业的从业者、爱茶者的交流

茶行业的从业者，在多年工作中积累了大量的行业经验，我们要积极向他们请教、交流，将会获得多方面的茶知识，取得更大进步。

目前我国专业的茶叶科学研究院所主要由高等学校、农业科学研究所等专业研究机构及企业组成。我国共有茶叶研究院所 20 多家，包括国家级茶叶研究院所、省级（含直辖市）茶叶研究院所和市县级茶叶研究院所。主要院所有：中华全国供销合作总社杭州茶叶研究院、中国农业科学院茶叶研究所、广西桂林茶叶科学研究所、浙江省茶叶研究院、贵州省茶叶研究所、云南省农业科学院茶叶研究所、广东省农业科学院茶叶研究所、湖北省农业科学院果树茶叶研究所、湖南省茶叶研究所、四川省农业科学院茶叶研究所、安徽省农业科学院茶叶研究所、江苏省茶叶研究所、福建省农业科学院茶叶研究所、江西省蚕桑茶叶研究所、重庆市农业科学院茶叶研究所、重庆市茶叶研究所、浙江杭州市农业科学研究院茶叶研究所、江西庐江茶叶科学研究所、武夷山市满叶香茶叶科学研究所、丽水市农业科学研究院茶叶科学研究所、安溪县茶叶科学研究所、日照市茶叶科学研究所、无锡市茶叶品种研究所、陕西省汉中茶叶研究所等。

在科技研发方面，全国有省级以上茶科技研发基地 36 个，省部级重点开放实验室 8 个，国家级和农业农村部茶叶质量监督检验中心 2 个及省级茶叶专业检测中心（站）数个，已初步形成了由国家、省部组成的茶叶质量安全检测体系[①]。

①张士康．中国茶产业优化发展路径 [M]. 杭州：浙江大学出版社，2015：53.

在茶学及茶文化的高等教育方面，全国有 20 多所院校设置茶学及茶文化学专业，招生层次涵盖专科至博士。主要有[①]：安徽农业大学、浙江大学、湖南农业大学、西南大学、福建农林大学、南京农业大学、山东农业大学、西北农林科技大学、华南农业大学、四川农业大学、云南农业大学、广西职业技术学院、华中农业大学、浙江树人大学、浙江农林大学、漳州天福茶职业技术学院、江苏农林职业技术学院、浙江经贸职业技术学院、长江大学、信阳农林学院等。

在茶叶（业）社会团体方面[②]，我国有全国性茶叶（业）社会团体 5 个：中国国际茶文化研究会、中国茶叶流通协会、中华茶人联谊会、中国茶叶学会、中国茶禅学会；全国性茶叶商会 1 个：中国食品土畜进出口商会茶叶分会；全国性茶叶基金会 1 个：华侨茶业发展研究基金会；地方性茶叶（业）社会团体 44 个：北京市茶业协会、天津市茶业协会、天津国际茶文化研究会、河北省茶文化学会、山西茶叶展评组委会、上海市茶叶学会、上海市茶叶行业协会、江苏省茶叶学会、江苏省茶叶协会、浙江省茶叶学会、浙江省茶叶产业协会、浙江省茶文化研究会、浙江省国际茶业商会、安徽省茶业学会、海峡两岸茶业交流协会、江西茶业联合会、江西省茶叶协会、山东省茶文化协会、河南省茶文化研究会、河南省茶叶商会、河南省茶叶协会、湖北省茶叶学会、湖北省茶叶协会、湖北省陆羽茶文化研究会、湖南省茶叶学会、湖南省茶业协会、广东省茶叶学会、广东省茶业行业协会、广西壮族自治区茶叶学会、广西壮族自治区茶业协会、重庆国际茶文化研究会、重庆茶叶商会、四川省茶文化协会、四川省茶叶学会、贵州省茶叶学会、贵州省茶叶协会、贵州省茶文化研究会、云南省茶业协会、云南省普洱茶协会、云南省茶叶商会、陕西省茶业协会、中华（陕西）茶人联谊会、广州茶文化促进会和吴觉农茶学思想研究会。

---

①张士康．中国茶产业优化发展路径[M]. 杭州：浙江大学出版社，2015：50-51.

②张士康．中国茶产业优化发展路径[M]. 杭州：浙江大学出版社，2015：54.

1.2.2 积极参与与茶相关的实践活动

1. 亲自喝茶，参与茶事

“要喝茶，不要只谈茶。”这句话可以说是每一位对茶饱含深情的爱茶人共同的心声。只有亲自动手，泡上一壶茶，亲自感受茶中的甘苦，才能真正进入茶的世界。各地举办有关茶艺、茶文化、茶商贸的活动、展会等较为频繁，平时可多关注，有选择地参与其中，了解茶方面的信息，提高认识。

2. 去产茶地访茶，体验茶文化

每一片茶叶的滋味都不一样，它们有着怎样的奥妙？茶叶生长在哪里？是怎样制作出来的？你只有到产茶地访问才能对这些问题有更深入的了解。假若有机缘，不妨去茶叶的出产地，亲身感受茶叶的生长环境、人文风貌，以及茶乡人民对茶的深情。

3. 去各种风格的茶馆品茶，体验茶艺

每一家茶馆，不仅彰显了茶馆主人对茶的理解，也展现了茶馆所在地的城市文化。各种风格的茶馆、茶艺馆，人们或休闲，或学艺，身处其间，可以感受不同风格的茶馆文化。

1.2.3 勤练笔，常写作

爱上茶，与茶有深深的缘分，发乎情，自然有笔端流淌情思。只要勤动手，撰写与茶相关的文章，假以时日，自然对茶的感受会越发深刻，写出来的文字与读者分享，以茶文结友，不仅扩大了社交圈，也不断提升自我对茶的认识。

1.2.4 交茶友，同进步

当你爱上茶以后，不妨多主动结交有共同爱好的朋友，交流思想，互相切磋技艺，学习茶及茶文化知识，以茶会友，共同进步。

茶与名人

在中华茶文化的世界里，因茶而名的人物众多。

唐代陆羽被人们尊为“茶圣”，其撰写的《茶经》是中华茶文化形成的标志。卢仝被人们尊为“茶仙”，一首《走笔谢孟谏议寄新茶》传唱千年。陆羽的“缁素忘年之交”诗僧皎然也留下了诸多茶道诗句，如“孰知茶道全尔真，唯有丹丘得如此”，倡导“以茶代酒”品茗之风。白居易茶酒兼爱，茶诗“坐酌泠泠水，看煎瑟瑟尘。无由持一碗，寄与爱茶人”“不寄他人先寄我，应缘我是别茶人”成为爱茶人士耳熟能详的诗句。

宋代大文豪苏东坡精通茶道，留下了诸多脍炙人口的茶诗词，“蟹眼已过鱼眼生，飕飕欲作松风鸣。蒙茸出磨细珠落，眩转绕瓯飞雪轻。银瓶泻汤夸第二，未识古今煎水意。君不见昔时李生好客手自煎，贵从活火发新泉”“戏作小诗君勿笑，从来佳茗似佳人”“独携天上小圆月，来试人间第二泉”“老龙团，真凤髓，点将来。兔毫盏里，霎时滋味舌头回”等。在宜兴还流传有东坡提梁壶的故事，传说他设计了一种提梁式紫砂壶，烹茶审味，怡然自得，题有“松风竹炉，提壶相呼”的诗句。后人为了纪念他，把这种壶式命名为“东坡壶”。醉翁欧阳修爱茶，不仅写下了茶事文章、多首咏茶诗，还为蔡襄《茶录》做后记，他对鉴水、品茶都有独到见解。他与范仲淹、蔡襄、梅尧臣、苏东坡、黄庭坚一样都是品茶高手，并常与梅尧臣交流品茶心得，留下了茶诗数首，如“吾年向老世味薄，所好未衰惟饮茶”等。南宋理学家朱熹爱茶，著述中常以茶论理，“客来莫嫌茶当酒，山居偏隅竹为邻”，他在讲学著述闲暇之余，常在“茶灶”上设“茶宴”煮茗待客，吟诗品茗。南宋著名爱国诗人陆游，一生嗜茶，精于茶艺，好赋茶诗，数量位居历代诗人之首。“难从陆羽毁茶论，宁和陶潜止酒诗。”“水品茶经常在手，前身疑是竟陵翁。”“归来何事添幽致，小灶灯前自煮茶。”“矮纸斜行闲作草，晴窗细乳戏分茶。”“幸有笔床茶灶在，孤舟更入剡溪云。”“遥遥桑苎家风在，重补茶经又一编。”陆游的茶诗内容丰富，含义深刻，不愧为一部“续茶经”。

明代的张岱嗜茶、识茶，精于茶道，他一生兴趣广博，对各类事物涉猎诸多，堪称博物学家。“余尝见一出好戏，恨不得法锦包裹，传之不朽，尝比之天上一夜好月，与得火候一杯好茶，只可供一刻受用，其实珍惜之不尽也。”他把观剧比作赏月、啜茗之美妙，善品茶鉴水，还改良家乡绍兴的“日铸茶”为“兰雪茶”，他自谓“茶淫橘虐”，对茶之痴，在《陶庵梦忆》一书中对茶事、茶理、茶人有颇多记载。

清代郑板桥爱茶，他曾在壶上铭题诗句：“嘴尖肚大耳偏高，才免饥寒便自豪；量小不堪容大物，两三寸水起波涛。”以壶暗喻人性，幽默讽刺。“白菜青盐粯子饭，瓦壶天水菊花茶。”“茅屋一间，新篁数竿，雪白纸窗，微浸绿色。此时独坐其中，一盏雨前茶，一方端砚石，一张宣州纸，几笔折枝花，朋友来至，风声竹响，愈喧愈静。”“不风不雨最清和，翠竹亭亭好节柯。最爱晚凉佳客至，一壶新茗泡松萝。”这种寒夜客来、书画相伴的生活，使人乐在其中。清代随园主人袁枚，重视生活情趣，所撰《随园食单》是一部系统地论述烹饪技术和南北菜点的著作，“学问之道，先知而后行，饮食亦然，作须知单”。在《随园食单·茶酒单》中不仅载了诸多南北名茶，还有不少茶制食品，颇有特色。他还写下了许多茶诗：“烟霞石屋两平章，渡水穿花趁夕阳；万片绿云春一点，布裙红出采茶娘。”他对茶的饮法、贮存之法等都有记述，值得今人借鉴。

当代茶圣吴觉农、一代茶宗陈椽、茶界泰斗庄晚芳、茶寿茶人张天福等茶界名家为当代茶文化的发展也做出了重要贡献。

賞月圖

2　中国茶叶品类

中国是茶的原产地。数千年来，人们在生产和利用茶的过程中，创造出多种茶叶种类，也创造出多种食用、药用和饮用茶的方法，以及渗透到多个产业的茶应用。茶叶作为一种特殊的商品，与人们的生活密切相关，从日用养生保健到生产生活民俗，茶在人们的生活中充当了重要的角色。茶，不仅是物质的，还是精神的；不仅是中国的，还是世界的。如今，茶叶已经成为风靡世界的三大无醇饮料之一，被人们誉为21世纪的“饮料之王”。

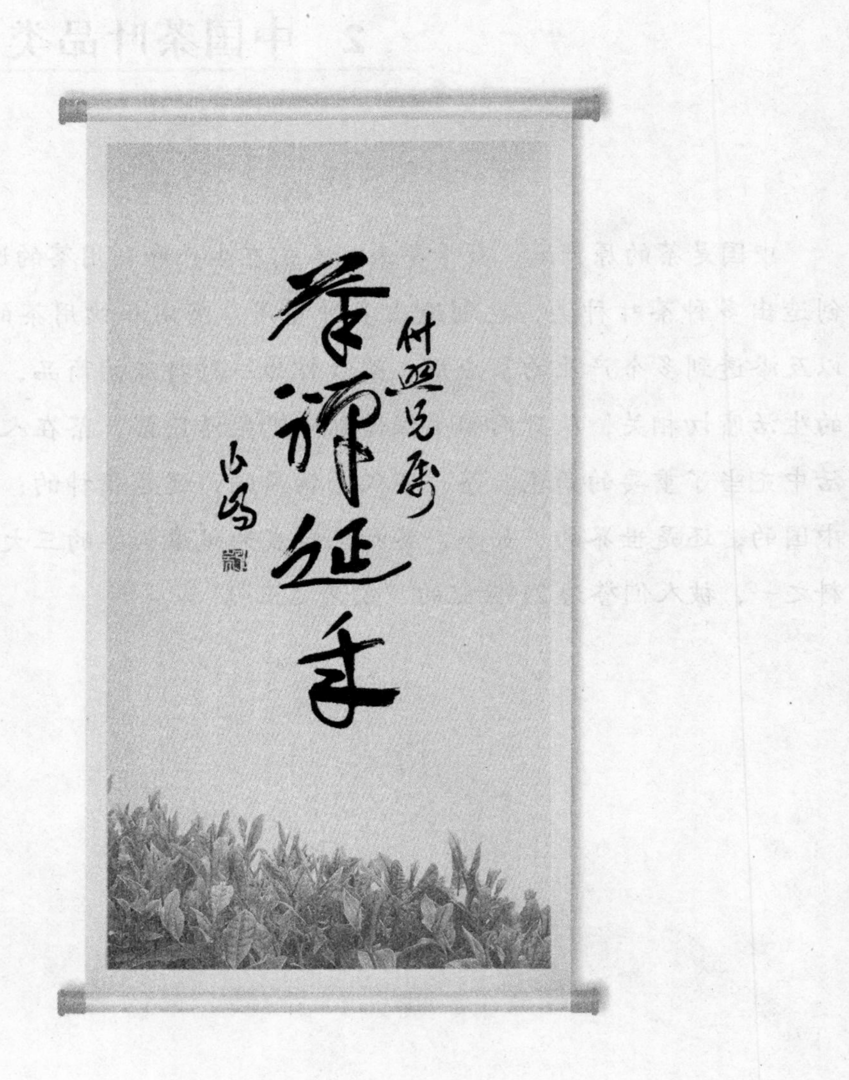

2.1 中国茶叶特征及其分类

2.1.1 茶叶的生物学特征

茶树（学名为 *Camellia sinensis*）是多年生、木本、常绿植物，分类上属于被子植物门，双子叶植物纲，原始花被亚纲，山茶亚目，山茶科，山茶属，茶种。茶最早在我国南方生长，后来被人工种植和培育。目前发现的山茶科植物共有 23 属 380 多种，我国就有 15 属 260 多种，多分布在云南、贵州、四川一带。据不完全统计，全国已有 10 个省区近 200 处发现有野生大茶树。

茶树是雌雄同株的被子植物，茶花微有芳香，花的颜色一般为白色，少数为粉红色。茶叶的叶脉为网状脉，由叶柄延伸的叶脉，顺叶片中央直达叶尖的为主脉，由主脉又分出的许多小叶脉为侧脉，侧脉又分出许多细脉。叶片边缘呈锯齿状。在同一枝条上，嫩叶叶质柔软，老叶硬脆。茶树一般是在每年的 6—11 月之夏秋季节不断有花蕾形成。秋季开花，要到第二年冬天果实成熟才脱落。秋季茶树上同时存有茶花与茶果的“花果相会”“带子怀胎”的现象，是茶树生理的一个重要特征。

茶叶虽然是人们习以为常的日用饮料，但现实生活中人们对它仍然存在着很多认识误区。比如，在澄清了茶叶不是草而是茶树的叶子的观念后，有人又会想当然地以为绿茶是产在绿茶树上的、红茶是产在红茶树上的、乌龙茶是产在乌龙茶树上的。造成这些错误认识的主要原因是不了解茶叶的加工工艺。从茶树上采摘的鲜叶，经过不同工艺的加工制作，能制成各类茶叶。但因茶树品种及茶叶品质的差异，有的茶树品种适制一种茶叶，有的品种适制两三种以上的茶叶。茶叶品种的质量不同，制茶的品质也不相同。而且，随着人们口味的变化以及茶叶科技的发展，各类茶叶的制作工艺也在不断地改变，传统的和创新的茶类都会随着时代的发展而不断变化。

茶树在多年的系统发育、漫长的演化中，形成了许多种类。我国的栽培品种就达500多个，国家级优良品种有77个。从品种上看，主要分为小叶种、中叶种和大叶种。小叶种叶片长3～4厘米，树高1.5～3米，属灌木型树型；中叶种叶片长5～8厘米，属小乔木型树型，树高介于灌木型和乔木型之间；大叶种叶片长8～20厘米，树高3～5米，属乔木型树型。

茶树的适生条件有“四喜四怕”的生物学习性。即茶树喜酸怕碱、喜光怕晒、喜暖怕寒、喜湿怕涝。适宜生长在温度为18～25℃，土质疏松、土层深厚且排水、透气性良好的微酸性土壤中，以酸碱度pH在4.5～5.5为佳。适宜生长在年降水量1500毫米左右，海拔高度300～2130米之地。海拔与湿度结合能促进必要的缓慢生长，茶树种植的海拔越高，味道越醇，品质越高，而且高山茶比平地茶更耐泡，营养物质也丰富。

世界上很多著名的茶叶都来自海拔1200米的灌木种植地，如海拔很高的斯里兰卡、中国的武夷山、印度大吉岭等。茶树性喜温暖、湿润，高山多雾出名茶，名优品种出名茶。

高山茶和平地茶的鉴别

从外形上看，高山茶芽叶肥壮、叶干粗、叶片厚、节节长、干茶颜色多为墨绿；平地茶芽叶瘦弱、叶片薄，杆子细小、节节短。从内质上看，高山茶香高味醇，冷香持久，滋味浓郁，耐冲泡，汤色明亮，茶汤久放不泛红或浅红；平地茶香气稍低，滋味平淡，茶汤易氧化泛红。看叶底，高山茶显浅白色，平地茶泛乌或嫩绿色。相对来说，高山茶好喝不好看，平地茶好看但不如高山茶好喝。

2.1.2 中国茶区分布

我国种茶区域广阔，南至北纬18°附近的海南岛五指山麓，北至北纬37°附近的山东蓬莱山，西至东经94°附近的西藏林芝市，东至东经122°的台湾东部海岸；垂直分布最高到海拔2300米的高山，低至几米的丘陵。产茶区遍及浙江、湖南、安徽、四川、台湾、福建、云南、湖北、贵州、广东、广西、江西、江苏、上海、陕西、河南、山东、甘肃、新疆、西藏、海南等20多个省、自治区、直辖市（目前，在跨过北纬38°的一些地区，如河北、山西、北京等地，也有少量茶叶种植成功）的1100多个县（市），地跨热带、亚热带和温带，在这一种茶区域内，地形复杂，气象万千，各地在土壤、水域、植被等方面存在明显差异。结合我国栽培历史的长短，气候、土壤等自然条件的差异，政治、经济等的影响，可分为四个主要茶区。

1. 江北茶区

也称华中北区茶区，是我国最北的茶区，位于长江以北，秦岭淮河以南，山东沂河以东的部分地区。包括山东、皖北、陕西、苏北、河南、鄂北、甘肃陇南等地，主产绿茶。著名的茶叶有信阳毛尖、六安瓜片、霍山黄大茶、日照绿茶等。区内地形复杂，土壤有黄棕壤、黄褐土和山地棕壤，土质黏重，肥力不高，酸度较低，种茶品质一般，但个别山区有较优异的。该区处于亚热带北缘，年平均气温为14～16℃，年降水量为800～1100毫米，夏季常有夹秋旱，冬季温度低，茶树冻害时有发生。茶树大多为灌木型中叶种和小叶种。

2. 江南茶区

也称华中南区茶区，是我国茶叶生产最集中、名茶最多的茶区，包括长江中下游以南的浙江、皖南、苏南、江西、湖北、湖南、闽北、桂北、粤北等地。茶区内茶叶年产量约占全国的2/3，是绿茶的主产区。该区域以发展红、绿茶为主，砖茶为辅，还有乌龙茶、白茶、黄茶、花茶等。产名茶多，如著名的西湖龙井、洞庭碧螺春、君山银针、黄山毛峰、太平猴魁、祁红、屯绿等。

茶区内土壤以红壤、黄壤为主，黄褐土、紫色土、山地棕壤和冲积土次之。茶园分布广，面积大，产量高，品质优。该区年平均气温 15～18℃，四季分明，年降水量 1000～1400 毫米，部分地区夏秋有旱害发生，冬季高山茶树时有冻害。

3. 西南茶区

也称高原茶区，是我国最古老的茶区，是茶树原产地的中心区域。包括云南、贵州、四川、湖南湘西、湖北鄂西南、广西北部和西藏东南部等地区。茶树资源丰富，茶树种类繁多，主要产黑茶（如云南普洱茶）、红茶、绿茶等。除散装茶外，紧压茶及边销茶较多。滇红、川红、云南普洱茶、蒙顶黄芽、恩施玉露、古丈毛尖、凌云白毫等较为有名。该区地势地形最为复杂，地处高原，气温极不一致，年平均气温 15～19℃，年降水量为 1000～1700 毫米，土壤有铁质砖红壤、丘陵红壤、山地红壤、棕壤等。土壤有机质丰富，肥力较高，适宜发展茶叶生产，是我国当今生产红碎茶的主要基地。

4. 华南茶区

也称南岭茶区，是我国最南的茶区，包括南岭以南、闽中南、台、粤中南、海南、桂南、滇南等地。茶树以乔木型或小乔木型品种为主，主产乌龙茶、红茶和绿茶，还有少量白茶、花茶、黄茶、黑茶等。这是我国茶区中气温最高的茶区，年平均气温在 20℃以上，全年降水量在 1500~2600 毫米，热量丰富，茶树四季常青。该区土壤为黄化砖红壤，土层深厚，质地疏松，酸度较强。生产乌龙茶、红茶的品质优异，生产潜力大。

2.2 中国茶叶分类

茶被我国祖先发现和利用之后，并不是迅速地发展成为目前如此丰富多彩的茶类及茶饮料，这期间经过了一个漫长的过程。茶类的演变受到人们的饮茶习俗、茶叶生产及加工技术、政治、商贸流通等多方面因素的影响。

茶树品种众多，树型可分为乔木型、小乔木型和灌木型三种。生长在多雨炎热地带的野生茶树多为树冠高大、叶子厚大的乔木型大叶种；在一些比较寒冷的地区，灌木型的中小叶种茶树比较常见，它耐寒冷、干旱、耐阴，树冠矮小、树叶较小；在长三角地区常见的是介于这两者之间的茶树，为半乔木大中叶树种。

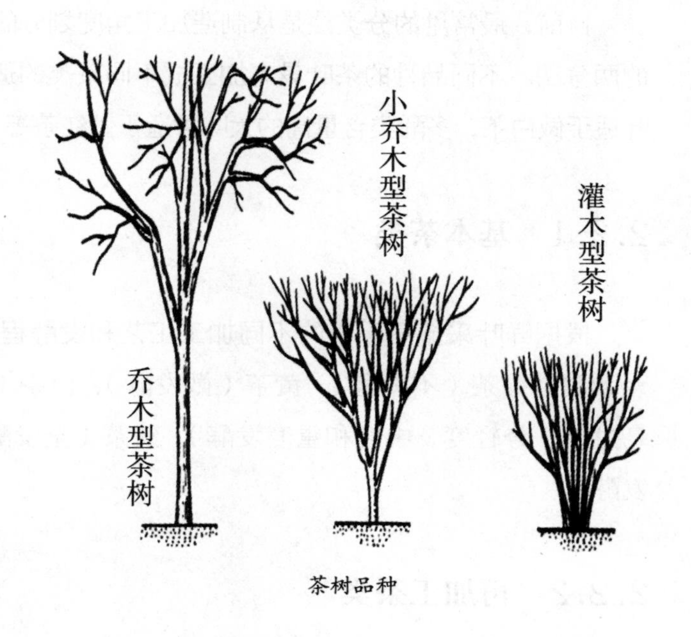

茶树品种

中国茶叶在长期的自然选择和人工选择下，经历漫长的演化形成了许多种类，仅我国已知的栽培种类就有500多个，目前常用的国家级优良品种有77个。据不完全统计，目前我国各地生产的名优茶逾千种，仅《中国茶叶大辞典》所载的就达970多种，其中绿茶689品、红茶60品、乌龙茶87品、白茶15品、普洱茶6品、花茶46品、紧压茶55品等。

茶叶商品的分类较为复杂。从商品学的角度看，不同的划分方法得出的结果就不同。从制法和品质角度把初制茶分为绿茶、黄茶、黑茶、青茶（乌龙茶）、白茶、红茶六大类；从制造加工的角度，主要分为基本茶类和再加工茶类；中国出口的茶叶分为绿茶、红茶、乌龙茶、白茶、花茶、紧压茶和速溶茶七大类。而国外，茶叶分类则比较简单，欧洲从商品特性的角度分为红茶、乌龙茶和绿茶三类；日本普遍按茶叶发酵程度把茶分为不发酵茶、半发酵茶、全发酵茶、后发酵茶等。

从制茶工艺的关键工序来看，鲜叶采摘之后，经杀青工序的可制成绿茶；经杀青、闷黄工序的可制成黄茶；经杀青、渥堆工序的可制成黑茶；经萎凋

工序的可制成白茶；经萎凋、做青等工序的可制成青茶（乌龙茶）；经萎凋、发酵工序的可制成红茶。

目前，最常见的分类法是从制造加工角度划分的基本茶类和再加工茶类的两分法。不同品种的茶叶具有加工成不同茶类的适制性，如幼嫩多毫的茶叶适于做白茶，多酚类含量高的大叶种适于做红茶等。

2.2.1 基本茶类

根据鲜叶采摘后采用的不同加工工艺和发酵程度及其茶汤颜色可分为六大类：绿茶（不发酵）、黄茶（微发酵）、白茶（微发酵）、青茶（又称乌龙茶，分轻度、中度和重度发酵）、红茶（全发酵）、黑茶（全发酵、后发酵）。

2.2.2 再加工茶类

用基本茶类的茶叶为原料，经过再加工、深加工制成的茶或茶饮料，统称为再加工茶类。包括各种花茶、紧压茶、萃取茶、果味茶、药用保健茶和含茶饮料等。另外，还常见把茶叶放进柚子里经存放、缝合、干燥后制成具有柚子香味的再加工茶，放进竹筒里的吸收竹子香味的紧压茶，等等。

从茶叶性质上看，若茶叶经再加工后的品质未超出该茶类的系统性，仍应归属原来的茶类。近年来，有人提出把普洱茶单列一类的观点，但未能被学界认可。普洱茶有生熟之分，普洱“生茶”是晒青茶精制经蒸压成型、干燥制成的，无“渥堆”工序，晒青毛茶属晒青绿茶加工应归入绿茶类；但普洱“熟茶”经过“渥堆”等后发酵工序制成，品质变化很大，归为黑茶类。

作者根据 GB/T 30766—2014《茶叶分类》国家标准，依据生产工艺、产品特性、茶树品种、鲜叶原料和生产地域几个因素将中国茶叶进行分类，见表 2-1。

- 中国茶类
  - 基本茶类
    - 绿茶
      - 蒸青绿茶（煎茶、玉露等）
      - 晒青绿茶（滇青、川青、陕青等）
      - 炒青绿茶
        - 眉茶（炒青、特珍、珍眉、凤眉、秀眉、贡熙等）
        - 珠茶（珠茶、雨茶、秀眉等）
        - 细嫩炒青（龙井、大方、碧螺春、雨花茶、松针等）
      - 烘青绿茶
        - 普通烘青（闽烘青、浙烘青、徽烘青、苏烘青等）
        - 细嫩烘青（黄山毛峰、太平猴魁 、华顶云雾等）
    - 白茶
      - 白芽茶（白毫银针等）
      - 白叶茶（白牡丹、贡眉等）
    - 黄茶
      - 黄芽茶（君山银针、蒙顶黄芽等）
      - 黄小茶（北港毛尖、沩山毛尖、温州黄汤等）
      - 黄大茶（霍山黄大茶、广东大叶青等）
    - 乌龙茶（青茶）
      - 闽北乌龙（武夷岩茶、水仙、大红袍、肉桂等）
      - 闽南乌龙（铁观音、奇兰、黄金桂等）
      - 广东乌龙（凤凰单丛、凤凰水仙、岭头单丛等）
      - 台湾乌龙（冻顶乌龙、包种、乌龙等）
    - 红茶
      - 小种红茶（正山小种、烟小种等）
      - 工夫红茶（滇红、祁红、川红、闽红等）
      - 红碎茶（叶茶、碎茶、片茶、末茶）
    - 黑茶
      - 湖南黑茶（安化黑茶等）
      - 湖北老青茶（蒲圻老青茶等）
      - 四川边茶（南路边茶、西路边茶等）
      - 滇桂黑茶（普洱茶、六堡茶等）
  - 再加工茶类
    - 花茶（茉莉花茶、珠兰花茶、玫瑰花茶、桂花茶等）
    - 紧压茶（黑砖、茯砖、方茶、饼茶等）
    - 萃取茶（速溶茶、浓缩茶、罐装茶水等）
    - 果味茶（荔枝红茶、柠檬红茶、猕猴桃茶等）
    - 药用保健茶（减肥茶、杜仲茶、降脂茶等）
    - 含茶饮料（茶可乐、茶汽水等）

中国茶叶分类简图（引自《中国茶经》）

表 2-1 依据生产工艺、产品特性、茶树品种、鲜叶原料和生产地域进行分类

	类别	分类依据					
中国茶叶分类	1. 绿茶分类 Green Tea	[1] 以杀青工艺和产品特性进行分类	(1) 炒热杀青绿茶	(2) 蒸汽杀青绿茶			
		[2] 以干燥工艺和产品特性进行分类	(1) 炒青绿茶	(2) 烘青绿茶	(3) 晒青绿茶		
		[3] 以茶树品种和产品特性进行分类	(1) 大叶种绿茶	(2) 中小叶种绿茶			
	2. 红茶分类 Black Tea	[1] 以生产工艺和产品特性进行分类	(1) 红碎茶	(2) 工夫红茶	(3) 小种红茶		
		[2] 以茶树品种和产品特性进行分类	(1) 大叶种工夫红茶	(2) 中小叶种工夫红茶			
	3. 黄茶分类 Yellow Tea	以鲜叶原料和产品特性进行分类	(1) 芽型	(2) 芽叶型	(3) 大叶型		
	4. 白茶分类 White Tea	以鲜叶原料和产品特性进行分类	(1) 白毫银针	(2) 白牡丹	(3) 贡眉		
	5. 乌龙茶分类 Oolong Tea	[1] 以生产地域、茶树品种和产品特性分类	(1) 闽南乌龙茶	(2) 闽北乌龙茶	(3) 广东乌龙茶	(4) 台式（湾）乌龙茶	(5) 其他乌龙茶
		[2] 以茶树品种和产品特性分类	(1) 铁观音	(2) 黄金桂	(3) 色种	(4) 大红袍	
			(5) 肉桂	(6) 水仙	(7) 单丛		
	6. 黑茶分类 Dark Tea	以生产地域和产品特性分类	(1) 湖南黑茶	(2) 四川黑茶	(3) 广西黑茶	(4) 普洱茶	
	7. 花茶分类 Flower Tea	以生产工艺和产品特性分类	(1) 茉莉花茶	(2) 白兰花茶	(3) 珠兰花茶	(4) 桂花茶	(5) 玫瑰花茶
	8. 紧压茶分类 Brick Tea	以加工特点及产品特性分类	(1) 黑砖茶	(2) 花砖茶	(3) 茯砖茶	(4) 沱茶	(5) 紧茶
			(6) 七子饼茶	(7) 康砖茶	(8) 金尖茶	(9) 青砖茶	(10) 米砖茶
	9. 袋泡茶分类 Tea Bag	以产品特性分类	(1) 袋泡绿茶	(2) 袋泡红茶	(3) 袋泡乌龙茶	(4) 袋泡花茶	(5) 袋泡黑茶
			(6) 袋泡白茶	(7) 袋泡黄茶			
	10. 粉茶分类 Dust Tea	以产品特性分类	(1) 抹茶	(2) 茶粉			
	11. 其他 Other						

说明：本表格是作者根据 GB/T 30766—2014《茶叶分类》国家标准绘制。

2.3 茶叶成分

2.3.1 茶叶的主要成分

从茶树上采摘的鲜叶经过不同制茶工艺的加工之后，所制成的茶叶类别、品质各有差异。已发现茶叶中所含的化合物成分很复杂，茶叶中经分离、鉴定的已知化合物有700多种。其中有机化合物有450种以上，无机矿物营养元素也在15种左右。

茶叶主要成分有：多酚类化合物（以儿茶素为代表）、生物碱（以咖啡碱为代表）、蛋白质、芳香物质、果胶质、糖类等，这些是茶叶中可溶物质的主要成分。另外，还有微量的矿物质、色素等也溶于茶汤中。

表2–2中所列的茶叶主要成分，可分为营养成分和药效成分两类。营养成分包括：蛋白质、氨基酸、维生素类、糖类、矿物质、脂类化合物等[①]；药效成分包括：生物碱、茶多酚及其氧化物、茶叶多糖、茶氨酸、茶皂素、芳香物质[②]等。

表2–2　　茶叶中的化学成分及在干物质中的含量[③]

成分	含量（%）	组成
蛋白质	20～30	谷蛋白、精蛋白、球蛋白、白蛋白等
氨基酸	1～4	茶氨酸、天门冬氨酸、谷氨酸等26种
生物碱	3～5	咖啡碱、茶叶碱、可可碱
茶多酚	18～36	主要有儿茶素、黄酮类、花青素、花白素和酚酸
脂类化合物	8	脂肪、磷脂、硫脂、糖脂和甘油酯
糖类	20～25	纤维素、果胶、淀粉、葡萄糖、果糖、蔗糖等
色素	1左右	叶绿素、胡萝卜素类、叶黄素类、花青素类
维生素	0.6～1.0	维生素C、维生素A、维生素E、维生素D、维生素B_1、维生素B_2、维生素B_3等
有机酸	3左右	苹果酸、柠檬酸、草酸、脂肪酸等
芳香类物质	0.005～0.03	醇类、醛类、酮类、酸类、酯类、内酯等
矿物质	3.5～7.0	钾、钙、磷、镁、锰、铁、硒、铝、铜、硫、氟等

①陈睿．茶叶功能性成分的化学组成及应用[J].安徽农业科学，2004（5）：1031–1036.

②王汉生，刘少群．茶叶的药理成分与人体健康[J].广东茶业，2006（3）：14–17.

③宛晓春．茶叶生物化学[M].北京：中国农业出版社，2003.

不同的加工工艺使六大茶类中所含的化学物质的种类和数量有所不同。一般茶叶中水浸出物含量越高，冲泡率就越好，品质越优。绿茶和红茶的水浸出物最多，黑茶最低，这是因为黑茶的原料粗老，可溶物质少，在加工过程中渥堆工序又消耗了水溶性化合物。

茶多酚的含量与发酵程度成反比。一般情况下，茶多酚的含量在绿茶中为20%左右，在黄茶、白茶、青茶中为15%~20%，在红茶中为10%~15%，在黑茶中为5%~10%。一般而言，茶多酚的含量排序由多到少依次是：绿茶、黄茶、白茶、青茶、红茶、黑茶。

咖啡碱的含量与茶树品种和生态环境有关，在加工过程中变化不大。

绿茶和黑茶中的可溶性糖含量高，红茶最低。氨基酸含量与鲜叶原料和加工方法有关，白茶中的氨基酸含量高，黑茶较少。

白茶、青茶和红茶的茶黄素和茶红素含量较高，绿茶、黄茶和黑茶含量较低。

现将茶叶中主要的化学成分简介如下：

1. 茶多酚

茶叶中多酚类物质的含量占干重的18%~36%，是一类以儿茶素为主体的酚性化合物，是决定茶叶颜色和滋味的主要成分，是形成毛茶品质的关键性物质。茶多酚种类较多，主要有黄烷醇（儿茶素）、黄酮甙、酚酸、花青素四大类，它们都是多元酚的结构，很多性质相近，故统称为多酚类。

下面主要介绍一下儿茶素的有关性质：

儿茶素的学名是黄烷醇，占茶叶干重的12%~24%，占茶多酚的60%~80%，是使绿茶发挥品质和功效的最重要的化学成分。茶叶的优次与儿茶素含量多少、存在形式有很大关系，现已发现12种儿茶素，含量较多的有6种。儿茶素又可分为简单儿茶素（游离儿茶素）和酯型儿茶素。其中，简单儿茶素收敛性较弱，不苦涩，带鲜爽味；酯型儿茶素收敛性较强，并具有苦涩味，在茶多酚中含量较高，占儿茶素总量的70%~80%。一般来说，含儿茶素较多的茶汤的滋味较浓。在绿茶中，儿茶素赋予绿茶以浓厚的滋味，使绿茶具有苦涩味和收敛性。绿茶中若儿茶素含量过低，则滋味平淡；儿茶素含量过高，滋味又过于苦涩，所以儿茶素含量高的茶树鲜叶，一般不适于制作绿茶。研究发现，多酚类及其初级氧化物是形成绿茶汤色的主要物质。儿茶素的初级氧化物如邻位醌等为黄色物质，是形成绿茶汤色的黄色部分。邻位醌还能与氨基酸结合形成香气物质。在红茶中，儿茶素在酶的作用下，经过一系列的变化产生一些有色物质。首先氧化成邻位醌，邻位醌经过缩合成橙色的茶黄素，茶黄素具有很强的收敛性，水溶液为橙黄色，是红茶茶汤的主要黄色色素，也是形成红茶茶汤的滋味的鲜爽度、强度和汤色明亮度的重要物质，还是形成红茶茶汤“金圈”的最主要成分。茶黄素进一步氧化成棕黄色的茶红素，它是茶汤中红色物质的主要成分，刺激性和收敛性均较强，还是茶汤浓度的重要成分。茶红素继续氧化，生成暗褐色的茶褐素，茶褐素能使茶汤色泽深暗，这是发酵过度的象征。茶红素与蛋白质结合生成不溶于水的棕红色化合物，是构成叶底色泽的主要物质。邻位醌也能与蛋白质结合生成不溶于水的蛋白质儿茶素，成为红茶叶底的构成部分。儿茶素与茶黄素还具有调节人体内血管壁的渗透性，增强微血管壁的弹性，抑制动脉硬化功效，并且有解毒、止泻、抗菌等药理作用。

茶树芽叶中儿茶素的含量因茶树品种不同而异，一般大叶种茶树芽叶儿茶素含量高于小叶种茶树的芽叶，就一株茶树而言，嫩叶儿茶素的含量高于老叶。

2. 生物碱

生物碱是一类含氮的复杂环状有机化合物，广泛存在于植物和少数动物中。茶叶中的生物碱主要是嘌呤碱，而嘌呤碱中最多的是咖啡碱，其余的还有可可碱、茶叶碱等。

现主要介绍咖啡碱的有关性质：

咖啡碱化学名为1，3，7－三甲基黄嘌呤。它是有绢丝光泽的白色针状结晶，没有香气，微苦，溶于水，溶解量随水温升高而变大。咖啡碱具有兴奋神经，解除大脑疲劳，加强肌肉收缩，消除疲劳的作用，有强心利尿，减轻酒精、烟碱的毒害等药理功效，是茶叶的重要成分。茶叶冲泡后，咖啡碱与茶黄素、茶红素形成化合物，有改善茶汤滋味的作用。茶汤冷却后，这种化合物便分离出来，使茶汤呈乳酪状，通常叫“冷后浑”。“冷后浑”是茶汤浓度高、内容物质丰富的表现，一般淡薄的茶汤无“冷后浑”的现象。咖啡碱在120℃以上开始升华，180℃时大量挥发。绿茶在制作过程中，因经高温处理，咖啡碱部分升华而有所减少，故绿茶中咖啡碱含量低于红茶。据上海、武汉、重庆等地检验检疫局分析：祁红、滇红及宁红等11种工夫红茶的咖啡碱平均含量为3.67%，屯绿、婺绿等7种珍眉绿茶的咖啡碱平均含量为2.94%。茶树芽叶中咖啡碱含量随鲜叶的粗老而降低。咖啡碱在制作过程中变化不大，成品茶的级别基本上与咖啡碱的含量成正相关。茶叶中咖啡碱的含量与茶树的品种和生长环境有关。例如，大叶种茶树的芽叶咖啡碱含量较高；一般情况下，南方茶叶中咖啡碱的含量多于北方茶叶。

3. 芳香类物质

这是一类含量少而种类多的挥发性混合体的泛称。日本利用水蒸气蒸馏法提取芳香物质的结果表明，鲜叶中芳香物质含量在0.02%以下，绿茶中含0.005%~0.02%，红茶中含0.01%~0.03%。又据现代气体层析法分析茶叶结果表明，茶叶中的芳香物质有300多种。

茶叶中的芳香物质在制作过程中还会发生不同的变化，所以不同的制作方法制成的茶叶，其芳香物质的组成并不相同。在鲜叶中含量较多的醇、醛化合物，有近50种成分，其香气特征以青草气占主导地位；制成的绿茶以碳氢化合物、醇、酸较多，约107种成分，形成的绿茶具有清香的特点；而红茶的芳香物质以醇、醛、酮、酯、酸等较多，约有325种成分，使红茶具有甜香的特点。

茶叶中芳香物质的含量及组分与季节、品种、嫩度有关。一般来说，春茶芳香物质的含量多于夏茶及秋茶，组分也不尽相同，不同品种的茶树采下的鲜叶制成的茶香气组分是不同的，鲜叶越嫩，芳香物质的含量越多，因此一般幼嫩鲜叶制成的茶多具“嫩香”，而粗老叶制成的茶则有“粗老气”。不同的产地的茶还有“地域香”，如安徽祁门红茶具有“祁门香”，即蜜糖香（甜花香、玫瑰花香）；高山绿茶有其特有的“熟栗子”香，如信阳毛尖。

芳香物质是决定茶叶质量好坏的重要因素之一。成茶的香气主要是由鲜叶中芳香物质的组合和浓度决定的。

4. 氨基酸

现已发现茶叶中的氨基酸有茶氨酸、谷氨酸、丝氨酸、苏氨酸等20多种。其中茶氨酸占总量的40%，是一般植物中不存在的较为特殊的氨基酸（只有在蕈类中有少量存在）。氨基酸的作用主要表现在以下几方面：①增进茶汤滋味。如含有茶氨酸的茶汤具有味精的鲜爽味，含有其他种类的氨基酸的茶汤也具有不同程度的鲜爽味。②提高茶叶香气。氨基酸在红茶制作过程中所能转化的挥发性物质，如挥发性醛等，都是使茶叶产生香气的物质，同时某些氨基酸本身也有一定的香气，故氨基酸与红茶的香味有密切关系。③改进干茶色泽和汤色。在红茶发酵过程中，氨基酸与邻位醌结合成有色化合物，对红茶汤色有良好的影响，在干燥过程中参与成品茶乌润色泽的形成。茶叶氨基酸的变化随芽叶老嫩、茶季迟早和栽培管理不同而异，一般嫩叶含量较多，老叶较少，春茶早期含量最多，随着茶季推移渐渐减少，秋茶后期降到最低。

5. 色素

成品茶中的外形色泽（干茶色泽）和茶汤、叶底的色泽均是不同色素成分的综合反映。绿茶的汤色除了与叶绿素分解的叶绿酸的绿色有关外，主要与茶叶中的黄酮醇有关。绿茶的外形色泽，主要受叶绿素影响。红茶的汤色主要由儿茶素的氧化产物——茶黄素、茶红素决定，而红茶干茶的色泽，除了与儿茶素的氧化产物有关外，还与羰基化合物和氨基化合物进行的“美拉德反应”产物类黑素及胡萝卜素有关。

茶叶中的色素主要有叶绿素、胡萝卜素、黄酮醇及花青素等。叶绿素、胡萝卜素是脂溶性色素，与干茶叶底色有关；黄酮醇、花青素是水溶性色素，与茶汤汤色有关。

叶绿素由叶绿素a和叶绿素b组成。一般叶绿素a的含量为叶绿素b的2~3倍。深色鲜叶中叶绿素a的含量多，适于制绿茶；含叶绿素b的鲜

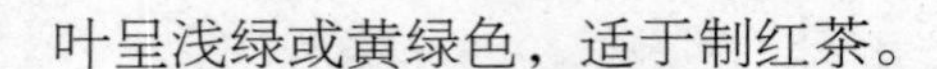

叶呈浅绿或黄绿色，适于制红茶。

2.3.2 科学饮茶

1. 茶叶的功效

1989 年联合国世界卫生组织（WHO）对健康作了新的定义，即“健康不仅是没有疾病，还要具备躯体健康、心理健康、社会适应良好和有道德”。具体包括十个方面的内容：充沛的精力，能从容不迫地应付日常生活和工作；处事乐观，态度积极，乐于承担任务，不挑剔；善于休息，睡眠良好；应变能力强，能适应各种环境变化；对一般感冒和传染病有一定的抵抗力；体重适当，体态均匀，身体各部位比例协调；眼睛明亮，反应敏捷，眼睑不发炎；牙齿洁白，无缺损，无疼痛感，牙龈正常无蛀牙；头发光洁，无头屑；肌肤白有光泽，有弹性，走路轻松，有活力。其中前四条为心理健康的内容，后六条则为生物学（生理、形态）方面的内容。由此看来，身心健康、有道德、有社会责任担当的人，才能算是健康的人。

唐代刘贞亮在《茶十德》中将饮茶的功德归纳为十项：以茶散郁气，以茶驱睡气，以茶养生气，以茶除病气，以茶利礼仁，以茶表敬意，以茶尝滋味，以茶养身体，以茶可行道，以茶可雅志。日本名僧明惠上人也总结茶有十德：诸天加护，父母养孝，恶魔降伏，睡眠自除，五脏调和，无病息灾，朋友和合，正心修身，烦恼消减，临终不乱。在佛门中，茶不仅具有药用功能，还兼具社会教化功能，是修行的一大法门。笔者认为：爱茶之人，通过日日品茶，通过观照茶这个外物，提升自己的身心灵健康，以积极的态度对茶及茶文化，不断提升个人素养。由外化成内，由爱茶升华到爱人，爱生灵，爱自然，崇尚生态和谐发展。在有茶的人生中，修持平常心，涤烦去躁，宁静心灵，活在责任与义务里，勇敢担当，利于社会。

茶既是物质的，又是精神的。饮茶可以带来身心方面的益处，可以使人与人之间的关系融洽，促进社会和谐与进步。茶饮料是 21 世纪的最佳饮料之一，已经成为大家的共识。

茶叶是健康的饮品，不是药品，没有直接治疗疾病的功能。民间流传的一些茶疗方剂能发挥较为明显的药效，是因为配伍中多种原料综合作用的结果。

因不同茶类的效果有差异，在选用茶叶方面，要选择适合自己的茶，适时适量饮用，才能发挥茶叶效用。

2. 酸性茶汤与碱性食品

茶叶富含咖啡碱、茶叶碱、可可碱、黄嘌呤等生物碱物质，人们饮用后，能在体内产生浓度较高的碱性代谢物，能及时中和血液中的酸性代谢物，对人体健康有益。根据食物在人体内最终的代谢产物来看，茶叶是碱性食品，但茶汤是酸性的，与碱性食品并不矛盾。使用pH试纸来测定茶叶是否为碱性食品是一种误区，是不科学的。茶叶科学工作者对不同的茶类泡制出的茶汤酸碱度做了对比试验研究。研究结果表明，茶叶泡出的茶汤都是酸性的。不同茶叶冲泡的茶汤酸碱度有所不同，绿茶茶汤酸性最弱，pH约为6；红茶和黑茶茶汤酸性相对强些，pH在4.6～4.9，但都为弱酸性，说明茶汤酸碱度与茶叶种类和制作方法有关。不同浸泡时间测得的茶叶酸碱度也有所差别，冲泡5分钟时酸性最弱，接近中性；冲泡后浸15分钟的茶汤酸性有所增强，基本达到最大值，继续延长浸泡时间，若采用试纸测定，基本测不出其变化。不同嫩度的茶叶酸碱度也不同，芽茶酸性相对比叶茶弱，即茶叶越嫩，酸性越弱，茶叶越老，酸性越强。茶汤的pH总体来说是在5.5～7，均属于弱酸性。由此可见，酸性的强弱与茶叶类别、冲泡时间以及茶叶老嫩均有一定关系。用广泛pH试纸只能测出茶汤酸性的大致范围，限于实验条件的不足，目前难以精确测定。

喝茶能提神，但饮茶应根据每个人的身体体质及健康状况和时令来选择不同种类的茶叶，让茶叶的功效最充分地发挥。

3. 饮茶禁忌

日常饮茶，建议不饮太浓太烫的茶，泡好的茶汤宜尽快饮用。因为刚泡好的茶，不仅香气浓郁，茶汤口感也好，放置太久的茶容易滋生细菌，口感也大为逊色。在中国各地的饮茶习惯中，人们普遍认为不同的茶类有不同的功效。如绿茶清火效果好，乌龙茶、普洱茶有助于调节体脂，红茶对胃的刺激弱。具体而言，因每个人的身体状况不同，饮茶之事还需慎重，还是需要根据自己的身体状况和体质特点来择茶饮之。尤其是患有严重动脉硬化、心动过速、高血压患者，以及孕妇、失眠症患者、溃疡病患者（胃、十二指肠溃疡等）要少饮或不饮茶。

饮茶是一种爱好，饮哪一种茶，何时饮茶，饮多少茶，是因人而异的，这取决于每个人的饮茶习惯、年龄、健康状况、生活环境、当地风俗等多种因素。一般健康的成年人，一日饮茶 5～15 克较为适宜；居住在西藏等高原地区的人，一日饮砖茶 20～30 克也为常事；体力劳动量大、体能消耗多、进食量也大的人，尤其在高温环境或接触有毒物质较多的人，一日饮茶 20 克左右也是适宜的；食油腻食物较多、烟酒过量的人，也可适当增加茶叶用量。

每个人都需要根据自己的健康状况及饮食习惯、生活工作节奏等，选对适合自己的茶，不要过量饮茶，适量适度，以达到以茶保健养生的目的。

《雷公炮制药性解》认为，茶茗，味苦甘，性微寒，无毒，入心、肝、脾、肺、肾五经，能够调节五脏的生理活动。静清和先生认为，不能根据茶的颜色与传统五行想当然地联系对应起来。新茶属木，在春天有生发性，木性寒。脾胃属土，土性温。不发酵或发酵轻的茶，像绿茶、白茶、轻发酵的乌龙茶或普洱茶中的“生普”等，茶性苦寒。因为木能克土，所以这类茶必然会伤及胃肠。发酵重或焙火适度的茶，像武夷岩茶、红茶或熟普等，茶性温和，对胃肠的刺激较轻。茶的寒性与碱性同时存在，决定了茶不可能具备养胃的疗效，同样也避免不了对胃肠存在的不同程度的影响，这就是不宜喝浓茶的根本所在。茶的杀菌、解毒作用，可能会对某些消化系统炎症起到一定的辅助治疗作用，但这与养胃是两个根本不同的概念。因此，喝红茶养胃的说法不恰当。有了年份的老茶，一般会经历渥堆、发酵或焙火等工艺，又历经了岁月的自然陈化，木性腐熟而具有了土性，土性味甘性温，从而具备了不寒而润、清凉宜人的功效。

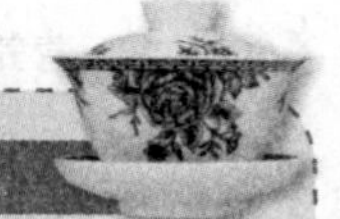

饮茶注意参考要点

1. 茶叶非药品，根据身体需要，适当饮用，保健效果好。

2. 应根据身体体质状况和健康状况选择适合自己的茶类饮用。

3. 可以依季节选择饮用不同的茶饮养生。

4. 饮茶注意不要过量，一般每人每天冲泡的干茶在 20 克以内为宜。

5. 早晨起床后适宜饮淡茶。

6. 忌空腹大量饮茶，防止“茶醉”。

7. 忌饭前后大量饮茶。

8. 饭后宜用浓茶水漱口。

9. 慎饮头道茶，尤其是粗茶、等级较低的茶叶，建议洗茶后再饮。

10. 忌饮用劣质茶或发霉变质茶。

11. 慎饮隔夜茶和泡久了的茶，根据茶汤情况，判断有无饮用价值。

12. 炒制过度的焦叶茶叶不宜饮用。

13. 饮茶不要太烫太浓。

14. 根据自身身体状况，睡前两小时内慎饮茶。

15. 脑力劳动者和夜晚工作者宜饮茶。

16. 演讲者、说书者和演唱者等宜饮茶。

17. 采矿工人、作 X 射线透视的医生、长期对着电脑的工作者、长时间看电视者和打印复印店的工作者宜饮茶，可减少辐射，保护健康。

18. 吸烟者和常被动吸烟者宜多饮茶，饮茶可以减轻烟碱的毒害。

19. 儿童可以饮淡茶，不宜饮浓茶。

20. 老年人不宜饮炒制欠火候的茶和刺激性太强、浓度太高的茶。

21. 孕妇忌饮茶，妇女哺乳期不宜饮浓茶。

22. 冠心病患者谨慎喝茶。

23. 溃疡病患者慎饮茶。

24. 肝脏病人忌过量饮茶。

25. 神经衰弱者慎饮茶。

26. 高血压患者不宜饮浓茶，可以适当饮淡茶。

27. 尿结石患者忌饮茶。

28. 糖尿病患者宜多饮茶。

29. 营养不良者慎饮茶。

30. 贫血患者慎饮茶。

31. 发烧病人忌饮茶。

32. 慎用茶水服药。

33. 醉酒慎饮茶。

34. 腹泻时宜多饮茶。

35. 吃油腻食物后宜饮茶。

36. 吃太咸的食物后宜饮茶。

37. 出大汗后宜饮茶。

38. 乌龙茶、沱茶、熟普洱茶、安化黑茶、六堡茶等半发酵及全发酵的茶对调节体脂效果好。

39. 用茶水洗脸、洗澡，可减少皮肤病的发生，使皮肤光泽、滑润、柔软。

3 茶叶商品审评与品赏

茶叶鉴赏是一项具有审美艺术特点的活动，分“鉴”与“赏”两个课题。“鉴”是鉴别茶叶的真伪、优劣，需要鉴别者对茶叶商品有一定的了解，熟悉茶叶工艺、品质特点等，需要具有较为丰富的鉴识实践经验；“赏”是对茶叶的色、香、味、形等进行感官品味，是从审美角度表达的对茶叶艺术性的感受。

无论是“评茶”还是“品茶”，首先要确定是真茶叶，才能做进一步的品评。一般而言，凡是以茶树上采下的鲜叶为原料，经过加工而成的毛茶、精茶和再加工茶类等，都称为真茶。用非茶树的芽叶为原料，按茶叶加工的方法制成的茶，如柳叶茶、榆叶茶等，称为假茶。假茶可分全假茶和掺假茶两种。掺假茶较难鉴别。在假茶中，对人体健康有利的“非茶之茶”具有商品价值，如菊花茶、苦丁茶、枸杞茶、甜菊茶、榆叶茶、柳叶茶等。而恶意地用非可饮用的树叶、植物叶等制成的对人体无益而冒充茶叶来牟取暴利的假茶无任何商品价值。但无论是对人有益的假茶，还是对人有害的假茶，都不能冒充真茶销售。若发现茶叶品质异常，可放在漂盘内仔细观察有无茶叶植物学的特征，真茶应具有以下特征：有羽状网脉；有锯齿状的叶缘（一般锯齿为16～32对）；叶背有茸毛；叶片在茎上呈螺旋状互生；芽及嫩叶背后有银白色茸毛；叶组织内有草酸钙星状结晶体；有石细胞；叶内含有咖啡碱、儿茶素和茶氨酸。

3 茶叶商品审评与品赏

3.1 茶叶审评方法

我国对茶叶品质的感官审评，主要有干评和湿评两个方面。干评主要是审评外形因素，湿评是审评茶叶冲泡后茶汤颜色、茶叶香气、茶汤滋味和叶底。五个因素分别评审：外形、香气、汤色、滋味和叶底。在茶叶感观审评方面，世界各国相差不大，如印度审评红茶，分干评项目（包括花色等级、干茶色泽、做工和形状、净度、干香、身骨）和湿评项目（包括看茶汤汤色、尝滋味、看叶底色泽、嗅叶底香气）等；日本评茶分外形、香气、汤色和滋味四个项目。

在我国各类茶叶审评鉴别中，香气和滋味占据的分数最多。五项审评中，审评各因素的侧重点不同。外形审评，审评试样的条索（或条形）、老嫩、色泽和净度等；汤色审评，审评茶汤的颜色、深浅、明暗及清浊程度等；香气审评，审评香气的类型、纯异、浓淡、高低及鲜灵度等；滋味审评，审评茶汤的纯异、鲜陈、浓淡、醇涩等；叶底审评，审评茶渣的老嫩、色泽、明暗及匀杂程度等。

鉴别茶叶品质优次的审评工作主要采用实验室感官评审和理化检验相结合的方法。国家审评茶叶品质是在专门的茶叶审评实验室内进行，对审评人员和审评室的方位、光线、通风及审评设施均有严格的要求。在感官审评时，先干评审评，后开汤湿评。

审评室、审评员的管理制度

一、要保持审评室的清洁卫生。
二、审评器具存放整齐。
三、审评茶杯、碗等要严格消毒。
四、审评员进入审评室按规定着装，做好一切审评事宜。
五、审评操作：必须使用统一的审茶杯、碗、审茶盘等工具，按统一的用茶量，冲泡一定时间，使用无色、无异味的清洁水，冲茶用水应达到沸腾起泡的程度。
六、抽样一定要准确，以求样的代表性和全面性。
七、“祁红”工夫茶审评，依据（成品茶）各个等级的品质要求，对照标准样进行审评比较。
八、祁红工夫比外形内质八项因子：外形比条索（比紧结、松泡、长秀、短、粗细、含毫量多少）、整碎（比匀齐下盘茶含量）、色泽（比乌润、枯灰、调匀、驳杂），净度（比梗筋、片朴子、非茶类杂物含量）四项；内质比叶底嫩度（比芽叶多少、叶质老嫩及软硬）、叶底色泽（比红艳、暗杂、发酵程度）、香气（比正常、高低、鲜纯、粗老），滋味（比强弱、浓淡、鲜爽、粗涩）四项。碎、片末茶比外形内质六项因子，外形比匀齐、色泽净度、内质比叶底嫩度、色泽香味。
九、做好审评分析结果各项记录及时归档保存。

×××祁红茶业有限公司

审评实验室相关制度

干评主要看茶叶外形的条索、老嫩、色泽、净度四个因子，与标准对照，结合嗅干茶香气、手测干茶水分，初步确定品质的好坏；湿评看内质的汤色、香气、滋味、叶底四个因子，与标准对照，确定茶叶品质的高低；最后根据外形、内质各因子的评分和评语（有专用国家评茶术语，不能随意描述），确定茶叶的等级。评审茶叶时必须内外干湿兼评，并对照标准样，分析比较，以求审评结果的正确。

从茶类的角度而言，各类茶叶审评的方法不尽相同。

2018 年 2 月 6 日发布，2018 年 6 月 1 日实施的 GB/T23776—2018《茶叶感官审评方法》中对各类茶叶审评方法作了规定。初制茶审评按照茶叶的外形（包括形状、嫩度、色泽、整碎和净度）、汤色、香气、滋味和叶底“五项因子”审评；精制茶审评按照茶叶外形的形状、色泽、整碎和净度，内质的汤色、香气、滋味和叶底“八项因子”进行审评。

绿茶、红茶、白茶、黄茶成品茶及花茶（拣去花干），以 3 克茶用 150 毫升审评杯冲泡 5 分钟后开汤审评，名优绿茶冲泡 4 分钟。到规定时间后按冲泡顺序依次等速将茶汤滤入评茶碗中，留叶底于杯中，按照香气（热嗅）、汤色、香气（温嗅）、滋味、香气（冷嗅）、叶底的顺序逐项审评。

乌龙茶盖碗审评法的程序是，先用沸水将评茶杯碗烫热，随即称取有代表性的茶样 5 克，置于 110 毫升倒钟形评茶杯中，迅速注满沸水，并立即用杯盖刮去液面泡沫，加盖。等待 1 分钟，揭盖嗅盖香，评茶叶香气；至 2 分钟将茶汤沥入评茶碗中，用于评汤色和滋味，并嗅叶底香气。接着第二次注满沸水，加盖，1~2 分钟后，揭盖嗅其盖香，评茶叶香气；至 3 分钟将茶汤沥入评茶碗中，再评茶水的汤色和滋味，并嗅叶底香气。接着第三次注满沸水，加盖，2~3 分钟后，揭盖嗅其盖香，评茶叶香气；至 5 分钟，将茶汤沥入评茶碗中，依次审评汤色、香气、滋味、叶底。审评结果是，汤色以第一泡为主评判，香气、滋味以第二泡为主评判。

乌龙茶审评碗和审评盖碗

黑茶（散茶），以 3 克或 5 克茶，茶水比（质量体积比）1∶50，置于相应的审评杯中，注满沸水，加盖浸泡 2 分钟，按冲泡次序依次等速将茶汤沥入评茶碗中，审评汤色、嗅杯中叶底香气、尝滋味后，进行第二次冲泡，时间为 5 分钟，沥出茶汤依次审评汤色、香气、滋味、叶底。审评结果是，汤色以第一泡为主评判，香气、滋味以第二泡为主评判。

紧压茶以 3 克或 5 克茶，茶水比（质量体积比）1∶50，置于相应的审评杯中，注满沸水，加盖浸泡 2～5 分钟，按冲泡次序依次等速将茶汤沥入评茶碗中，审评汤色、嗅杯中叶底香气、尝滋味后，进行第二次冲泡，时间为 5～8 分钟，沥出茶汤依次审评汤色、香气、滋味、叶底。审评结果是，以第二泡为主，综合第一泡进行评判。

花茶，先拣去茶样中的花瓣、花萼、花蒂等花类夹杂物，称取纯茶叶 3 克，置于 150 毫升的精制茶评茶杯中，注满沸水，加盖，浸泡 3 分钟后，按照冲泡次序依次等速将茶汤沥入评茶碗中，审评汤色、香气（鲜灵度和纯度）、滋味；第二次冲泡 5 分钟，沥出茶汤，依次审评汤色、香气（浓度和持久性）、滋味、叶底。审评结果需结合两次冲泡综合评判。

袋泡茶，取一茶袋置于 150 毫升审评杯中，注满沸水并加盖，浸泡 3 分钟后揭盖上下提动袋茶两次（两次提动间隔 1 分钟），提动后随即盖上杯盖，至5分钟沥茶汤入评茶碗中，依次审评汤色、香气、滋味和叶底。叶底审评时，需审评茶袋冲泡后的完整性。

粉茶，取 0.6 克茶样，置于 240 毫升的评茶碗中，冲入 150 毫升的沸水，定时 3 分钟并用茶筅搅拌，依次审评其汤色、香气与滋味。

以上各类茶叶审评中，嗅香气的方法是，一手持杯，一手持盖，靠近鼻孔，半开杯盖，嗅评审杯中香气，每次持续 2～3 秒，嗅后随即合上杯盖，可反复 1～2 次。审评其香气的类型、浓度、纯度、持久性，并热嗅（杯温度约 75℃）、温嗅（杯温度约 45℃）、冷嗅（杯温接近室温）结合进行。尝滋味的方法是，用茶匙取适量（5 毫升）茶汤于口内，通过吸吮使茶汤在口腔内循环打转，接触舌头各部位，吐出茶汤或咽下，审评茶汤的浓淡、厚薄、醇涩、纯异和鲜钝等，审评滋味适宜的茶汤温度为 50℃。

评茶十大技能见表 3–1。

表 3–1　　　　评茶十大技能①

序号	评茶程序	要求	技能
01	扦样（取样）	科学、公正、全面，并有正确性和代表性	对角线取样法、分段取样法、随机取样法、分样器取样法
02	摇盘	旋转平稳，上、中、下三段茶要分清	运用双手作前后左右回旋转动，“筛”“收”相结合
03	看外形	全面仔细，上、中、下三段茶都要看到	手法有“抓”“削”“簸”，有筛选法、直观法。还有一种必须经过训练，方法是：在摇盘到位的前提下，用双手握住盘的两边，用力簸茶（必须一次成功），三段茶则均匀分布在茶盘中，可清楚地看到三段茶的粗细、长短、数量等状况
04	开汤	准确称样，注入沸水容量一致，水满至杯口	用三个指头（大拇指、食指、中指）从茶样中取茶，要上中下都取到，并基本做到一次扦量成功；冲水速度要按慢—快—慢进行
05	热嗅香气	辨别出香气正常与否和香气类型及高低	一手握杯柄，另一手按杯盖头，上下轻摇几下，开盖嗅香气，时间 2 ~ 3 秒
06	看汤色	碗中茶汤一致，无茶渣，沉淀物集中于碗中央	先用茶网捞出茶渣，沿碗壁打一圆圈，看汤色，再交换位置，看汤色，反复比对
07	温嗅香气	辨别出香气的优次	与热嗅香气方法相同
08	尝滋味	茶汤温度 45 ~ 55℃，茶汤量 4 ~ 5 毫升，尝滋味时间 3 ~ 4 秒，需尝两次，吸茶汤速度要自然，速度不要太快	茶汤入口后在舌头上微微巡回滚动，吸气辨出滋味，即闭口，由鼻孔中排出，吐出茶汤
09	冷嗅香气	辨别出香气持久程度或余香多少	与热嗅香气方法相同
10	看叶底	嫩度、整碎、色泽及开展的程度	把叶底倒入杯盖或叶底盘或漂盘中眼看、手摸

①施海根．中国名茶图谱：绿茶、红茶、黄茶、白茶卷 [M]. 上海：上海文化出版社，2007：44.

3.1.1 外形

茶的外形即是未冲泡前的干茶叶的形状，主要由茶树的品种、采摘嫩度、加工工艺等决定。干茶外形应该整齐匀净，无叶梗、叶片以及其他杂质，色泽油润、有光泽，鲜活，香气鲜灵，无腥味、酸味等异味。

茶叶外形多种多样，有芽状、针状、扁形、片状、卷曲状、颗粒状、条状、环状、粉末状，有的还被压制成饼状、块状、球状，用丝线捆扎成菊花状、橄榄核状等。

3.1.2 香气

茶叶的香气是由多种芳香物质组成的，不同的茶叶香气风格各有不同。香气评比主要看香气的纯异、高低和长短。纯异：纯指某茶应有的香气，异指茶香中夹杂其他气味，或称不纯。纯正的香气要区别三种类型：茶类香、地域香和附加香气。高低：香气的高低可从以下六个字来区别，即浓、鲜、清、纯、平、粗。长短：即持久程度。香气纯正以持久的好，从嗅香气开始到冷还能嗅到为持久、香气长，反之则短。香气以高而长、鲜爽馥郁的好，高而短次之，低而粗又次之，凡有烟、焦、酸、馊、霉及其他异气的属于低劣。

嗅香气应注意以下要点：

（1）在茶汤浸泡5分钟左右开始嗅香气。嗅茶香的过程：吸（1秒）—停（0.5秒）—吸（1秒），依照此法嗅出的茶香是“高温香”。最适合闻茶香的叶底温度是45～55℃，超过此温度时，会感到烫鼻；低于30℃时，茶香低沉，有些气味如烟气、木气等，很容易随热气挥发而难以辨别。为了正确判断茶叶香气的高低、长短、强弱、清浊及纯杂等，嗅时应重复一两次，每次3秒左右。嗅香气时间不宜过长，以免因嗅觉疲劳失去灵敏感。

（2）无论何种茶叶，好茶的香气要纯净、高长、鲜灵、馥郁、持久；凡是有烟、焦、酸、馊、霉、腥味，日晒气，油哈气，水闷气以及其他异气者为低劣。

（3）茶叶香气从不发酵到发酵茶，呈现出青草气、清香、板栗香、青花香、浓郁花香、花果香、果香、熟果香、蜜香、蜜糖香、甜香等变化。

绿茶的香气为清香、嫩香、淡雅的花香、毫香、板栗香、海藻香等，“清

香、鲜爽”是绿茶的典型香气。

黄茶的香气为毫香、清香、果香等。

乌龙茶（青茶）的香气为花香、果香、清香、火香等，花香为乌龙茶的典型香气。

红茶的香气为甜香、果香、花香等，甜果香为红茶的典型香气。

白茶的香气为毫香、清香、甜香等。

黑茶的香气为陈香、松烟香、菌化香等，陈香是黑茶的典型香气。

3.1.3 汤色

茶叶经过一定时间的煮或沏泡后，容器中的水的颜色称为茶汤。各种茶的茶汤颜色不同，是茶叶中不同的水溶性物质溶解于水导致的。茶叶的色素有些是鲜叶中存在的，有些是在不同加工工艺过程中转化而成的。这些色素又分为水溶性和脂溶性。茶汤的颜色取决于水溶性物质，叶底的颜色取决于脂溶性物质的成分及含量多少。品质佳的茶叶冲泡后的茶汤颜色透亮清澈、不混浊。有些高档细嫩的绿茶、红茶、白茶等因芽头上的细毫多，茶汤中会有细细的毫毛，是正常现象，可放心品饮。曾有不识此茶者看到干茶嫩芽多毫、外表满布白色茸毛，甚至认为是茶叶发霉了，还闹出了笑话。

汤色易受光线、茶碗规格、容量、排列位置、沉淀物、冲泡时间等各种外因的影响，一般茶友冲泡茶之后，喜欢用滤网把茶汤滤到公道杯中，再分茶入白瓷品茗杯中观色。开始审评后，按照汤色性质、深浅、明暗、清浊等评比优次。

汤色审评主要从色度、亮度、清浊度三方面去评比。看汤色一般在嗅香气之前进行，应快看汤色，防止汤色氧化加深影响判断。

3.1.4 滋味

审评滋味时，用茶匙取约 5 毫升茶汤于口中，用舌头让茶汤在口腔内循环打转，使茶汤与舌头各部位充分接触，并感受刺激，随后将茶汤吐入吐茶桶中或咽下，审评滋味最适宜的茶汤温度是 50℃左右。

茶汤滋味是茶叶中呈味物质溶于水的体现，其化学组分很复杂。茶汤滋味主要是由茶树品种、茶树生长的地域环境、采摘老嫩程度、加工工艺、贮存条件、冲泡技法等决定的。

茶汤滋味与汤色、香气密切相关。一般汤色深的，香气高，味也厚，而香气低的，味较淡。

品质好的茶叶滋味浓醇、鲜爽，有回甘。

高品质茶：绿茶滋味鲜爽、醇厚；红茶中工夫红茶要求滋味浓强甜爽、鲜醇，红碎茶要求浓、强、鲜；青茶滋味鲜醇回甘；黄茶滋味鲜爽甜醇；白茶滋味醇爽清甜；黑茶滋味陈醇浓厚、顺活；花茶要突出花香，滋味鲜醇。

低档茶：带有日晒味、焦味、霉味、腥味、油墨味、熟闷味、青涩味等其他异味。

3.1.5 叶底

叶底即是泡茶后留在茶具中的茶渣。通过仔细观察分辨叶底可推知茶叶品质的特点，如茶叶的嫩度、芽叶有没有受过伤、工艺加工过程中有没有过或不及发酵程度等。

茶叶叶底中的主要呈色物质是叶绿素、叶黄素、胡萝卜素以及红茶色素与蛋白质结合的产物，这些物质不溶于水，泡茶时它们会残留于茶渣中。

辨叶底主要是用眼看、用手指捏，辨认叶底的老嫩、色泽、均匀度、软硬、厚薄，并留意叶子舒展情况及是否有掺杂及异常损伤等。

高档茶叶：一般叶底芽叶匀整、细嫩，无杂质和其他杂物。发酵程度轻，叶底颜色就浅；发酵程度重，叶底颜色就深。

审评茶叶看漂盘中的叶底

3.2 评茶、品茶与欣赏

评茶，是以求真务实的态度并综合运用感官，辅以理化实验的审评方法对一款茶的品质特点作客观的评价。评茶是评茶师评定茶叶品质的必备技能之一，评茶师按照科学的流程，在实验室规范条件下，把待审评茶叶品质的优缺点分析出来，这是评茶师审评茶叶的工作内容。

品茶，是以审美和艺术享受的方式尽量把眼前的一款茶的优点展现出来，缺点尽量规避。尤其是技艺高超的茶艺师还能根据同一类的两款茶的不同优缺点进行拼配冲泡，最大限度呈现出该种茶茶汤的完美品质。品茶是茶艺师必备的技能之一，把手上的一泡茶扬长避短地泡好，是茶艺师泡茶技能娴熟的表现。

在日常生活中，人们面对一款茶，常存在品与评相互交织的情况。作为放松休闲品赏茶叶来说，那种对茶叶品质特点的固执式的争执是最不理智的，这也是好茶者以茶聚会时常常因茶伤和气的主要原因。毕竟，因茶而聚的茶会雅集不是专门的科学评茶工作，每个人的感觉器官灵敏度差别大，对茶叶商品及其品鉴知识了解程度也不一，评茶环境也非实验室，应以交流友情为主，莫因品茶伤了和气。有人对不同目的的泡茶做了总结，分为八种方式：生活泡（随意）、待客泡（尊重）、审评泡（找短）、茶艺泡（美感）、商业泡（炫优）、品牌泡（因茶而异）、茶道泡（修心）、乐泡泡（现代时尚）。

尽可能地展现一款茶的优点，是茶艺师在泡茶技艺上的不变追求。如何泡好眼前的这一款茶？用何种茶具来泡？投茶量多少合适？水温控制在多少度？泡多久出茶汤？若有条件和可能，茶艺师一定会在“泡茶”之前，通过“评茶”来考量茶的品质特点，“评茶”之后，再根据其特点来扬长避短，尽最大努力泡好这款茶。当然，茶艺师则会凭多年来积累的经验在干评考量之后，去努力地泡好它。

欣赏一款茶的美妙，一般要从香气、滋味、汤色、冲泡过程中芽叶的变化来感受茶的魅力。不同的茶有不同的汤色，茶叶透过各种品茗杯、品茶碗，在光影的变化下，呈现出不同的色彩，给品饮者带来视觉的享受。如用透明的玻璃杯冲泡茶叶，尤其是那种细嫩的芽叶型绿茶，一片片茶叶

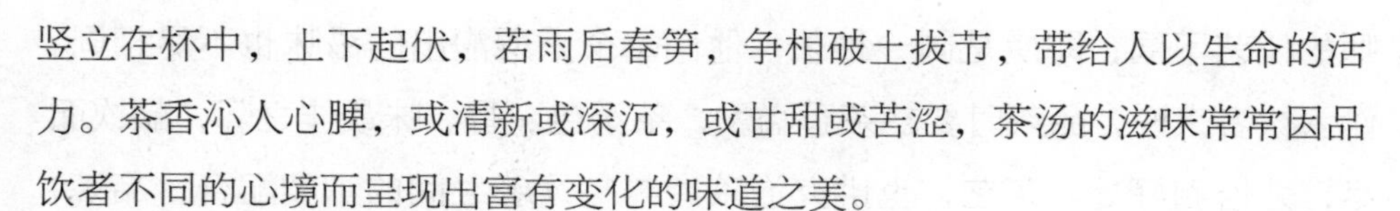

竖立在杯中，上下起伏，若雨后春笋，争相破土拔节，带给人以生命的活力。茶香沁人心脾，或清新或深沉，或甘甜或苦涩，茶汤的滋味常常因品饮者不同的心境而呈现出富有变化的味道之美。

笔者常常感慨，一个人独自品茶，似乎是与自己对话，随着年龄和阅历的增长，茶越品感受越丰厚，越品内心越清明。

3.3 茶艺技能基础

现代茶艺以泡茶法和煮茶法为主流。泡好一杯茶需要主体（茶艺师）调和好客体五大元素（水、茶、器、火、境），才能真正地展现出一杯茶的本真风味。

3.3.1 茶艺师

茶艺师不仅仅是一种职业，也是一种身份，体现一种文化修养。笔者认为，作为一名茶艺师，德为先，技艺其后，德艺双馨才能真正传承中华茶文化的精髓。“严于律己，宽以待人。”茶艺师在习练茶艺、提升技艺的过程中要不断提升对中华文化的认知、对茶艺师身份的认同。

人是茶事活动的主体，也是茶艺审美的主体。在茶艺活动中，一切活动的展开都是以人为核心的。人们以茶为媒介，目的是要修养成审美自主、具有科学精神的睿智的茶人，而不是那种把茶异化的装神弄鬼的虚假之人。参与茶艺活动的人们通过茶艺的准备、展示、品赏以及相互的问候感念，也可以排除焦虑、放松心情、提高修养。通过茶叶及其茶艺活动的相关要素等外物的调控来达到与人们内心相应和的过程，是我们因茶而会的主旨，也体现了人是茶艺要素的核心。

术业有专攻，技艺各不同。同样是茶艺师，因其特长不同，即使是面对同样的茶叶，泡出来的味道也各有差异。

泡好一杯茶，一般会受到主观和客观多种因素的影响。例如，所泡茶叶的特点、茶具选用、水的选择及温度判断、泡茶时间长短、泡茶环境、泡茶时的心理状态等，这些对泡好一杯茶都会有很大的影响。因每个茶艺

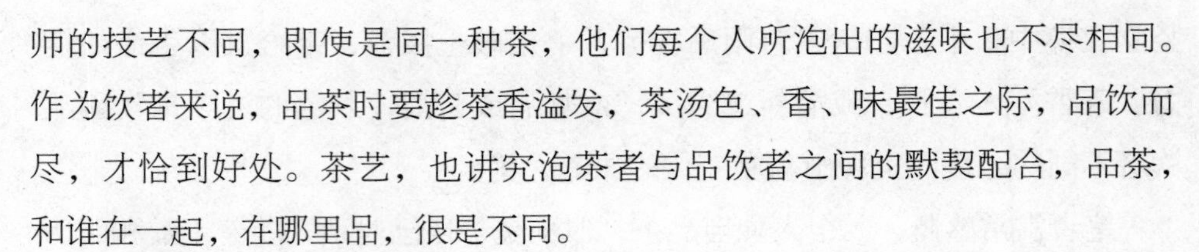

师的技艺不同，即使是同一种茶，他们每个人所泡出的滋味也不尽相同。作为饮者来说，品茶时要趁茶香溢发，茶汤色、香、味最佳之际，品饮而尽，才恰到好处。茶艺，也讲究泡茶者与品饮者之间的默契配合，品茶，和谁在一起，在哪里品，很是不同。

作为茶叶消费者，所感受到的茶叶品质取决于以下七个要素：茶树品种、生长条件、种植管理、当年气候、制作工艺、储运方式和冲泡方法。品赏茶叶，要综合考虑人、茶叶、水质、水温、茶具、技艺和环境等要素。人是审美的主体，人是品赏茶叶和茶艺活动的核心要素。

每个人的感觉器官灵敏度不同，人在不同的时刻、不同的环境中的感觉也会不同，在身体健康出现问题时更是如此。如体虚者在舌苔厚腻之时饮茶，也会觉得原本滋味浓郁的好茶变得滋味淡薄、香气寡淡。

从心理上看，若是在紧张、慌乱时刻品茶，多难以品得茶味。因受制于环境和人事的压力，品茶的感觉会迟钝，容易造成误判。当然，此时饮茶能帮助人减轻紧张和慌乱感。

与友人、佳人共同品茶，更能拉近心与心之间的距离，有助于增进友情。此时的茶便能带给人以更多的情谊。

假如在慌乱紧张、焦躁不安、沮丧无助之际，有人为你端上一杯热茶，传递一个善意的眼神，你在接纳热茶的刹那间，便能感受到内心的暖意，感受到人与人之间的温情。在寒夜里，亲人为你端来一杯茶，味道似乎已经不重要了，此刻，用心去品味茶汤之外的味道，便能感受到已经超越茶本身的关爱之情。

3.3.2　水

从获得一杯好茶汤的角度来说，无水不足以论茶！好水是赏鉴茶叶的必要条件。用好水泡出来的茶，味道柔、顺、绵、甜、香；而用差水泡出来的茶，则味涩、滞、薄、苦、淡。

从现代科技的角度而言，利用现代制水设备处理过的水，沏泡不同茶类，完全可以满足泡一杯好茶的需求。从发展的角度看，古代论述水的一些理论及经验具有一定的局限性，仅供现代人参考。

老子《道德经》说："上善若水，水善利万物而不争。"孔子认为，水具有九德：德、义、道、勇、法、正、察、善、志，而且还说："是故君子见大水必观焉。"（《荀子·宥坐》）唐代陆羽在《茶经》中专门谈到了泡茶用水的选择："其水，用山水上，江水中，井水下。其山水，拣乳泉、石池慢流者上，其瀑涌湍漱，勿食之。"

明代张大复《梅花草堂笔谈·试茶》中说："茶性必发于水，八分之茶遇十分之水，茶亦十分矣；八分之水试十分之茶，茶只八分耳。"

古人对泡茶用水极其重视，归纳起来，"源、清、轻、活、洌"为评水五字标准。

在陆羽所处的时代，茶类尚不丰富，人们对水的认识和水处理技术也有限，"山水上"也是一个比较笼统的说法。从当代泡茶用水的选择来看，茶类与水的选择搭配需要从多个方面来考虑，茶汤的口感、香气、颜色在不同的水质中表现出的差异很大。

历史上的名泉

精茶、真水和雅器是嗜茶者刻意追求的目标。历代茶人评定泡茶用水的名次等，也留下了诸多传说典故。我国泉水资源非常丰富，比较著名的有百余处，镇江中泠泉、无锡惠山泉、苏州虎丘观音泉、杭州虎跑泉和济南趵突泉被人们称为"中国五大名泉"。其实，古代茶人及帝王雅士的评水等次变化不一，其中号称天下第一泉和第三泉者就有好几处。

天下第一泉有七处，分别是：济南的趵突泉、镇江的中泠泉（中濡水、南泠泉）、北京的玉泉、庐山的谷帘泉、峨眉山的玉液泉、安宁的碧玉泉、衡山水帘洞泉，其中以趵突泉、中泠泉、玉泉和谷帘泉最为著名。天下第二泉是无锡的惠山泉。天下第三泉有六处，分别是：苏州虎丘观音泉、杭州虎跑泉、杭州龙井泉、济南珍珠泉、江西抚州沸珠泉、湖北浠水名泉。

时至如今，随着气候环境、地理环境等因素的变化，有的泉水干涸了，有的仍是茶人们追求的对象。当然，能发精茶的好水，除天然泉水外，还有冰川水、井水及其再加工的多种饮用水，现代茶人们有了更多的选择。

无锡惠山泉（天下第二泉）

当代人们选择泡茶用水，主要有山泉水、纯净水、自来水、井水、冰川水、雪水等。无论如何，选择泡茶用水均以软水为佳。所谓软水，是指水中溶有少量或不溶有钙、镁离子的水。溶有较高含量的钙、镁离子的水是硬水。我国测定饮用水硬度是将水中的全部矿物质换算成碳酸钙，以每升中碳酸钙的含量为计量单位，含量低于150毫克/升的为软水，150～450毫克/升的为硬水，450～714毫克/升的为高硬水，714毫克/升以上的为特硬水。世界卫生组织（WHO）推荐的生活用水硬度不超过100毫克/升。若水的硬度是由含碳酸氢钙或碳酸氢镁引起的，这种水被称为暂时硬水。暂时硬水经过煮沸处理后可以被软化。若水的硬度是由含钙或镁的硫酸盐或氯化物引起的，这种水的硬度就不能用加热的方法去掉，这种水就是永久硬水。

饮茶用水，以软水为好，用软水泡茶，茶汤明亮，香味鲜爽；用硬水泡茶，会使茶汤色泽加深，滋味苦涩，茶香下降，也会使茶叶中有效成分的溶解度降低。若水中含铁离子过多，茶汤颜色则会加深甚至变成黑褐色，还会浮起一层"锈油"，无法饮用。实验表明，水的硬度影响水的pH，茶汤色对pH的高低很敏感，当pH小于5时，对红茶汤色影响较小，汤色呈金黄色；若pH大于5，酸性水会破坏茶叶中茶红素，色泽就相应加深；当茶汤pH达到7时，茶汤鲜爽度失去，汤色发暗；pH达到8以上，因茶汤中形成了大量的茶褐素，汤色显著发暗。所以，pH过高或过低，泡出的茶口味都不佳。在判断茶叶品质优次的感官审评实验中，常用的有pH接近中性的矿泉水、纯净水等。

现在我国执行的是《生活饮用水卫生标准》（GB/T 5749—2006），此标准中规定，饮用水的pH不小于6.5且不大于8.5。各地可以饮用的泉水的pH都有所差异，试验表明：冷水与热水的pH不同、煮开过的冷水和热水的pH不同。以无锡的自来水为例，用pH试纸测得：自来水冷水pH为6.0，烧开的热自来水pH为5.8，烧开后的冷自来水pH为6.5。

经验表明，pH低于7.5的水质，适合泡不发酵的茶和微发酵的茶，水偏酸，生津较快。pH高于7.5的水质，相对而言，适合泡发酵程度高的茶，茶汤酸度轻。当然，若pH过高，则汤色深暗，茶味、香气都不佳。

茶汤滋味、香气、汤色都受到了泡茶水质的影响，在具体的水的选择上，探索无止境，需要爱茶的你我在实践中来共同探讨。茶友普遍认同绵柔细腻、滑润生津的茶汤能给人好的感受。

天然水中的泉水清爽、甘洌、杂质少，透明度高，污染少，水质佳，但由于水源和泉水流经的途径不同，水中的溶解物、含盐量和硬度等差别较大，故并不是所有的泉水都是优质的，有的泉水还不能饮用。如硫黄矿泉水就无法饮用，但对皮肤不错，用于沐浴有保健疗效。

用自来水泡茶，受氯离子、铁离子影响，会使茶色变深、茶味减弱或变得不佳，最好能把自来水静置24小时以上，让消毒水味挥发后再用，或经一些净化改良水质的机器处理后再使用。

泡不同的茶，茶与水的比例很重要。一般而言，名优茶（如绿茶、黄茶、红茶、花茶等）茶水比例为1:50，茶多酚含量较低的名优茶（如安吉白茶、溧阳白茶、太湖白茶、太平猴魁茶等）茶水比例为1:33，白茶茶水比例为1:20～1:25，普洱茶茶水比例为1:30～1:50，乌龙茶茶水比例为1:12～1:15。大宗普通茶（如绿茶、红茶、黄茶、花茶等）茶水比例为1:75。当然，对于个人而言，喜欢什么样的风味，投茶量多少，常常还是自己随性为之。

3.3.3 茶

中国茶类品种如此之多，各种茶叶滋味、香气又各有其美，如何从整体上来描述好茶呢？笔者认为，应从干茶和湿评两个方面看。好茶的干茶要干净，整齐度好，无异味，油润感明显，干燥度好，具有该品类茶的特征；湿评要开汤感受茶汤及香味，汤色清澈，香气令人愉悦，层次分明，总体有香、清、甘（微苦回甘）、活、锐、净、滑、润、和、幽、远等感官及心理感受。

各地出产的茶的风味总是不一样的，各地的制茶师也有各自的制茶技艺，尤其是不同的茶山出产的、不同的茶树采摘后制作出来的茶，颇具个性。如今有些茶山茶树受人追捧，有的已经成为著名的茶文化旅游地，如武夷山大红袍、苏州东山和西山的碧螺春、云南省西双版纳州勐海县布朗山乡老班章村的普洱茶等。实践出真知，在提升品鉴茶叶技能方面，理论联系实践，才能不断进步。

每个人认识茶和接纳茶都有一个过程。笔者饮茶多年，回想与茶接触的过程，有一个特别的感受，那就是随着你对茶的喜爱和研究的加深，越来越能接受各种风味的茶，尤其是不同的茶的滋味和香气，你会发现它们不同的个性之美。有的茶，可能一开始接触时心理上很抵触，但随着品茶时间的增加，就会慢慢喜爱上它；有的茶，可能一开始非常喜欢，但喝上一段时间，就无法再提起兴趣了；有的茶，在不同的时间会有不同的喜爱程度。很多资深的爱茶人士，无论中国人还是外国人，一旦痴迷于茶的味道，对芽叶型的清饮式泡法泡出的茶汤情有独钟，对这种类型的茶会特别重视。作为入口之物，应尽量饮用品质有保证的茶，毕竟食品安全是第一位的。

笔者喜欢春天的新茶，也喜欢陈年的老茶。从茶叶保存期限上看，很多茶放置多年之后，仍然具有饮用价值。在爱茶的朋友圈中，六大基本茶类的老茶（经过多年陈放的茶），都被痴茶者奉为宝物，珍惜有加。茶友以茶相聚时，对陈放多年的老茶会倍感兴趣，一起品味存放多年的老茶，似乎能感受到旧时岁月。老茶所带来的特殊的味道是从其他新茶那里难以获得的，这也许就是在茶叶拍卖市场的古董茶时常拍出高价的原因吧。

好茶要放在干燥、密封、无异味的容器中储存。不发酵的绿茶、轻微发酵的黄茶、轻度半发酵的乌龙茶还需要放在冰箱或冰柜中冷藏，细嫩的红茶、高香的茶冷藏储存效果也好。红茶及发酵程度重的乌龙茶、黑茶等在常温、干燥、无异味的环境下保存即可。好茶保存好，才能感受随着时间流淌滋味不断转化的变化之美。

3.3.4 器

好茶需要选择适当的茶具才能有效地激发茶性。从获得一杯好茶汤的角度来看，储存水的器具、烧水的器具、泡茶的器具、盛茶汤的器具、品茶的器具，这些都会影响到茶汤的滋味和香气，因此不能不重视。

储存茶叶的茶叶罐的材质也有讲究，一般以避光、致密的胎质为好。常见的有锡罐、瓷罐、紫砂罐、玻璃罐等，竹、木、纸、塑料等材质的罐不常用，对于一些阻隔能力不强的容器，茶叶常会用铝膜纸袋包装之后再装入茶叶罐中。作为礼品的茶叶，也与月饼、保健品一样存在过度包装的情况，希望大家重视，尽量使用绿色、减量化包装为宜。

从作为泡茶的茶具来看，一般而言，不发酵和微发酵茶适合用质地致密的玻璃杯、瓷杯、盖碗来冲泡；发酵程度重的茶叶适宜用陶杯、紫砂壶来冲泡。一次性纸杯和塑料杯一般泡茶效果都不太好，人们使用一次性杯子，多是因为取用方便、卫生，用于简单地招呼客人。尤其是纸杯不耐热，一般仅用于盛放冷饮或40℃以下的温水。

用不同材质和造型的品茗杯品茶，效果也不同。品茗杯胎质疏密不同，厚薄不同，色彩各异，对品茶者心理影响不同。一般而言，夏天适合用口阔敞开式样、胎壁轻薄的，便于散热；冬天适合选择收口、胎壁厚的，便于保温。

陶瓷艺术家能把品茗杯做出各种色彩和图案，盛放不同颜色的茶汤，会呈现出令人惊叹的茶汤色彩之美。尤其是当盛放的茶汤受到太阳光照射时，更呈现出通透诱人的美丽。即使同样的茶汤，也会因不同色彩的品茗杯而使品饮者产生不同的感受。

一般来说，色深的品茗杯更容易使人产生所饮的茶汤比实际要厚重、浓郁的心理感觉；白色莹润的小瓷杯，会有甜味之感；用粗糙大颗粒质感的紫砂杯品饮黑茶，有厚重和怀旧之感；用细腻精致的青花瓷品茗杯品饮绿茶，有清新、愉悦、时尚之感；用透明的玻璃杯饮花茶或绿茶，有清爽、轻松之感。

在日常生活中，各地的饮食器具各有不同，大家不妨从获得一杯好茶汤的角度，多留意，多观察，也许你能发现不同器物在饮茶时的不同表现以及带给你不同的美的感受。

3.3.5 火

古代烧水泡茶极其讲究，用什么燃料、炉子、烧水器，水烧到什么程度都有一套非常精深高妙的理论。唐代李约好茗饮，精于烹泉煮水，其“茶须缓火炙，活火煎”的候汤之说被后人称赞。宋代苏轼“活水还须活火烹”“贵从活火发新泉”亦有异曲同工之妙。

陆羽认为，煮水燃料最好是木炭，其次是活力强的劲薪，而含油脂多的柴薪、沾染过厨房油腻异味的木柴都不宜用。宋代点茶法同样强调水沸的程度，谓之“候汤”。蔡襄《茶录》载：“候汤最难，未熟则沫浮，过熟则茶沉。”只有掌握好水沸的程度，才能冲泡出色味俱佳的茶汤。饮茶之法历代主流不同，如唐时尚煎茶、宋时尚点茶、明清时尚瀹饮撮泡，而清、轻、甘、洌的山泉自是不能久煮，不然水老则泡茶不清鲜。陆羽《茶经》曰：“其沸如鱼目，微有声，为一沸。缘边如涌泉连珠，为二沸。腾波鼓浪，为三沸。已上水老，不可食也。”北宋苏轼《试院煎茶》诗云：“蟹眼已过鱼眼生，飕飕欲作松风鸣。”明代唐寅《品茶图》中题茶诗云：“买得青山只种茶，峰前峰后摘春芽。烹煎已得前人法，蟹眼松风候自嘉。”唐时之鱼目与宋明之蟹眼，水沸相当，自是泡茶好水。明代许次纾《茶疏》中说：“茶滋于水，水藉乎器，汤成于火，四者相须，缺一则废。”以妙器、活火煮得蟹眼初沸的山泉所精心泡制的灵芽鲜汤，于佳境中细品其味，宛若神仙。

不同冲泡时间和水温对茶汤滋味和香气的影响最大。一般表现在冲泡时间短，叶底香气好时，温度越高，这种趋势越明显。冲泡水温对香气的影响较为复杂，一般情况下，温度高有利于香气的挥发，热嗅香气好，但对一些原料特别幼嫩的清香型茶叶则表现为水温稍低的香气优于水温高的，冲泡温度高了，香型则有所变化，鲜爽度也随之降低。但对原料成熟度较高的炒青名优绿茶，不同的水温对香气影响就不大。

冲泡时间与水温对汤色的影响明显。在温度稍高（90～100℃）情况下，冲泡时间越短，汤色越好，明亮度越高；而对那些内含物不容易泡出的茶叶，冲泡时间长，反而对汤色有利。若温度稍低（80℃），时间延长至 5 分钟左右，对汤色有利。嫩芽型的茶，无论茶类如何，一般水温都不宜过高，控制在 80℃左右为宜。

不同茶类对冲泡的水温、泡茶的时间、茶具选择及投茶量等要求区别很大，涉及的因素也很复杂，根据各种茶叶特点控制好相关因素之后，“确定最佳出汤点”应是一个茶人在茶艺过程中对技术方面无止境的追求。

3.3.6 境

作为凡人，我们的内心很容易受到外界的影响。因此，从放松身心享受一杯茶的角度来说，能在优雅静谧的环境中品茶，自是十分难得。

明代徐渭在《徐文长秘集》中曰：“茶宜精舍、云林、竹灶，幽人雅士，寒宵兀坐，松月下，花鸟间，清白石，绿鲜苍苔，素手汲泉，红妆扫雪，船头吹火，竹里飘烟。”

明代罗廪《茶解》中有：“山堂夜坐，手烹香茗，至水火相战，俨听松涛，倾泻入瓯，云光缥渺，一段幽趣，故难于俗人言。”

清代郑板桥在《板桥家书·仪真县江村茶社寄舍弟》中有：“坐水阁上，烹龙凤茶，烧夹剪香，令友人吹笛，作《梅花落》一曲，真是人间仙境也。”

从以上古人吃茶的要求看，涉及的因素比较多，有自然因素、人的因素、茶的因素、器物的因素等；品茶环境多追求“洁、美、幽、雅”等。随着历史的发展，影响品茶的诸多因素也在发生改变，但追求茶的精神没有变。

品茶之佳境的诸多要求，主要还是为了能使茶以最佳的方式展示其本性（茶香、茶汤色、茶味等），使吃茶小环境更加贴近自然；吃茶者能以最佳的状态进入茶的境界，体会自然，体味人生，达到与自然相通、“天人合一”的状态。在虚实混沌之中，神与物合，心与大自然相互感应，进入人与自然相合的无我至境。平日里，朋友们若有条件，不妨携带简单的茶具，独自一人或三两友人在高山溪水旁、湖畔、公园、田野、古镇、老宅等宜茶佳境去品味茶汤，享受中国式休闲的茶味人生。

园林品茶

3.3.7 中华茶艺中的茶具

当代中华茶艺主要有煮茶法和泡茶法两大技艺。在现代生活中，泡茶法和煮茶法以其方便实用被大多数人所熟知。常用的茶艺工具主要分为五大类：煮水具、洁具、泡饮具、贮具、辅具等。具体来说主要有：烧水壶、茶盘（茶船）、茶叶罐、茶荷、茶巾、茶艺六件套（茶道组）、泡茶壶、盖碗茶盏、泡茶杯、公道杯（茶海）、茶滤网、滤网托、品茗杯、送品茗杯托架、杯托、水盂、计时器、茶秤、茶刀、养壶刷、茶渣桶、茶宠等。另外，一次性的纸杯、塑料杯也是常用茶具，但在茶艺中较少使用。

1. 煮水具

①烧水壶

用于烧开水。常用的有电热式饮水机、电磁炉、电炉、烧木炭的仿古式炭炉、烧蜡烛式的玻璃壶等。

电热式烧水壶较为常见。建议选择不锈钢材质的，与热水面蒸汽接触的壶盖最好是不锈钢的，忌选择塑料盖。否则水沸腾后，因蒸汽的作用，很容易产生塑料气味。烧水壶在使用的时候，首先应注意安全，按照正确的操作方法使用。烧水壶里的水不能放得太满，一般以 7～8 分满为宜，烧的时候壶嘴不对人，一是礼貌，二是为了保证安全，防止烫伤人。冲泡绿茶等不发酵茶、细嫩的红茶时用 80℃左右的开水冲泡，注意这里是把水烧开到 100℃后冷凉到 80℃左右再冲泡茶叶。

②辅助煮水具

如计时器、煽火用的扇子等，常归于其他辅助茶具中。

2. 洁具

①茶盘

也称茶船，样式多种多样，是茶艺中的湿操作平台，可分为抽屉式和漏水管式。泡茶的过程要在茶盘上完成。

②茶巾

茶巾是茶艺活动中经常用来擦拭茶具上的水渍和茶渍的用品。常用吸水性

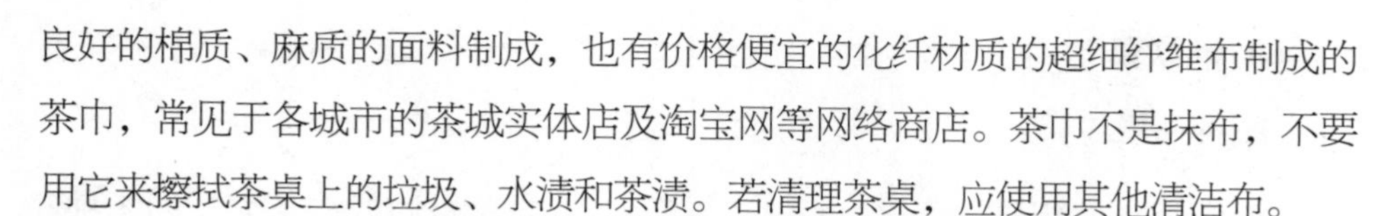

良好的棉质、麻质的面料制成，也有价格便宜的化纤材质的超细纤维布制成的茶巾，常见于各城市的茶城实体店及淘宝网等网络商店。茶巾不是抹布，不要用它来擦拭茶桌上的垃圾、水渍和茶渍。若清理茶桌，应使用其他清洁布。

③壶承

在泡茶茶席上用来承载紫砂壶的茶具，造型多类似盘子，有的有孔洞，便于漏水。

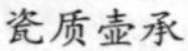

瓷质壶承

陶质壶承

④水盂

也称水方。用来收纳洁具和盛放泡茶过程中弃之不用的废水、茶渣。

⑤渣桶

用来盛放茶渣、废水的茶桶，常有两层。一般通有塑料管，便于收集从茶盘中流出的废水。

⑥茶帘、竹边条

常被茶友布置茶席之用。可铺在茶盘上，避免茶具与茶盘的磨损，可阻隔茶渣，以免堵塞茶盘出水管。也可以铺设在茶盘旁边，放置茶道组、茶巾、茶叶罐等，美观实用。

两个茶帘

3. 泡饮具

①茶壶

由两个部件组成：壶体和壶盖。市场上有多种材质的泡茶壶，如各种瓷壶、陶壶、紫砂壶、玻璃壶、金属壶、玉壶、石壶等。

操作手法注意要点：任何时候都不要把壶嘴对人，这是茶艺中必须要遵循的基本礼仪。手持壶的时候，安全第一，美观第二，泡茶时要防止烫伤自己和跌落壶盖。

壶的操作方法

出茶汤——把用紫砂壶泡好的茶汤倒入公道杯中

②盖碗

由三个部件组成：底托、盖碗、碗盖。也有无底托的盖盅，使用方法相似。茶艺师常用盖碗试茶，便于了解茶叶的品质特点。

操作盖碗手法应注意的几个关键点：手部放松，手指持拿位置准确，不烫手，持得稳当、美观大方。

青花瓷盖碗

③茶杯

用来泡茶的杯子。常见的有玻璃杯、瓷杯等，多用于泡绿茶。

多个品茗杯

玻璃杯泡茶

4. 贮具

①茶叶罐

也称茶仓，存放茶叶之用。有多种造型和材质的茶叶罐，放置在茶席上，增色添美。

多种材质和形态的茶叶罐

②公道杯

冲泡好的茶汤倾倒在公道杯中，使所冲泡的茶汤浓淡均匀一致。市场上有多种造型的公道杯，存在有盖和无盖、有耳和无耳之分，材质也多种多样。

有盖无耳的瓷质公道杯

无盖有耳的玻璃公道杯

③贮水罐

也称水方，用于盛放煮茶用水，另配有水勺，便于舀水。在居家生活中，常用饮水机或桶装水等贮水。

贮水罐

④茶具架

用来存放茶具的架子，有多种造型，多为古香古色的博古架样式。

⑤茶具柜

用于存放多种茶具的柜子，收纳茶具之用。

5. 辅具

①茶道六用

茶道六用也称茶艺六件套、茶道组、茶道六君子。一般由六件茶具组成：茶则、茶针、茶匙、茶筴、茶漏、茶筒。

茶则是用于量取茶叶的茶具，造型和材质多样。

茶针用于通壶嘴，防止堵塞壶流。

茶匙用于拨取茶叶，把茶则中的茶叶拨取入壶或杯盏。在烫盏时，也用于拨取盖碗盖。

茶道六君子

茶筴是用于夹取闻香杯和品茗杯的用具，也用于清除茶壶中的茶渣。

茶漏用于增加壶口面积，用时放置在壶口上，以免干茶漏出壶外。

茶筒，也称茶箸筒，用于盛放上述五件茶具。

②茶荷

也称作赏茶荷，是用来暂时盛放从茶叶罐中取出来的干茶叶的用具。在茶艺程式中，赏茶荷应保持干燥，暂时存放的茶叶可供宾客观色或闻干茶初赏。茶荷的造型多样，材质多样，一般以白色为多，开口那端用来拨茶入壶或杯盏。

三个赏茶荷

③滤网和滤网架

把滤网放在公道杯上，用于过滤茶壶或盖碗中的茶汤，用完后放置在滤网架上，其造型和材质多样，富有情趣。

公道杯上的瓷滤网

④壶垫和杯托、杯垫、送品茗杯托架、茶盘等

茶壶放在壶垫上，防止茶壶在冲水时移动。杯托是托放品茗杯和闻香杯的用具，也有的杯托造型若船，称之为茶船。有些若半个乒乓球大小的品茗杯不便奉茶，常用送品茗杯的托架奉茶。茶盘是用来送取多个品茗杯时的用具，也称托盘。

送小品茗杯的杯托架

⑤盖置

用于放置壶盖、盖碗盖的茶具，造型和材质各异，富有情趣。

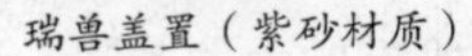

瑞兽盖置（紫砂材质）

紫砂壶和盖置（紫砂材质）

⑥养壶笔

养壶时用的具有浓密真毛的笔。一般茶友多用来在壶上刷茶汤，但“净衣派”茶友（要求壶外表用湿茶巾擦拭，保持干净，不保留任何茶渍的一类人）多不用，也有茶友用来清理茶盘中掉落的茶渣等。

养壶笔、紫砂壶、茶巾

⑦茶宠

常被茶友养在茶盘上，以沸水浇淋，视为品茶时养的宠物。市场上有多种造型和材质的茶宠，以紫砂材质的为多。也有人把雨花石、河滩石等放在茶盘中视为茶宠。

三个茶宠

⑧茶刀

用于撬取茶饼或茶砖，造型和材质多种。使用时一定要注意用刀方向和手法，防止弄伤自己或他人。

普洱茶和茶刀

⑨茶炭

用来煮水的燃料，常用的有木炭、橄榄核炭等。以燃烧时无烟、无异味的为好。

⑩壶套和杯套

用于收纳茶壶和杯子的外套，防止碰碎茶具。

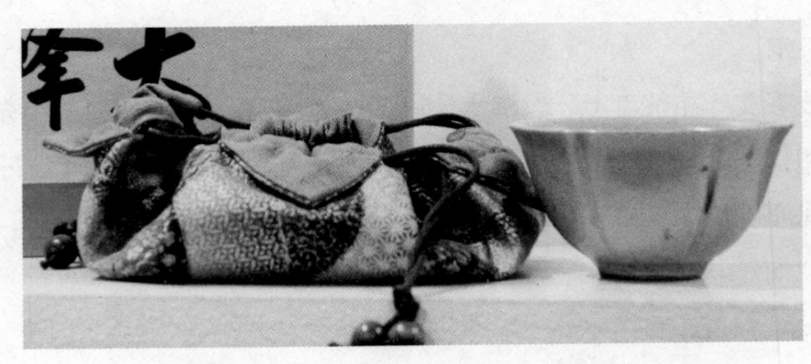

品茗杯与杯套

⑪计量工具

一般包括计时器、茶秤等。市场上有专门为茶艺制作的各种各样的计时器、茶秤等。

⑫香具

茶艺中常有焚香程式。各种香炉、香插等用具也常被用于茶艺程式之中。焚何种香，要与品饮茶类相协调。一般清香配清淡的茶类，浓香配浓郁的茶类，也往往根据个人及茶友喜好决定。

瓷香炉

香插中正在燃烧的沉香

4 绿茶及茶艺技法

绿茶是不发酵茶，是我国古代及现代人们饮用最多的茶类。它以叶片绿、汤色绿、叶底绿而为人们所知。绿茶分蒸青、炒青、烘青和晒青四类，市场上最常见的是炒青类。绿茶虽然是不发酵茶，但受温度、时间等因素的影响，从制作出来后，就开始了缓慢发酵的过程。这也是人们常常把绿茶密封严密后，再放置在冰箱冷藏的原因。人们尤喜使用透明玻璃杯冲泡绿茶，看着杯中的芽叶上下起伏，仿佛置身于青山绿水之间，令人心旷神怡。茶烟袅袅，宛若春风拂面，鲜爽的滋味，清新的感觉，清火提神，兰香萦绕，是国人的最爱。经多年陈化的绿茶，滋味和香气没有了新茶的鲜爽味，但却有特殊的味道，爱茶的朋友不妨一试。

4.1 绿茶商品特点

我国茶叶生产的历史，以绿茶最为先。唐代时我国便采用蒸汽杀青的方法制造团饼茶，后来又制蒸青散茶。唐时饮茶以蒸青饼火烤后碾末投入鍑中煎之，舀出放在碗中加上盐等品饮；宋时在茶碗中投入抹茶以汤瓶点之后品饮；明代散茶投放入壶或盏，以沸水冲泡后品饮。算起来，中国历朝历代人们喝得最多的茶，还是绿茶。从当今世界饮茶茶类的格局上看，因消费习惯的差异，中国仍是消费绿茶最多的国家；而西方国家消费红茶最多。

绿茶是不发酵茶，香高味醇，绿叶清汤，鲜灵爽净。干茶色泽绿，茶汤黄绿明亮，叶底鲜绿，因绿茶具体品种差异，干茶、茶汤及叶底的色泽绿的程度差异很大。可以说干茶颜色从淡绿到深绿、汤色从水白色到深黄色、叶底从淡绿到深绿各有不同。春天的绿茶香高、鲜灵爽净最为显著，捧上一杯绿茶，令人感觉如同身处山林大自然之中，涤烦去腻，好不欢喜。

盖碗中沏泡的绿茶

绿茶为大多数中国人所喜爱。那些散发着嫩香、清香、毫香、板栗香、花香、海藻香的各种绿茶，成为爱茶者钟爱的杯中之物。据调查，2012 年 3 月绿茶采摘前，新浪微博、腾讯微博和搜狐微博谈论的 20 种名优绿茶的帖子量从多到少排列是：西湖龙井、洞庭碧螺春、黄山毛峰、太平猴魁、信阳毛尖、六安瓜片、安吉白茶、竹叶青、都匀毛尖、南京雨花茶、日照绿茶、庐山云雾、古丈毛尖、敬亭绿雪、蒙顶甘露、顾渚紫笋、雁荡毛峰、老竹大方、恩施玉露、休宁松萝。随着科技和通信工具的不断更新，如今爱上微信朋友圈而冷淡微博的茶友越来越多。因朋友圈的相对私密性，微信未见有相关统计公布，但微信朋友圈相关的茶叶文章、各种茶叶的介绍推荐等资料众多，令人眼花缭乱。

4.1.1　绿茶工艺特点

绿茶的加工工艺主要流程是：鲜叶采摘→杀青→揉捻→干燥。绿茶一开始的杀青工艺是用高温使酶失去活性，阻止化学成分的酶促氧化，从而保持绿色。特别指出的是，现在市面上受茶友追捧的安吉白茶、太湖白茶、溧阳白茶等虽被称为白茶，但从茶类分类上看，属于绿茶。

1. 鲜叶采摘

经过了一冬天寒冷的蓄积，人们期待饮用一杯春天的绿茶疏肝解郁，放飞心情。从季节上看，绿茶以春为贵。采摘得早且制作工艺讲究的绿茶，受人追捧。在绿茶生产和销售中，3 月开采后，每天绿茶的价格都不同。但采摘太早和太嫩的绿茶，由于味道淡、价格高，尤其独芽茶叶并不为爱茶者所追捧。

春、夏、秋茶的鉴别

当年春天茶园开采日至小满节气前产的茶叶为春茶；小满到立秋产的为夏茶；从立秋到茶园封园为止产的为秋茶。

春茶芽叶肥壮，色泽翠绿，叶质柔软，幼嫩芽叶毫毛多。绿茶以早春为贵。

夏茶滋味差于春茶，鲜爽度及香气淡，紫色茶芽增多，滋味苦涩、味重。

秋茶叶底泛黄，茶叶滋味、香气较平和。

对鲜叶采摘的要求是，鲜叶色泽上要叶色深绿，叶型以中、小叶为宜，鲜叶中的化学成分以叶绿素、蛋白质含量高的为好，多酚类化合物不宜过高。

2. 杀青

杀青是决定绿茶色泽的关键工艺程序，是用高温破坏茶叶中酶的活性，制止多酚类化合物的酶促氧化，防止叶色变红，散发青草气，发展茶香，蒸发鲜叶中的部分水分，改变内含成分的性质，促进绿茶品质的形成。杀青应遵循高温杀青、先高后低，抖闷结合、多抖少闷，嫩叶老杀、老叶嫩杀的原则。

3. 揉捻

这是炒青绿茶塑造条状外形的主要工序。在杀青的基础上，为了条索紧卷，缩小体积，将柔韧的叶片揉捻成成品茶的外观。在揉捻过程中，必须根据制茶的类别和叶质的嫩度、叶量、时间、压力等因素，适度掌握揉捻工艺，嫩叶轻揉、老叶重揉，轻、重、轻和抖揉结合的原则进行操作。揉捻的方式有传统的手工揉捻，也有现在更为普遍的机器揉捻。

4. 干燥

干燥的主要作用是除去茶叶中的水分，使之含水量达到 5% 的标准；破坏酶的活性，制止酶的氧化；促进叶内热化学变化，发展条叶的香气，形成各类不同风格的香味。

4.1.2 绿茶分类

根据干燥方式不同，绿茶主要分为炒青、烘青、蒸青、晒青四类，另外还有半烘半炒绿茶。

1. 炒青

香高味浓、外形秀丽的炒青绿茶，是经手工锅炒或机械炒干机杀青、揉捻、干燥工序所制成的绿茶。目前，中国主要生产的绿茶多为炒青，可分为长炒青、圆炒青和细嫩炒青三类。长炒青是外形为长条形的炒青绿茶，经精制加工后统称为眉茶，可分为特珍、珍眉、凤眉、秀眉、贡熙、片茶、末茶等花色。圆炒青是外形呈圆形颗粒状的炒青绿茶，被人们誉为“绿色珍珠”，也称珠茶，如浙江平水珠茶、安徽涌溪火青等。细嫩炒青是采摘细嫩芽叶制成的炒青绿茶，品质独特，多为各地名优茶，干茶外形有扁平、直针、卷曲、尖削等多种，如杭州西湖龙井、苏州太湖洞庭（山）碧螺春、南京雨花茶、安徽六安瓜片、河南信阳毛尖、江西庐山云雾、湖南安化松针、贵州都匀毛尖、无锡太湖翠竹等。

炒青绿茶在炒制时若温度过高，会产生高火香，甚至有焦香。炒制过度的茶和正常的茶色相比会偏黄绿色。

2. 烘青

烘青绿茶具有香清味醇、汤色黄绿明亮的特点。制作绿茶时干燥方式以炭火或烘干机烘干为主，若烘干时操作不当，茶叶易生烟味。

干茶外形松散，锋苗显露，汤色清澈明亮，香气清高，滋味醇鲜。因干茶外形松散，易于吸香，因此，窨制绿茶花茶的茶坯多为烘青绿茶。

烘青绿茶中较为著名者有黄山毛峰、太平猴魁、莫干黄芽、高桥银峰等。

3. 蒸青

蒸青绿茶有“三绿”特点：芽叶绿、汤色绿、叶底绿。制作绿茶时以热蒸汽杀青干燥的方式制得。我国使用传统工艺蒸青绿茶有恩施玉露、湖北仙人掌茶等。现在日本生产的绿茶大部分属于蒸青绿茶，如煎茶、玉露、抹茶等。

4. 晒青

绿茶初制时采用日晒的方式干燥。晒青绿茶具有条索粗壮、香高味浓、黄绿明亮、叶底肥厚的特点，刚制出的茶具有明显的日晒味。晒青绿茶作为商品茶直接销售或饮用的不多，大多是用来作为黑茶的原料或直接压制成紧压绿茶，经过一定时间的存放后，日晒味消失，因茶叶缓慢氧化，具有茶味足、滋味微苦而回甘的特点。云南普洱茶中的“生普”就是晒青绿茶经存放发酵后饮用，因其滋味和香气的变化和丰富性而受到茶友的喜爱。

4.1.3 绿茶保健功效及储存

2011 年美国《时代》周刊评定的现代人十大健康食品，绿茶为其中之一（其余是：番茄、菠菜、坚果、西蓝花、燕麦、鲑鱼、大蒜、蓝莓和红葡萄酒）。世界卫生组织（WHO）在推荐给人们的六大健康饮品中，首推绿茶（其余是红葡萄酒、豆浆、酸奶、蘑菇汤、骨头汤）。唐代陆羽《茶经·茶之源》载：“精行俭德之人，若热渴、凝闷、脑疼、目涩、四肢烦、百节不舒，聊四五啜，与醍醐、甘露抗衡也。”

1. 绿茶成分及保健功效

绿茶含有茶多酚、氨基酸、咖啡碱、茶多糖、维生素、纤维素、皂苷等多种成分，这些成分对维护人体健康、预防疾病有一定的作用。

现代中医学及药理学归纳茶叶的保健功效如下：茶叶味苦、甘，性凉，入心、肝、脾、肺、肾五经。茶苦能泻下，祛燥湿，降火；甘能补益缓和；凉能清热泻火解表。

绿茶具有良好的抗菌作用、抗病毒活性、消炎、防止心血管疾病、预防老年痴呆症、防止口腔疾病等。

饭后半小时品饮一杯绿茶，对心脏健康有益。美国波士顿大学研究发现，每天喝 4 杯绿茶（干茶约 12 克），对人体血液循环有益，可降低心脏病与中风的患病概率。

绿茶对人体的保健功效十分明显，已被当代科学实验所证实。但对于某些特定人群，绿茶的某些成分也会带来短期不利的影响。尤其是一些疾病患者，如慢性胃炎患者、肝病患者、缺铁性贫血患者、甲状腺功能亢进患者、泌尿系统结石患者、消化道溃疡病患者等都不宜饮茶。在服用抗生素、补铁类的药物时也不宜饮茶。在睡觉前、服药后一般也不宜饮茶。便秘、贫血、缺钙、胃溃疡、失眠等患者不宜大量饮茶。经期妇女、孕妇、儿童、神经衰弱者、心律不齐者应适当减少饮茶频率及泡茶浓度。

饮茶必须适量，以清淡为宜，不能过浓过多，饮茶时切忌太烫，应凉至适口为宜。

2. 绿茶的储存

绿茶以新茶为贵，若保存不慎，从营养价值角度来看，其茶叶品质下降很快。在绿茶保存过程中应保持低温、干燥、密封、避光。从食品保健成分变化来看，绿茶以当年饮用为佳，保存条件再好，绿茶的香气也会逐渐减少，滋味变淡。当然，乔木或半乔木型茶树所产以晒青为制法的绿茶较耐储存。陈茶也有特殊的滋味和香气，有人对存放多年的仍有饮用价值的炒青绿茶龙井茶做品饮试验，发现存放了 30 年的龙井虽然已陈化发酵，其香气、滋味与新鲜绿茶判若两类，但品质与发酵类的黑茶极其相似。对于嫩度高的绿茶，笔者建议以当年饮用为佳。

【真空避光储存法】

用密封性能好、不透光复合锡纸袋包装绿茶，尽量排除空气，对细嫩绿茶要慎用抽气机，因为很可能会造成茶叶碎掉。

【冰箱冷藏或冷冻保存法】

冰箱冷藏或冷冻保鲜是家庭储存绿茶最方便适宜的方法。对于准备存放半年的茶叶，可存放在 3～5℃的冷藏室内；对于存放半年以上的茶叶，建议存放在 −18～−10℃的冷冻室内。将购得的绿茶用塑料密封盒或金属盒包装严密，在盒子上贴上标签，写明茶叶种类、存放日期等，放入冰箱冷藏或冷冻。因冰箱内非常潮湿，且异味大，一定要注意防止存放在容器内的茶叶窜味和吸潮。大包装的茶叶最好分装成 50 克一小包后装入密闭容器，待取用时，要等容器外部的水汽蒸发完毕，与室温一致时再打开容器。然后，可以把此容器内的茶叶换盛在美观、密闭性能好的茶叶罐内，便于取茶冲泡品饮、茶艺演示和美化室内环境。

4.1.4 名优绿茶代表

在中国名优绿茶品种中，细嫩绿茶因其品质优良、各具地域特色而受到茶友的喜爱。在产绿茶的区域，常有知名的绿茶品种创制。现重点介绍几种中国驰名的绿茶品种。

1. 苏州洞庭（山）碧螺春（炒青）

GB/T 18957—2008《地理标志产品洞庭（山）碧螺春茶》规定：洞庭山碧螺春茶是采自传统茶树品种或选用适宜的良种进行繁育、栽培的茶树的幼嫩芽叶，经独特的工艺加工而成，具有“纤细多毫，卷曲呈螺，嫩香持久，滋味鲜醇，回味甘甜”主要品质特征的绿茶。

【产地】

碧螺春以“形美、色艳、香浓、味醇”四绝闻名中外，是我国名茶中的珍品。产于江苏省苏州市东山、西山等区域，具体见 GB/T 18957—2008《洞庭（山）碧螺春地理标志产品保护范围图》。因传统教科书上把苏州的东西二山写为太湖洞庭东西二山，常有茶艺师把产地混淆成位于荆江南岸，跨湘、鄂两省的洞庭湖介绍给客人，实为遗憾。

【茶性】

寒凉，清爽。

【品质特征】

花香果味，外形条索纤细、卷曲如螺、白毫丰富、银白隐翠，味极幽香、滋味鲜醇，汤色清澈有毫，叶底嫩绿明亮，有“一嫩（芽叶）三鲜（色、香、味）”之称。当地人称“铜丝条、螺旋形、浑身毛、花香果味、鲜爽生津”。

【茶效】

科学饮用碧螺春，具有明显的兴奋提神、沁人心脾、涤烦去腻、利尿排毒、预防心脑血管疾病、抗菌消炎等功效。

【鉴别】

苏州洞庭山植物种类丰富，生长茂密，森林覆盖率在80%以上。碧螺春茶树与杨梅、桃、枇杷、柑橘、梅、石榴、板栗等果树混种，真品碧螺春具有显著的花香果味，极其幽香，芽叶细嫩白毫极多。因无锡、宜兴、溧阳等地也产有碧螺春，虽然都是碧螺春茶叶，但因具体产地的差异，味道差别很大。

另外，近年来发现有不良商家用绿色色素染色碧螺春，这种茶叶颜色晦暗不自然，常见干茶芽叶上的白毫为淡绿色，冲泡加了色素的碧螺春，会发现汤色黄暗，较为混浊。

选购碧螺春时一般参考以下几条依据：

叶片：芽叶条索纤细，白毫披布，色泽翠绿自然，整叶卷曲成螺形，完整无碎裂，无叶柄杂物；

汤色：汤色淡绿鲜亮，汤中有白毫，色泽自然；

叶底：幼芽绽放，芽大叶小，颜色嫩绿鲜活；

香气：花果味浓烈；

口感：口感醇厚，花香果味，回味甘甜，鲜爽生津。

【等级标准】

根据GB/T 18957—2008《地理标志产品洞庭（山）碧螺春茶》，碧螺春茶分为特级一等、特级二等、一级、二级、三级，各级别碧螺春茶感官品质特征见表4-1。

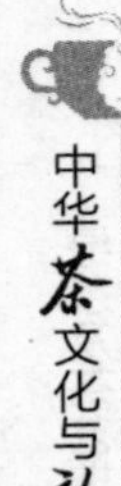

表 4-1　洞庭（山）碧螺春茶感官品质特征

项目/级别	外形				内质			
	条索	色泽	整碎	净度	香气	滋味	汤色	叶底
特级一等	纤细，卷曲呈螺，满身披毫	银绿隐翠，鲜润	匀整	洁净	嫩香，清鲜	清鲜，甘醇	嫩绿，鲜亮	幼嫩多芽，嫩绿鲜活
特级二等	较纤细，卷曲呈螺，满身披毫	银绿隐翠，较鲜润	匀整	洁净	嫩香，清鲜	清鲜，甘醇	嫩绿，鲜亮	幼嫩多芽，嫩绿鲜活
一级	尚纤细，卷曲呈螺，白毫披覆	银绿隐翠	匀整	匀净	嫩爽，清香	鲜醇	绿，明亮	嫩，绿，明亮
二级	紧细，卷曲成螺，白毫显露	绿润	匀，尚整	匀，尚净	清香	鲜醇	绿，尚明亮	嫩，略含单张，绿，明亮
三级	尚紧细，尚卷曲呈螺，尚显白毫	尚绿润	尚匀整	尚净，有单张	纯正	醇厚	绿，尚明亮	尚嫩，含单张，绿，尚亮

【采制特色】

碧螺春采摘有三大特色，一年只采春茶一季，摘得早，采得嫩，拣得干净。每年春分前后（3 月 20 日前后）开采，至谷雨前结束。谷雨后采制芽叶较大的当地人称炒青，如东山炒青，不再称呼为碧螺春茶。采下的鲜叶经严格挑选，去掉杂质、老叶，使芽叶保持大小整齐、均匀一致。历史上曾有 500 克干茶达到 9 万颗芽头，足可见茶叶之嫩。以春分至清明采制的明前茶品质最好，如今若要向茶农购茶，更需提前预订。

制作碧螺春茶，其特点是手不离茶，茶不离锅，揉中带炒，炒中有揉，炒揉结合，连续操作，起锅即成。4 斤左右的芽叶需经杀青、揉捻、搓团显毫、炒制 1 个多小时方能制成 1 斤干茶。一般茶农家中贮藏碧螺春茶用牛皮纸袋包装，放在密封的铁皮桶内，桶内放生石灰。如今用密封的容器放入冰柜冷冻者更是常见。

工艺流程：鲜叶拣剔→高温杀青→热揉成型→搓团显毫→文火干燥。

【冲泡方法】

因碧螺春茶比重大，芽叶嫩，多采用上投法冲泡，水温控制在 75～85℃。

备具：透明玻璃杯或白瓷盖碗、胎质致密的紫砂壶（身筒矮，壶口大些）、紫砂杯。

择水：当地洞庭山矿泉水或翠香泉水，市场所售的各种优质矿泉水。

温杯洁具：水沸之后，用沸水洗烫茶具，以提高茶具温度，便于激发茶叶香气；沸水可倒入公道杯中，冷凉水温至75℃左右。

润茶：烫杯之后，投入适量碧螺春。倒入75～85℃开水约至杯或壶的1/3容量，持杯缓慢转动手腕，以使茶汤浸润充分。

冲泡茶叶的上、中、下投法

上投法：先在容器中冲水约七分满，再投茶叶。

中投法：先在容器中冲水约1/3，再投茶叶，再冲水泡茶。

下投法：先在容器中投入茶叶，再冲水泡茶。

冲泡品饮：在浸润完毕的茶杯中注入75℃的开水至2/3容量，稍候片刻即可品饮。为品得最佳滋味，应注意控制好泡茶时间，把茶叶和茶汤分离。若是用盖碗或壶较为方便，以多次冲泡来控制茶汤品质；用普通玻璃杯泡的话，尽量每次续水时，杯中留有1/3的茶汤再续水，这样可保证每泡风味相差不大。品饮时应注意茶汤不能过烫过浓，小口饮啜风味最佳。另外，茶汤中的细小茸毫亦有营养，可以饮用。

【“碧螺春”茶名由来】

碧螺春茶产于江苏苏州太湖洞庭东西二山，其山上有座碧螺峰，其实是一块巨石，茶因石得名。民间也有很多关于茶名来历的传说，据清代《野史大观》(卷一）载：“洞庭东山碧螺峰石壁，产野茶数株，土人称曰：‘吓煞人香（苏州话是 ha se nin xiang)’。康熙己卯……抚臣宋荦购此茶以进……以其名不雅驯，题之曰碧螺春。自地方有司，岁必采办进奉矣。”又据相传，明朝期间的宰相王鏊，是东后山陆巷人，“碧螺春”名称系他所题。又据《随见录》载：“洞庭山有茶，微似岕而细，味甚甘香，俗称‘吓煞人’，产碧螺峰者尤佳，名‘碧螺春’。”若以此为实，则碧螺春茶应始于明朝，在乾隆下江南之前就已名声显赫了。也有人认为：碧螺春是因形状卷曲如螺，色泽碧绿，采于早春而得名。不管碧螺春的名称由来如何，该茶历史悠久，早为贡茶是毫无疑义的了。

2. 杭州西湖龙井（炒青）

【产地】

西湖龙井以“色绿、香郁、味甘、形美”四绝闻名，与虎跑泉水齐名为“西湖双绝”，素有国茶之称，是杭州西子湖畔的一颗璀璨明珠，主产于杭州市狮峰山、翁家山、云栖、虎跑、梅家坞、灵隐一带。龙井茶与西湖龙井茶有所区别。2001 年 10 月 26 日，国家质量监督检验检疫总局（现已更名为国家市场监督管理总局）宣布对浙江龙井茶实施原产地域产品保护，划分为西湖、钱塘、越州三大产区，以同一茶叶品种和炒制工艺加工而成的绿茶，才能称“龙井茶”。2008 年，龙井茶被国家工商行政管理总局商标局（现已更名为国家知识产权局商标局）核准注册为地理标志证明商标，其法定产区涉及杭州、绍兴、金华和台州 4 个市 18 个县（市、区）、224 个乡（镇、街道）、3488 个行政村、38.1 万户茶农。龙井茶地理标志范围分为三个产区：西湖产区，即杭州西湖区（西湖风景名胜区）；钱塘产区，包括杭州萧山区、滨江区、余杭区、富阳区、临安区、桐庐县、建德市、淳安县；越州产区，包括绍兴柯桥区、新昌县、嵊州市、诸暨市、上虞区、越城区，金华磐安县、东阳市，台州天台县。

中华人民共和国供销合作行业标准 GH/T 1115—2015《西湖龙井茶》中定义西湖龙井茶是以杭州市西湖风景名胜区和西湖区所辖区域内的龙井群体、龙井 43、龙井长叶茶树品种的芽叶为原料，采用传统的摊青、青锅、辉锅等工艺在当地加工而成的，具有“色绿、香郁、味甘、形美”品质特征的扁形绿茶。产品等级依据感官品质要求分为：精品、特级、一级、二级、三级。

【茶性】

寒凉，清爽。

【品质特征】

高级龙井茶以一芽一叶为标准，色翠略似糙米色，外形扁平挺秀，光滑匀齐，芽毫隐现，香气馥郁若兰，滋味甘醇鲜爽，叶底细嫩成朵。

【茶效】

具有较好的清热解毒、保护心脑血管、消食去腻、提神镇定等保健功效。

【鉴别】

选购西湖龙井，一般参考以下几条鉴别依据：

叶片：正品龙井叶片扁平有光滑感，大小均匀，长宽一致，色泽嫩绿泛黄，不带硬质叶蒂，干茶有浓郁的果香、茶香；

汤色：正品龙井汤色清澈明亮，以嫩绿亮黄为上，黯淡黄褐为次；

叶底：叶底鲜嫩翠绿，丰满紧致，旗枪严整，芽比叶大；

香气：正品龙井茶汤香气馥郁，典雅脱俗，耐多次冲泡；

口感：正品龙井鲜爽甘滑，口感独特。

另外，由于正宗高品质龙井具有糙米色，有些茶农为了提高茶叶卖相，在制茶过程中进行高温辉锅，并延长辉锅时间，把茶叶炒成火功过高的“糙米色”，做成老火龙井茶。这方面请茶友注意识别。

天然糙米色的优质正宗龙井茶特点是：干评，光洁度是匀称光洁，色泽是淡黄嫩绿色，有新鲜光泽，干茶茶香是茶香中带清香；湿评，汤色嫩绿明亮，香气具有嫩香，滋味是鲜嫩柔和，叶底是鲜嫩绿。

老火糙米色的非正宗高品质的龙井茶特点是：干评，光洁度差，色泽偏黄，干茶香是茶香中带炒黄豆香；湿评，汤色黄绿明亮，香气是炒黄豆香，滋味有足火味，叶底是黄色明亮。

【等级标准】

根据GB/T 18650—2008《地理标志产品龙井茶》，龙井茶分为特级、一级、二级、三级、四级、五级，各级别龙井茶感官品质特征见表4–2。

表4–2　龙井茶感官品质特征

项目＼级别	特级	一级	二级	三级	四级	五级
外形	扁平光润，挺直尖削；嫩绿鲜润；匀整重实；匀净	扁平光滑尚润，挺直；嫩绿尚鲜润；匀整有锋；洁净	扁平挺直，尚光滑；绿润；匀整；尚洁净	扁平尚光滑，尚挺直；尚绿润；尚匀整；尚洁净	扁平，稍有宽扁条；绿稍深；尚匀；稍有青黄片	尚扁平，有宽扁条；深绿较暗；尚整；有青壳碎片
香气	清香持久	清香尚持久	清香	尚清香	纯正	平和
滋味	鲜醇甘爽	鲜醇爽口	尚鲜	尚醇	尚醇	尚纯正
汤色	嫩绿明亮、清澈	嫩绿明亮	绿明亮	尚绿明亮	黄绿明亮	黄绿
叶底	芽叶细嫩成朵，匀齐，嫩绿明亮	细嫩成朵，嫩绿明亮	尚细嫩成朵，绿明亮	尚成朵，有嫩单片，浅绿尚明亮	尚嫩匀稍有青张，尚绿明	尚嫩欠匀，稍有青张，绿稍深
其他要求	无霉变，无劣变，无污染，无异味					
	产品洁净，不得着色，不得夹杂非茶类物质，不含任何添加剂					

【采制特色】

龙井茶以春季清明节前采制的明前茶品质最佳，夏秋茶品质稍次。其采制技术要求严格，强调细嫩和芽叶的完整性。采摘的一芽称“莲心”，一芽一叶称“旗枪”，一芽二叶初展称“雀舌”，一芽三叶称“鹰爪”。高级龙井茶以一芽一叶为原料，一斤成茶，可多达 4 万个芽头。

根据 GB/T 18650—2008《地理标志产品龙井茶》，茶鲜叶质量分级要求见表 4-3。

表 4-3　　茶鲜叶质量分级要求

级别	要 求
特级	一芽一叶初展，芽叶夹角度小，芽长于叶，芽叶匀齐肥壮，芽叶长度不超过 2.5cm
一级	一芽一叶至一芽二叶初展，以一芽一叶为主，一芽二叶初展在 10% 以下，芽稍长于叶，芽叶完整、匀净，芽叶长度不超过 3cm
二级	一芽一叶至一芽二叶，一芽二叶在 30% 以下，芽与叶长度基本相等，芽叶完整，芽叶长度不超过 3.5cm
三级	一芽二叶至一芽三叶初展，以一芽二叶为主，一芽三叶不超过 30%，叶长于芽，芽叶完整，芽叶长度不超过 4cm
四级	一芽二叶至一芽三叶，一芽三叶不超过 50%，叶长于芽，有部分嫩的对夹叶，长度不超过 4.5cm

根据 GH/T 1115—2015《西湖龙井茶》，西湖龙井茶分为精品、特级、一级、二级、三级，各级别西湖龙井茶感官品质特征见表 4-4。

表 4-4　　西湖龙井茶感官品质特征

项目 级别	外形				内质			
	条索	整碎	色泽	净度	香气	滋味	汤色	叶底
精品	扁平光滑，挺秀尖削，芽锋显露	匀齐	嫩绿鲜润	洁净	嫩香馥郁持久	鲜醇甘爽	嫩绿，鲜亮，清澈	幼嫩成朵，匀齐，嫩绿鲜亮
特级	扁平光润，挺直尖削	匀齐	嫩绿鲜润	匀净	清香持久	鲜醇甘爽	嫩绿，明亮，清澈	细嫩成朵，匀齐，嫩绿明亮
一级	扁平光润，挺直	匀整	嫩绿尚鲜润	洁净	清香尚持久	鲜醇爽口	嫩绿，明亮	细嫩成朵，嫩绿明亮
二级	扁平尚光滑，挺直	匀整	绿润	较洁净	清香	尚鲜	绿明亮	尚细嫩成朵，绿明亮
三级	扁平尚光滑，尚挺直	尚匀整	尚绿润	尚洁净	尚清香	尚醇	尚绿，明亮	尚成朵，有嫩单片，浅绿尚明亮

制作龙井茶的传统手法有抓、抖、搭、搨、捺、推、扣、甩、磨、压等。分为青锅、回潮和辉锅三个步骤。在炒制过程中，边炒边揉捻，全靠炒茶师傅的经验控制。机械加工的，应符合龙井茶加工工艺要求。

【冲泡方法】

龙井茶因比重小，可采用下投或中投法冲泡。品饮高级龙井茶，多用透明玻璃杯，以85℃开水冲泡，便于观赏“茶舞”，也可用盖碗或胎质致密些的大口紫砂壶以85℃开水冲泡，香气会浓郁些。

备具：选择玻璃杯或盖碗、紫砂壶、品茗杯。

择水：冲泡龙井茶，可选用虎跑泉水或市售矿泉水。水沸之后，可倒入玻璃公道杯冷凉水温至85~95℃。

温杯洁具：用热水洗烫茶具，提高杯子的温度，有利于激发茶香。

温润泡：依据个人口味轻重，酌情选择茶叶量。投入茶具之后，倒入杯子容量1/4左右的开水浸润茶叶，以逆时针缓慢摇动杯或壶，嗅闻茶香。

冲泡出汤：用悬壶快冲的方式注水至七八分满，稍候片刻即可开始品饮茶汤。当杯中茶汤剩下1/3左右时再行续水。用盖碗或紫砂壶冲泡，可泡约40秒至一分钟出汤入公道杯后分茶品饮。品饮时应注意茶汤不能过烫过浓，小口饮啜为宜。

【乾隆皇帝与龙井茶】

相传，乾隆皇帝下江南时，曾四次（1751年、1757年、1762年、1765年）到龙井狮峰山下胡公庙品饮龙井茶，饮后赞誉不已，将庙前十八棵茶树封为“御树”。乾隆皇帝第一次南巡杭州是乾隆十六年（1751年），他在龙井茶区观看了采茶和炒茶后，感触很深，作《观采茶作歌》诗一首，诗曰：“火前嫩，火后老，唯有骑火品最好。西湖龙井旧擅名，适来试一观其道。村男接踵下层椒，倾筐雀舌还鹰爪。地炉文火徐徐添，乾釜柔风旋旋炒。慢炒细焙有次第，辛苦工夫殊不少。王肃酪奴惜不知，陆羽茶经太精讨。我虽贡茗未求佳，防微犹恐开奇巧。防微犹恐开奇巧，采茶朅览民艰晓。”

诗歌中的开头一句“火前嫩，火后老，唯有骑火品最好”，这里的“火前”与“火后”，是指寒食节（清明前一日）禁火之前与之后。乾隆皇帝通过考察，了解了龙井茶最佳品质的采摘时间是“唯有骑火品最好”，也就是清明节前后是龙井茶品质最佳时期。清明前的一个节气是“春分”，清明后的一个节气是“谷雨”。所谓“火前嫩，火后老”，可理解为“春分”时采摘的茶叶太嫩，到“谷雨”再采摘就老了，所以“唯有骑火品最好”。现在，采摘特级龙井茶的标准是一芽一叶初展，这种嫩度的芽叶，是品质成分与营养保健成分最丰富的时候。

为人们所乐道的乾隆皇帝与龙井的传说颇为有趣。传说乾隆在西湖边品龙井茶，看到采茶姑娘的精湛技艺，便也忍不住下茶园采茶。正在兴头之际，忽闻随从禀报太后生病了，急召乾隆回京。乾隆随手把刚采摘的茶叶放到衣袖里，日夜兼程回到紫禁城。见到太后，发现太后身无大碍，只是消化不良，再加上思念儿子，才感到身体欠安。看到儿子已回，太后的病已好了一半。她闻到儿子身上传来阵阵清香，四处寻找，原来是衣袖中的茶叶散发的香味。乾隆拿出茶叶冲泡，香气扑鼻，滋味甘洌，太后饮后，神清气爽，身体康复。乾隆大喜，特地将这十八棵茶树册封为“御树”。龙井茶声名远扬，加上皇帝御赐，成为中国名茶之首。又因当初乾隆带回的茶叶在衣袖中被压成了扁平状，后来的西湖龙井茶也都被制作成这种特殊的形状。附会传说有人一笑了之，有人笃信不已，如今在龙井村的御茶园这十八棵“御树”上所采摘的茶叶，已经被拍卖到每斤十万元以上了。

3. 黄山毛峰（烘青）

GB/T 19460—2008《地理标志产品黄山毛峰茶》规定：黄山毛峰茶是在地理标志产品保护范围内特定的自然生态环境条件下，选用黄山种、槠叶种等地方良种茶树和从中选育的良种茶树的芽叶，经特有的加工工艺制作而成，具有“芽头肥壮、香高持久、滋味鲜爽回甘、耐冲泡”的品质特征的绿茶。

【产地】

以“香高、味醇、汤清、色润”四绝闻名的黄山毛峰产于安徽省黄山市黄山风景区和毗邻的汤口、充川、岗村、芳村、杨村、长潭一带。

【茶性】

寒凉，清爽。

【品质特征】

特级黄山毛峰一芽一叶，条索细扁，芽叶匀齐壮实，白毫多而显露，形似雀舌，色似象牙，色泽油润光泽，嫩绿稍带金黄，冲泡时雾气结顶，芽叶

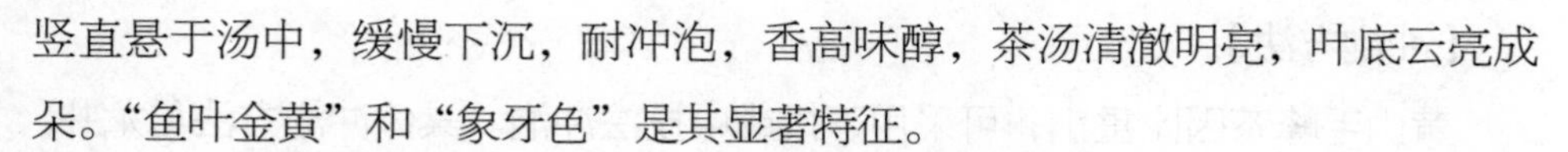

竖直悬于汤中，缓慢下沉，耐冲泡，香高味醇，茶汤清澈明亮，叶底云亮成朵。“鱼叶金黄”和“象牙色”是其显著特征。

工艺流程：鲜叶摊放→杀青→做形（理条或揉捻）→毛火→摊凉→足火。

【茶效】

黄山毛峰具有明显的延缓衰老、排毒养颜、抗菌消炎、有益心脑血管、改善辐射刺激、促进消化代谢的功效。

【鉴别】

香气：香气清高，与江苏、浙江绿茶的果香不同，花木香较明显；

口感：滋味鲜浓醇厚，清凉甘甜，回味绵长；

汤色：汤色澄澈、光亮，富有自然绿意；

叶片：叶片紧细，色泽绿中泛黄、油润光亮，芽尖藏于叶中，形态酷似张开的麻雀嘴，全身毫毛遍布，色如象牙；

叶底：叶底翠绿嫩黄，肥壮成朵。

【等级标准】

根据 GB/T 19460—2008《地理标志产品黄山毛峰茶》，黄山毛峰茶按感官品质分为特级一等、特级二等、特级三等、一级、二级、三级，其各等级茶叶的感官品质特征见表 4-5。

表 4-5　　黄山毛峰茶各等级茶叶的感官品质特征

项目 级别	外形	内质			
		香气	汤色	滋味	叶底
特级一等	芽头肥壮，匀齐，形似雀舌，毫显，嫩绿泛象牙色，有金黄片	嫩香馥郁持久	嫩绿清澈鲜亮	鲜醇爽回甘	嫩黄，匀亮鲜活
特级二等	芽头较肥壮，较匀齐，形似雀舌，毫显，嫩绿润	嫩香高长	嫩绿清澈明亮	鲜醇爽	嫩黄，明亮
特级三等	芽头尚肥壮，尚匀齐，毫显，绿润	嫩香	嫩绿明亮	较鲜醇爽	嫩黄，明亮
一级	芽叶肥壮，匀齐隐毫，条微卷、绿润	清香	嫩黄绿亮	鲜醇	较嫩匀，黄绿亮
二级	芽叶较肥壮，较匀整，条微卷，显芽毫，较绿润	清香	黄绿亮	醇厚	尚嫩匀，黄绿亮
三级	芽叶尚肥壮，条略卷，尚匀，尚绿润	清香	黄绿尚亮	尚醇厚	尚匀，黄绿

【冲泡方法】

黄山毛峰茶因比重小，可采用下投或中投法冲泡。具体冲泡方法与龙井、碧螺春类似。品饮高级黄山毛峰茶，多用透明的玻璃杯，以85℃开水冲泡，便于观赏“茶舞”；也可用盖碗或胎质致密些的大口紫砂壶、瓷壶以85℃开水冲泡。

备具：选择玻璃杯或盖碗、紫砂壶、品茗杯。

择水：冲泡黄山毛峰茶，可选用黄山当地产的矿泉水或市售矿泉水。水沸之后，可倒入玻璃公道杯冷凉水温至85～95℃。

温杯洁具：用热水洗烫茶具，提高杯子的温度，有利于激发茶香。

温润泡：依据个人口味轻重，酌情选择茶叶量。投入茶具之后，倒入杯子容量1/4左右的开水浸润茶叶，以逆时针缓慢摇动杯或壶，嗅闻茶香。

冲泡出汤：用悬壶快冲的方式注水至七八分满，稍候片刻即可开始品饮茶汤。当杯中茶汤剩下1/3左右时再行续水。用盖碗、紫砂壶或瓷壶冲泡，可泡约40秒至一分钟出汤入公道杯后分茶品饮。品饮时应注意不能过烫过浓，小口饮啜为宜。

【黄山毛峰的传说】

明代天启年间，黟县知县熊开元带着书童来黄山踏春，途中迷了路，正巧遇到了一位腰别竹篓的老和尚。老和尚慈悲为怀，便邀请知县及书童宿于寺院中。长老泡茶相待，奉茶敬客。知县细看盏中茶叶，色微黄，形似雀舌，身披白毫，热气绕茶碗边转了一圈，转到碗中心化成直线升腾，约有一尺高，然后在空中转一圆圈，化成一朵白莲，白莲又缓缓上升，化成云雾，渐渐散去。而此时，已是满室茶香。知县称奇于此茶，方丈告知此茶名为“黄山毛峰”。临别之时，长老赠知县黄山毛峰一包和黄山泉水一葫芦，并嘱咐知县一定要用黄山泉水冲泡才能出现白莲奇观。

熊知县回到县衙后，正遇旧时同窗太平知县来访，便将冲泡黄山毛峰现白莲的奇景演示了一番。太平知县见后甚喜，便到京城禀奏皇上，想献此茶邀功请赏。皇帝便传令太平知县进宫表演，可却不见白莲奇观，龙颜大怒。太平知县只得据实说此茶是得自黟县知县熊开元。皇帝传熊知县进京受审。熊知县进京后方知是未用黄山泉水冲泡之故，便又回黄山取得黄山泉水，再次进宫演示，果然出现了白莲奇观。皇帝大悦，便对熊知县说："朕念你献茶有功，升你为江南巡抚，三日后上任去吧。"熊知县心中感慨万千，暗自思忖："黄山毛峰非家乡名泉不发，茶品如此清高，黄山人又该如何？"于是，他脱离宦海，遁入空门，到黄山云谷寺出家做了和尚，法号正志。如今，在苍松入云、修竹夹道的云谷寺路旁，有一檗庵大师墓塔遗址，相传就是正志法师的舍利塔。

4. 信阳毛尖（半炒半烘绿茶）

GB/T 22737—2008《地理标志产品信阳毛尖茶》规定：信阳毛尖茶是在规定范围内的自然生态环境条件下，采自当地传统的茶树群体种或适宜的茶树良种进行繁育、栽培的茶树的幼嫩芽叶，经独特的工艺加工而成，具有特定品质的条形绿茶。

【产地】

主要产于河南南部大别山区的信阳市，以"五云两潭"品质最佳。车云山、集云山、天云山、云雾山、连云山、黑龙潭、白龙潭等群山的峡谷里多分布茶园，这里地势高峻，多为海拔 800 米以上，气候湿润，云雾多。人们赞誉"师河中心水，车云顶上茶"，信阳为传统茶区，2000 多年前即有优质茶叶的生产。

【茶性】

寒凉。

【品质特征】

信阳毛尖素以"色翠、味鲜、香高"著称。其外形条索紧、细、圆、直，白毫显露，银绿隐翠，内质香气清高持久，有熟板栗香，滋味醇厚，饮后回甘生津，汤色明净、碧绿，叶底嫩绿匀整。

【茶效】

清火、明目，涤烦、提神，具有名优细嫩绿茶的保健效果。

【鉴别】

以各等级描述的感官作为判断依据，品质高的茶，其特点是：

香气：香气清高；

口感：滋味鲜醇回甘；

汤色：汤色清澈，嫩绿明亮；

叶片：叶片细紧圆直，嫩绿显白毫；

叶底：叶底匀整，嫩绿明亮。

【等级标准】

根据 GB/T 22737—2008《地理标志产品信阳毛尖茶》，信阳毛尖茶分为珍品、特级、一级、二级、三级、四级，各级别信阳毛尖茶感官品质特征见表 4-6。

表 4-6　各质量等级信阳毛尖茶的感官品质特征

项目 级别	外形				内质			
	条索	色泽	整碎	净度	汤色	香气	滋味	叶底
珍品	紧秀圆直	嫩绿，多白毫	匀整	净	嫩绿明亮	嫩香持久	鲜爽	嫩绿鲜活匀亮
特级	细圆紧尚直	嫩绿，显白毫	匀整	净	嫩绿明亮	清香高长	鲜爽	嫩绿明亮匀整
一级	圆尚直尚紧细	绿润，有白毫	较匀整	净	绿明亮	栗香或清香	醇厚	绿尚亮尚匀整
二级	尚直较紧	尚绿润，稍有白毫	较匀整	尚净	绿尚亮	纯正	较醇厚	绿较匀整
三级	尚紧直	深绿	尚匀整	尚净	黄绿尚亮	纯正	较浓	绿较匀
四级	尚紧直	深绿	尚匀整	稍有茎片	黄绿	尚纯正	浓略涩	绿欠亮

【采制特色】

四月中下旬开采，分 20～25 批次采，每隔 2～3 天巡回采摘一次，依其鲜叶采摘期和质量分为：珍品、特级、一级、二级、三级、四级。

加工工艺具有特色。采摘来的鲜叶经适当摊放后，进行炒制，分生锅和熟锅两次炒。炒生锅的作用是杀青和轻度揉捻。鲜叶投放入斜锅中，用竹茅扎成束的扫把，有节奏地挑动翻炒，经 3～4 分钟叶变软时，用扫把末端扫拢叶子，在锅中呈弧形团团抖动，对茶叶作条。炒熟锅是用扫把呈弧形来回抖动，使茶叶外形条索达到紧、细、直、光。然后，将茶叶摊放在焙笼上，约经 30 分钟，再放到炕灶上烘焙。

根据 GB/T 22737—2008《地理标志产品信阳毛尖茶》，信阳毛尖茶鲜叶分级指标见表 4-7。

表 4–7　　信阳毛尖茶鲜叶分级指标

级别	芽叶组成	采期
珍品	85%以上为单芽，其余为一芽一叶初展	春季
特级	85%以上一芽一叶初展，其余为一芽一叶	春季
一级	70%以上一芽一叶，其余为一芽二叶初展	春季
二级	60%以上一芽二叶初展，其余为一芽二叶或同等嫩度的对夹叶	春季
三级	60%以上一芽二叶，其余为同等嫩度的单叶、对夹叶或一芽三叶	春季
	60%以上一芽一叶，其余为一芽二叶或同等嫩度的对夹叶	夏秋季
四级	60%以上一芽二叶，其余为一芽三叶及同等嫩度的单叶或对夹叶	夏秋季

【冲泡方法】

高档细嫩等级的毛尖，采用上投法，二、三级别的宜采用中投法冲泡。

【信阳毛尖的传说】

早在唐代陆羽《茶经》中就将信阳列为中国八大产茶区之一。宋代苏轼曾赞曰："淮南茶，信阳第一。"陈椽《茶叶通史》载："西周初年，云南茶树传入四川，后往北迁移至陕西，以秦岭山脉为屏障，抵御寒流，故陕南气候温和，茶树在此生根。因气候条件限制，茶树不能再向北推进，只能沿汉水传入东周政治中心的河南。茶树又在气候温和的河南南部大别山信阳生根。"1987 年，考古学家在信阳地区固始县出土的古墓中发掘有茶叶，考证距今已有 2300 多年，进一步佐证了信阳茶具有悠久的历史。

相传信阳毛尖是由九天仙女种在鸡公山上的，因其采茶方式的独特而取名为"口唇茶"。民间传说"口唇茶"茶籽乃仙女所化画眉鸟衔来，茶树长成之后由仙女以口唇采摘。传说此茶冲沏后，茶盅慢慢升起的雾气里会现出九个仙女，翩翩飞舞，一个接一个飘飘飞去。尝之，满口清香，浑身舒畅，精神焕发。

5. 太平猴魁茶（烘青）

GB/T 19698—2008《地理标志产品太平猴魁茶》规定：太平猴魁茶是在规定范围内的自然生态环境条件下，选用柿大茶为主要茶树品种的茶树鲜叶为原料，经传统工艺制成，具有"两叶一芽、扁平挺直、魁伟重实、色泽苍绿、兰香高爽、滋味甘醇"品质特征的茶叶。

【产地】

产于安徽省黄山市黄山区（原太平县）太平湖畔的猴坑一带，产茶历史可追溯到明代以前。现在太平猴魁茶属于地理标志产品，其保护范围限于国家质量监督检验检疫总局（现已更名为国家市场监督管理总局）行政主管部门根据《地理标志产品保护规定》批准的范围，为安徽省黄山市黄山区（原太平县）现辖行政区域。1912年在南京南洋劝业场和农商部展出，荣获优等奖，1915年又在美国举办的巴拿马万国博览会上，荣膺一等金质奖章和奖状。

【茶性】

寒凉。

【品质特征】

具体而言，干茶外形两叶一芽，扁平挺直，白毫隐伏，自然舒展，有“猴魁两头尖，不散不翘不卷边”之称。叶色苍绿匀润，叶脉绿中隐红。花香高爽，滋味甘醇，香味有独特的“猴韵”，汤色清绿明净，叶底嫩绿匀亮，芽叶成朵肥壮。湿评有头泡香高、二泡味浓、三泡四泡幽香犹存的特点。

【鉴别】

太平猴魁茶产地仅限于猴坑一带，产量有限；其他地区所产的统称为魁尖，制法与猴魁茶基本相同，外形与猴魁茶相似，但品质风格差别非常大。

真品猴魁茶单片茶芽、枝、叶相连，茶条肥壮、完整，冲泡后叶脉绿中隐现红色，俗称“红丝线”显现。

【等级标准】

根据GB/T 19698—2008《地理标志产品太平猴魁茶》，太平猴魁茶分为极品、特级、一级、二级、三级，各级别太平猴魁茶感官品质特征见表4-8。

表4-8　　太平猴魁茶感官品质特征

项目 级别	外形	内质			
		汤色	香气	滋味	叶底
极品	扁平挺直，魁伟壮实，两叶抱一芽，匀齐，毫多不显，苍绿匀润，部分主脉暗红	嫩绿清澈明亮	鲜灵高爽，兰花香持久	鲜爽醇厚，回味甘甜，独具“猴韵”	嫩匀肥壮，成朵，嫩黄绿鲜亮
特级	扁平壮实，两叶抱一芽，匀齐，毫多不显，苍绿匀润，部分主脉暗红	嫩绿明亮	鲜嫩清高，有兰花香	鲜爽醇厚，回味甘甜，有“猴韵”	嫩匀肥厚，成朵，嫩黄绿匀亮
一级	扁平重实，两叶抱一芽，匀整，毫隐不显，苍绿较匀润，部分主脉暗红	嫩黄绿明亮	清高	鲜爽回甘	嫩匀，成朵，黄绿明亮

续表

项目 级别	外形	内质			
		汤色	香气	滋味	叶底
二级	扁平，两叶抱一芽，少量单片，尚匀整，毫不显，绿润	黄绿明亮	尚清高	醇厚甘甜	尚嫩匀，成朵，少量单片，黄绿明亮
三级	两叶抱一芽，少数翘散，少量断碎，有毫，尚匀整，尚绿润	黄绿尚明亮	清香	醇厚	尚嫩欠匀，成朵，少量断碎，黄绿亮

【采制特色】

一年采一季。一般在谷雨前开园，立夏前停采，以春季最佳。谷雨前后，当 20% 的芽梢长到一芽三叶初展时，即可开园采摘。其后 3～4 天采制一批，采到立夏便停采，立夏节气之后改制尖茶。采摘标准为一芽三叶初展，采下的鲜叶要进行“拣尖”，即是折下一芽带二叶的尖头，作为制作猴魁茶的原料，尖头要求芽叶肥壮、匀齐整枝、老嫩适度、叶缘背卷、芽尖与叶尖的长度相齐，以保证制成成茶的外形呈“两叶抱一芽”的特点。

当地茶树品种九成以上为柿大茶品种，该品种分枝稀、节间短、叶片大、色泽绿、茸毛多，适合制作猴魁茶。

太平猴魁茶工艺流程为：拣尖→摊放→杀青（理条）→烘焙（做形）[分三次，头烘→二烘→三烘（足火）]→成品。

【冲泡方法】

太平猴魁茶耐冲泡，第一泡以 60～65℃为好，香气滋味能较好展现。

以中投法或下投法方式冲泡，因茶条长且蓬松，宜选择较高的玻璃杯冲泡。用盖碗冲泡的话，可冲淋少量开水，待茶条回软后，以碗盖调整茶条入盖碗，再进行冲泡。

【太平猴魁的传说】

传说古时候在黄山有一对白毛猴，生下一只小毛猴。有一天小毛猴独自出去玩，来到太平县，遇到大雾迷失了方向，无法找到回家的路。老毛猴出门寻找。几日后，由于寻子心切，劳累过度，老毛猴病死在太平县的一个山坑里。这山坑里住着一位老汉，以采野茶和药材为生。他心地善良，为人和善，发现这只病死的老猴后，就将它埋在山岗上，并移来几棵野茶和山花栽在老猴的墓旁。老汉正要离开时，忽听有说话声："老伯，你为我做了好事，我一定会报答你的。"老汉四处张望不见人影，也就没放在心上。第二年春天，老汉又来到山岗采野茶，发现整个山岗都长满了绿油油的茶树。老汉正在纳闷，忽听有说话声："这些茶树是我送给你的，你好好栽培，今后就不怕受穷了。"这时，老汉幡然醒悟，茶树原来是神猴所赐。

从此以后，老汉有了一块很好的茶地，再也不用翻山越岭去采野茶了。为了纪念神猴，老汉就称这片山岗为"猴岗"，把自己住的山坑叫"猴坑"，把从猴岗采制的茶叶叫"猴茶"。由于猴茶品质超群，堪称魁首，后来人们就将此茶称之为"太平猴魁"。

4.1.5 常见绿茶代表

中国的绿茶品种最为丰富，在长期的茶叶生产中，人们创制了丰富多彩的绿茶品种。下面再简要介绍几种常见的绿茶，以作了解。

1. 无锡太湖翠竹茶

太湖翠竹茶主要产于太湖之滨的江苏省无锡市锡山区，是20世纪80年代后期创制的地方名茶。后在1994年"江苏省陆羽杯"和全国"中茶杯"名优茶评比中均获得总分第一，同年在第二届中国农业博览会上获得金质奖，成为全国名茶。其品质特点是：外形风格独特，扁似竹叶，色泽翠绿油润，内质滋味鲜醇，清香持久，汤色清澈明亮，叶底嫩绿匀整。手工制作批量少，现主要采用机械制茶。主要制作工序有：杀青、摊凉、整形、回潮、烘干、辉炒等。在原料的采摘上十分讲究，以茶树品种的福鼎大白、楮叶等为原料，从清明开始采摘，直到霜降结束，分春茶、夏茶和秋茶三季。采摘标准分为三个等级，即特级鲜叶、一级鲜叶和二级鲜叶。其中特级鲜叶是炒制极品太湖翠竹茶的原料，全部由单芽组成，芽长叶短，朵朵分清，无单片、碎叶。采摘时要求不采雨水叶、紫芽叶、病虫叶、冻焦叶、对夹叶和鱼叶等。采时要求不紧捏，篮不紧压，防止阳光直射和堆积发热。太湖翠竹茶不仅茶叶特质优良，而且视觉上具有美感，人们品饮此茶，仿佛进入了缥缈太湖畔青青翠竹园相伴的秀丽江南。

2. 浙江安吉白茶

安吉白茶产于浙江省安吉地理标志保护范围内，采用“白叶一号”茶树鲜叶，经加工而成并符合 GB/T 20354—2006《地理标志产品安吉白茶》中对“安吉白茶”的规定要求。生产区域地处浙江省西北部天目山北麓，地势由西南崛起向东北倾斜，中部低缓，构成三面环山、东北开口的箕状盆地。气候属北亚热带南缘季风气候区，区域内山地资源丰富，适宜种茶。

安吉白茶（白叶茶）是一种珍罕的变异茶种，属于“低温敏感型”茶叶，其阈值约在 23℃。茶树产“白茶”时间很短，通常仅一个月左右。春季，因叶绿素缺失，在清明前萌发的嫩芽为白色。在谷雨前，色渐淡，多数呈玉白色。谷雨至夏至期间，逐渐转为白绿相间的花叶。至夏，芽叶恢复为全绿，与一般绿茶无异。正因为神奇的安吉白茶是在特定的白化期内采摘、加工和制作的，所以茶叶经瀹泡后，其叶底也呈现玉白色，这是安吉白茶特有的性状。经生化测定其氨基酸含量 6.19%~6.92%，高于普通绿茶 2 倍，而茶多酚含量为 10.7%，仅为普通绿茶的一半左右。

安吉白茶加工工艺分为凤形安吉白茶和龙形安吉白茶两类。凤形安吉白茶加工工艺是：摊青、杀青、理条、搓条初烘、摊凉、焙干、整理。龙形安吉白茶的加工工艺是：摊青、杀青、摊凉、干燥。产品分为四个质量等级：精品、特级、一级和二级。其中精品等级的品质特征是：外形上，龙形是扁平，光滑，挺直，尖削，嫩绿显玉色，匀整，无梗、朴和黄片；凤形是条直显芽，芽壮实匀整，嫩绿，鲜活泛金边，无梗、朴和黄片。在内质上，龙形和凤形都要求汤色嫩绿明亮；香气嫩香持久；滋味鲜醇甘爽；叶底叶白脉翠，一芽一叶，芽长于叶，成朵，匀整。

冲泡安吉白茶选用透明玻璃杯或透明玻璃盖碗，水温一般掌握在 80～85℃为宜。

3. 江西庐山云雾茶

庐山种茶历史悠久，远在汉朝即有茶树种植。相传，庐山云雾茶最早是一种野生茶，后来东林寺名僧慧远将野生茶改造为家生茶。庐山云雾茶以条索粗壮、青翠多毫、汤色明亮、叶嫩匀齐、香高持久、醇厚味甘“六绝”而久负盛名。

庐山云雾茶产于江西省九江市庐山海拔800米以上的含鄱口、五老峰、汉阳峰、小天池和仙人洞等地。庐山在江西省北部，北临长江，南面鄱阳湖，群峰挺秀，林木茂密，泉水涌流，雾气氤氲，蔚成云雾。庐山年平均温度11.4℃，年平均降水量1917毫米，年雾日192天，山高多云雾，所产茶叶故取名"云雾茶"。鲜叶于5月初开采，标准为一芽一叶初展。主要工序有：摊放、杀青、轻揉、理条、整形、提毫、干燥等。成品茶品质特征：形若石松，紧结圆直，绿润多毫；内质汤色碧亮，香高味浓，甘鲜耐泡，叶底嫩绿舒展。朱德元帅曾赋诗一首赞誉："庐山云雾茶，味浓性泼辣。若得长时饮，延年益寿法。"

4. 湖北恩施玉露茶

产于湖北省恩施市芭蕉区，据历史记载，清代康熙年间即有生产。1936年采用蒸汽杀青。产地气候温和，雨量充沛，林木茂盛，土质肥厚，适宜茶树生长。茶叶品质特征是：外形条索紧圆光滑，纤细挺直如针，色泽苍翠油润；内质汤色清澈明亮，香气清高，滋味醇和回甘，叶底翠绿。鲜叶采摘以一芽一叶、一芽二叶为标准。制作工艺是：蒸汽杀青、扇凉、炒头毛火、揉捻、炒二毛火、整形上光、烘焙、拣选等工序。

5. 四川竹叶青茶

产于四川省峨眉山山腰，海拔800～1200米的清音阁、白龙涧、万年寺、黑水寺一带。茶园地处群山环抱、竹林茂密的山坡峡谷之中，终年云雾缭绕，细雨蒙蒙，土质肥沃，酸度适宜，适宜茶树生长。茶叶品质特征是：外形扁平光滑，翠绿显毫，形似竹叶；内质汤色翠绿，香气馥郁，滋味醇厚，经久耐泡。鲜叶采摘以一芽一叶、一芽二叶初展为标准。制作工艺是：摊放、杀青、头炒、摊凉、二炒、摊凉、三炒、摊凉、整形、干燥等工序。

6. 无锡毫茶

由无锡市茶叶品种研究所（现江苏省茶叶研究所）1973年研制，1979年经过科技鉴定，1986年后一直被商业部评定为全国名茶。品质特点是：条索肥壮卷曲，色灰透翠，身披茸毫，香高持久，滋味鲜醇，汤色绿而明亮，叶底肥嫩明亮。炒制工艺包括杀青、揉捻、搓毫、干燥四道工序。一般一级毫茶有 1.6 万～2.0 万个芽叶。鲜叶采摘分四级：一级以一芽一叶初展为主，二级以一芽一叶半开展为主，三级以一芽一叶开展为主，四级以一芽二叶初展为主。

7. 顾渚紫笋茶

产于浙江省长兴市顾渚山，又称“长兴紫笋茶”“湖州紫笋茶”，为我国农产品地理标志产品。自唐代广德年间（763—764 年）被选为贡品茶到明代洪武八年（1375 年）罢贡，前后历时 600 余年。唐代紫笋茶，以蒸汽杀青，制成饼茶；宋代制成龙团茶；明代制成烘炒类的条形散茶；明末清初时，紫笋茶逐渐消失，直到 20 世纪 70 年代末才恢复顾渚紫笋茶的研制生产。现代的紫笋茶，采摘的鲜叶十分幼嫩，5～6 小时摊放，待含水量降至 72% 左右发出清香时炒制，其加工工艺分为杀青、炒干整形、烘焙三道工序，属于半炒半烘型绿茶制作工艺。NY/T 784—2004《紫笋茶》中要求特级感官品质特征：外形条索紧直细嫩，整碎度为匀整，色泽翠绿；内质香气清香持久，滋味鲜爽，汤色嫩绿明亮，叶底嫩匀、绿明亮。

8. 蒙山茶

根据 GB/T 18665—2008《地理标志产品蒙山茶》规定，蒙山茶地理标志产品保护范围除包括四川省雅安市名山区全境外，还包括雅安市雨城区地处蒙山的碧峰峡镇的后盐村和陇西乡的陇西村和蒙泉村。蒙山茶主要包括特色名茶（蒙顶黄芽、蒙顶石花、蒙顶甘露、蒙山毛峰、蒙山春露茶）、绿茶（蒙山烘青绿茶、蒙山炒青绿茶、蒙山蒸青绿茶）、花茶（蒙顶甘露花茶、蒙山毛峰花茶、蒙山香茗花茶与各级花茶等）。

当茶园蓬面上有 3%～5% 芽梢符合采摘标准时开采。蒙顶黄芽、特级石花应采摘单芽作为原料，石花、甘露、毛峰系列产品和春露茶应采摘一芽一叶及一芽二叶初展的新梢作为原料。

蒙顶黄芽感官品质特征是：外形条索扁平挺直，色泽嫩黄油润，嫩度全芽披毫，净度净；内质香气甜香馥郁，汤色浅杏绿明亮，滋味鲜爽甘醇，叶底黄亮鲜活。

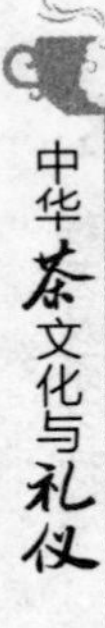

4.2 绿茶茶艺的几种技法

绿茶是不发酵茶类，由于茶叶的嫩度、茶叶组分不同，涉及具体某一款绿茶，不同的环境、水质、茶具还是有差别的。在此种情况下，应对手上的那一款绿茶进行几次试验，然后找到一种相对较好的温度、水、茶具、水流、最佳出茶点的控制等组合，以提高对那一款绿茶的认识。因为同样都是绿茶，有的是清香淡雅的，有的是浓郁醇香的，滋味和香气的差别还是非常明显的。

冲泡名优绿茶的水温应根据所泡的茶叶嫩度、肥壮程度、饮茶环境的温度、投茶方式、品饮习惯等的不同而有所不同。茶叶嫩度好，冲泡水温应低；茶叶成熟度高，水温应高。

在日常生活中，很多茶友冲泡绿茶，大多是水烧开后直接冲泡，因为泡茶器具及环境的因素影响，落到杯子里冲茶的温度往往在90℃左右，泡出来的滋味和香气都还不错。

一般而言，用单芽和一芽一叶初展制成的细嫩芽叶，冲泡水温宜控制在75～85℃，如特级碧螺春、特级南京雨花茶、特级信阳毛尖等；一芽一叶初展至一芽二叶初展制成的茶叶，冲泡水温宜控制在85～95℃；一芽二叶初展至一芽二叶制成的茶叶，冲泡水温宜控制在95～100℃。

但有些破碎率高的茶叶，如日本的高级玉露茶，为泡出其特有的鲜爽味，宜采用50℃左右的开水冲泡；中级煎茶用60～80℃的开水冲泡；一般香茶用100℃开水冲泡。

冲泡时间与水温对汤色的影响明显。在水温稍高（90～100℃）情况下，冲泡时间越短，汤色越好，明亮度越高；而对那些内含物不容易泡出的茶叶，冲泡时间长，反而对汤色有利。若水温稍低（80℃），时间延长至5分钟左右，对汤色有利。

不同冲泡时间和水温对滋味的影响最大。从泡茶实践来看，很多名优绿茶的滋味高分都出现在冲泡水温在100℃左右。经实验表明，综合香气、汤色和滋味三个要素，开化龙顶茶的最高分出现在冲泡5分钟，水温100℃时；西湖龙井、羊岩勾青的最高分出现在冲泡3分钟，水温100℃时；南京雨花茶最高分出现在冲泡4分钟，水温80℃和冲泡3分钟，水温100℃时。

一般用杯泡绿茶，冲泡2～3分钟品饮最佳，当剩余茶汤为茶杯的1/3时

（此时茶叶仍在杯中）即可续水。

品饮时，若环境温度低于正常室温 5～6℃，冲泡水温应相应地比常温提高 5℃左右。同样嫩度的茶叶上投法应比下投法水温略高些。

下面以几种较为著名的茶叶品种为例，介绍一下绿茶茶艺。每一种绿茶都可以用玻璃杯、玻璃壶、玻璃盖碗、瓷盖碗、瓷杯、紫砂壶、紫砂杯等进行冲泡，不建议用塑料杯、纸杯、不锈钢杯冲泡。大家可以根据具体绿茶的特点，做比较冲泡实验，按照自己最喜欢的口感来设计冲泡方法。

4.2.1　碧螺春茶艺（玻璃杯上投式泡法）

茶艺要点控制：

先向杯中冲入沸水至七分满，再从杯口上部投放茶叶。对比重较大的茶叶可采用此种上投法冲泡。因细嫩的茶叶干香浓郁、形美、色艳，冲泡前可请客人鉴赏干茶后再冲泡，分享茶汤后，还可鉴赏叶底，欣赏冲泡开的芽叶形态。细嫩茶叶的茶汤中会有少量的细毫飞舞，可正常饮用，不会危害健康。此种茶汤看似混浊，俗称“毫浑”，属正常现象。另外，茶汤放冷后，也会有混浊现象，但若加热，则又变透明，此种是“冷后浑”现象，是茶汤内容物丰富的表现。

（1）设席备具：设置简约的茶席，摆放好玻璃杯（180 毫升）和茶叶罐、茶荷等茶具。

（2）洁具温杯：向玻璃杯中倒入少量沸水，把茶具洗烫一遍。

（3）弃水入盂：把废水倒入水盂中。

（4）凉水待泡：把开水壶中的沸水倒入玻璃杯中至七分满，并冷凉至 80℃左右。

（5）茶则取茶：从茶叶罐中用茶则取 3 克左右的碧螺春茶。

（6）置茶入杯：将碧螺春茶轻轻投放到玻璃杯中（3 克茶配 150 毫升水）。

（7）静观茶舞：欣赏茶叶在水中慢慢舒展、上下沉浮的过程，观看茶舞是一种美的享受。

（8）品饮佳茗：约 2 分钟后，将泡好的碧螺春茶冷至适口，轻闻茶香后，细细品味。

（9）续水冲泡：在品至还剩约 1/3 茶汤时，可续水至七分满，继续品饮。

苏州碧螺春茶（干茶）

碧螺春干茶、茶汤、叶底

洁具温杯

弃水入盂

茶则取茶 1

茶则取茶 2

置茶入杯

静观茶舞

品饮佳茗

4.2.2 黄山毛峰茶艺（盖碗下投式泡法）

（1）设席备具：设置简约的茶席，摆放好盖碗和茶叶罐、茶荷等茶具。

（2）洁具温杯：向盖碗中倒入少量沸水，把茶具洗烫一遍。

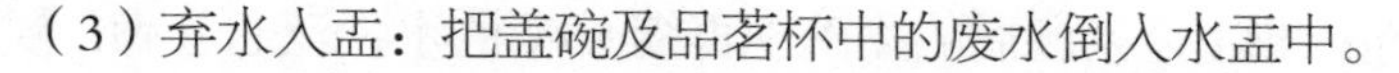

（3）弃水入盂：把盖碗及品茗杯中的废水倒入水盂中。

（4）凉水待泡：把开水壶中的沸水倒入公道杯中凉至 85℃左右。

（5）茶则取茶：从茶叶罐中用茶则取 3 克左右的黄山毛峰茶。

（6）置茶入杯：将黄山毛峰茶轻拨入盖碗中（2 克茶配 100 毫升水）。

（7）润茶冲泡：向盖碗中冲入冷凉至 85℃左右的水约 1/3 容量，静候 10 秒，揭盖闻香后，再向盖碗中冲入开水约七分满，静候 1 分钟。

（8）出汤分茶：把盖碗中的茶汤倒入公道杯中，分茶入品茗杯。

（9）品饮佳茗：待品茗杯中的茶汤冷至适口，轻闻茶香后，细细品味。

黄山毛峰茶（干茶）　设席备具　洁具温杯 1

洁具温杯 2　洁具温杯 3　置茶入杯

润茶冲泡 1　润茶冲泡 2　出汤分茶 1

出汤分茶 2（擦拭公道杯底部水渍后分茶）　出汤分茶 3　品饮佳茗

（10）续水冲泡：在出完茶汤后的盖碗中再续80℃的水，至七分满，候汤约3分钟后出汤品饮。

4.2.3 太平猴魁茶艺（玻璃杯下投式泡法）

（1）设席备具：设置简约的茶席，摆放好玻璃杯（300毫升）和茶叶罐、茶荷等茶具。

（2）洁具温杯：向杯中倒入少量沸水，把茶具洗烫一遍。

（3）弃水入盂：把废水倒入水盂中。

（4）凉水待泡：把开水壶中的沸水倒入公道杯中七分满，冷至65℃左右。

（5）置茶入杯：将太平猴魁茶轻轻投放到玻璃杯中（3克茶配250毫升水）。

（6）高冲入杯：将大公道杯中冷凉至65℃左右的开水冲入玻璃杯中。

（7）静观茶舞：欣赏茶叶在水中慢慢舒展、变化的过程，观看茶舞是一种美的享受。

（8）品饮佳茗：泡好的太平猴魁茶冷至适口，轻闻茶香后，细细品味。

太平猴魁茶（干茶）

取茶待泡

置茶入杯

高冲入杯

静观茶舞

品饮佳茗

续水冲泡

（9）续水冲泡：在品至还剩约 1/3 茶汤时，可续水至七分满，继续品饮。

4.2.4 安吉白茶茶艺（玻璃杯下投式泡法、低身筒大口紫砂壶下投式泡法）

安吉白茶是炒青绿茶的一种，产于浙江省安吉市。很多茶友误认为紫砂壶泡绿茶不好喝，其实用紫砂壶完全能够泡出好喝的绿茶，关键是要选对茶壶和冲泡方法。若用紫砂壶泡绿茶，应选用壶口稍大，壶身低矮，壶胎质致密类型的紫砂壶。在壶中投茶后，不要加壶盖，1~2 分钟后，加盖出汤入公道杯后，再分茶品饮。胎质致密的壶，敲击时一般发声清脆若金属声，且干燥的壶冲入开水后，不会有吱吱的持续的吸水声；可能会有啪啪声，不持续。请大家多试验，选对茶具泡好茶。

1. 玻璃杯下投法

（1）设席备具：设置简约的茶席，摆放好玻璃杯（180 毫升）和茶叶罐、茶荷等茶具。

（2）洁具温杯：向杯中倒入少量沸水，把茶具洗烫一遍。

（3）弃水入盂：把废水倒入水盂中。

（4）凉水待泡：把开水壶中的沸水倒入公道杯中七分满，冷至 65℃左右。

（5）置茶入杯：将安吉白茶轻轻投放到玻璃杯中（3 克茶配 150 毫升水）。

（6）高冲入杯：将大公道杯中冷凉至 65℃左右的开水冲入玻璃杯中。

（7）静观茶舞：欣赏茶叶在水中慢慢舒展、变化的过程，观看茶舞是一种美的享受。

（8）品饮佳茗：泡好的安吉白茶冷至适口，轻闻茶香后，细细品味。

（9）续水冲泡：在品至还剩约 1/3 茶汤时，可续水至七分满，继续品饮。

从茶叶罐中用茶则取出茶叶入茶荷

待冲泡的玻璃杯

用茶匙拨茶入玻璃杯

冲泡后的安吉白茶，约1分钟后即可品饮

悬壶高冲

2. 紫砂壶下投法

（1）设席备具：设置简约的茶席，摆放好紫砂壶和茶叶罐、茶荷等茶具。

（2）洁具温杯：向紫砂壶中倒入少量沸水，把茶具洗烫一遍。

（3）弃水入盂：把废水倒入水盂中。

（4）凉水待泡：把开水壶中的沸水倒入公道杯中七分满，冷至65℃左右。

（5）置茶入杯：将安吉白茶轻轻投放到紫砂壶中（3克茶配150毫升水）。

（6）冲水入壶：将大公道杯中冷凉至65℃左右的开水冲入紫砂壶中。

（7）静心候汤：不要加盖，从壶口可欣赏到茶叶在壶中慢慢舒展、变化的过程，淡雅清香从壶口飘逸而出。待一分钟后，盖上壶盖，出茶汤。

（8）畅快出汤：将泡好的安吉白茶出汤入小公道杯。

（9）品饮佳茗：将公道杯中的茶汤倒入品茗杯中，冷至适口，轻闻茶香后，细细品味。

（10）续水冲泡：在紫砂壶中继续如同前法冲水，延长冲泡时间，再出汤品饮。

投茶后候汤

泡好的白茶茶汤入公道杯

分茶入品茗杯

持杯品饮

可续水冲泡

庭院無蔽絕世塵

5 黄茶及茶艺技法

黄茶是微发酵茶，以干茶叶片黄、汤色黄、叶底黄而得名。黄茶与绿茶茶性接近，但比绿茶平和，刺激性不强，适合脾胃虚弱的爱茶者饮用。黄茶中的君山银针、霍山黄芽等最为人称道，杯中芽叶沉浮，令人遐想联翩。黄茶在六大茶类市场中所占比例不高，近年来产量逐渐升高，渐渐为消费者所熟悉。

寒雨連江夜入吳平明送客楚山孤洛陽親友如相問一片冰心在玉壺

5.1 黄茶商品特点

作为六大基本茶类之一的黄茶，长期以来，因其市场占有率低，茶叶外观与绿茶较为相似，常被人们误认为是绿茶，知名度有限。黄茶因“三黄”（干茶叶片黄、汤色黄、叶底黄）而名。随着当代茶文化的繁荣发展，黄茶知名度渐渐提高，2018 年黄茶的新国家标准在 2008 年国家标准基础上进行了修订。

5.1.1 黄茶工艺特点

GB/T 21726—2018《黄茶》中规定，黄茶是以茶树的芽、叶、嫩茎为原料，经摊青、杀青、揉捻（做形）、闷黄、干燥、精制或蒸压成型的特定工艺制成的黄茶产品。闷黄工序是形成黄茶的关键，其做法是茶叶经杀青和揉捻后用纸包好，或堆积后用湿布覆盖，使茶坯在湿热作用下进行非酶性自动氧化，形成黄色。其他工艺与绿茶相似。

5.1.2 黄茶分类及保健作用

根据鲜叶原料和加工工艺的不同，产品分为芽型（单芽或一芽一叶初展）、芽叶型（一芽一叶、一芽二叶初展）、多叶型（一芽多叶和对夹叶）和紧压型（采用上述原料经蒸压成型）四种。芽型黄茶，如湖南岳阳洞庭湖君山的“君山银针”，四川雅安蒙顶山的“蒙顶黄芽”和安徽霍山的“霍山黄芽”等。芽叶型黄茶，如湖南岳阳的“北港毛尖”，湖南宁乡的“沩山毛尖”，湖北远安的“远安鹿苑”和浙江温州、平阳的“平阳黄汤”等。

多叶型黄茶，如安徽霍山的“霍山黄大茶”，广东韶关、肇庆、湛江等地的“广东大叶青”等。紧压型黄茶，以黄茶散茶为原料蒸压成型，如湖南岳阳君山的“黄金饼”。

黄茶的保健作用：抗菌、助消化、化痰止咳、清热解毒等。

根据GB/T 21726—2018《黄茶》，黄茶的种类可分为芽型、芽叶型、多叶型和紧压型，各种类黄茶感官品质特征见表5-1。

表5-1 黄茶感官品质特征

类型 \ 项目	外形				内质			
	形状	整碎	净度	色泽	香气	滋味	汤色	叶底
芽型	针形或雀舌形	匀齐	净	嫩黄	清鲜	鲜醇回甘	杏黄明亮	肥嫩黄亮
芽叶型	条形或扁形或兰花形	较匀齐	净	黄青	清高	醇厚回甘	黄明亮	柔嫩黄亮
多叶型	卷略松	尚匀	有茎梗	黄褐	纯正，有锅巴香	醇和	深黄明亮	尚软黄尚亮有茎梗
紧压型	规整	紧实	—	褐黄	醇正	醇和	深黄	尚匀

5.1.3 名优黄茶代表

1. 君山银针

【产地】

湖南省岳阳市洞庭湖君山小岛。首创于唐代，至清代乾隆年间闻名于天下。君山七十二峰，峰峰有茶，故君山又有“洞庭茶岛”之称。

【茶性】

温和。

【品质特征】

芽头肥壮，紧结挺直，大小长短均匀，满披白毫，色泽银亮，芽身金黄，有“金镶玉”之美誉。汤色橙黄明亮，香气清醇，滋味甜爽，叶底嫩黄匀亮。

君山银针冲泡

【鉴别】

假的君山银针青草味重，冲泡后银针不能竖立，品质和香气与真品差别很大。

【等级标准】

根据芽头肥壮程度，君山银针茶分特号、一号、二号3个档次。

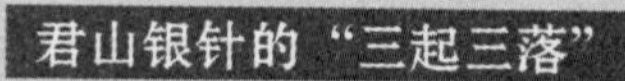
君山银针的“三起三落”

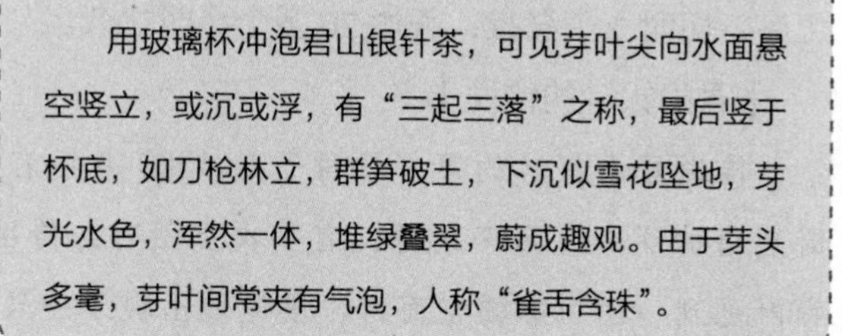
用玻璃杯冲泡君山银针茶，可见芽叶尖向水面悬空竖立，或沉或浮，有“三起三落”之称，最后竖于杯底，如刀枪林立，群笋破土，下沉似雪花坠地，芽光水色，浑然一体，堆绿叠翠，蔚成趣观。由于芽头多毫，芽叶间常夹有气泡，人称“雀舌含珠”。

另外，中国地理标志产品“岳阳银针”近年来深受茶友喜爱。岳阳银针是经国家工商行政管理总局商标局（现已更名为国家知识产权局商标局）注册的证明商标，岳阳市茶叶协会是岳阳银针证明商标的注册人。岳阳银针原产地域自然地理范围是：东经112°～114°，北纬28°～29°。岳阳银针原产地域范围行政区划包括岳阳市君山区柳林洲街道（包括君山岛）、岳阳楼区的三荷乡（今西塘镇），平江县三市镇、安定镇、伍市镇，汨罗市范家园镇、天井乡、凤凰乡，华容县胜峰乡，湘阴县六塘乡，岳阳县黄沙街镇、鹿角镇、麻塘镇，临湘市聂市镇、源潭镇（今已并入聂市镇）、羊楼司镇、儒溪镇（今江南镇）、五里牌街道、文白乡（已并入羊楼司镇）、龙源乡、横铺乡（今桃林镇）、壁山乡。岳阳银针特点是：外形全为茶芽、条索紧直。在玻璃杯中用新沸开水冲泡茶芽，茶芽首先横卧水面，然后直立杯中，状如群笋出土，部分芽头有起有落，形成一道变幻的立体风景画，极具观赏价值。茶芽下沉速度：用新沸开水冲泡茶芽，在茶杯不振动的前提下，5分钟时沉入杯底的茶芽≥50%，15分钟时≥100%。茶芽冲泡15分钟时，茶芽累计竖立率≥70%（竖立率为玻璃杯中竖立的芽头数占全部芽头数的百分比）。岳阳银针分为绿茶类银针、黄茶类银针，其品质还要符合相应茶类的要求。

【采制特色】

君山银针每年采摘始于清明节前三天左右，直接从树上拣采芽头。为防止擦伤芽头和茸毛，盛茶的篮子内衬有白布。芽头要求长25～30毫米，宽3～4毫米，芽蒂长约2毫米，肥硕重实，一芽头包含3～4个已分化却未展开的叶片。君山银针采摘十分严格，有“九不采”之约：雨天不采、露水芽不采、

紫色芽不采、空心芽不采、开口芽不采、冻伤芽不采、虫伤芽不采、瘦弱芽不采、过长过短芽不采。

制作工序包括杀青、摊凉、初烘、初包、复烘、摊凉、复包、足火八道工序，历时3个昼夜，长达70多个小时之久。

【君山银针的传说】

传说君山银针的第一颗种子是4000多年前娥皇、女英播下的。五代之时后唐的明宗皇帝李嗣源，有一次上朝时，侍臣为他沏茶，水向杯里一倒，顿时见到一团白雾腾空而起，慢慢地出现了一只白鹤。这只白鹤对明宗点了三下头，便朝蓝天翩然飞去。再往杯里看，杯子中的茶叶都齐刷刷地悬空竖立，如同破土而出的雨后春笋。稍候片刻，杯子中的茶芽又慢慢下沉，仿佛是片片雪花飘落。明宗称奇，问侍臣何故？侍臣答曰："此乃君山的白鹤泉（柳毅井）水泡黄翎毛（银针茶）之故。"明宗大悦，立即下旨把君山银针封为贡茶。如今，爱茶者冲泡君山银针时，看到茶芽上下沉浮，芽叶林立杯中，香气扑鼻，依然赏心悦目。

2. 霍山黄芽

安徽省地方标准DB34/T 319—2012《地理标志产品霍山黄芽茶》规定：产自霍山县境内茶区，经特殊工艺精制而成的茶叶。

【产地】

起源于唐代，是历史名茶。产于安徽省霍山县境内海拔600米以上的金鸡山、金竹坪、金家湾、乌米尖等地。霍山黄芽与黄山、黄梅戏并称为"安徽三黄"。

【茶性】

清爽，微寒。

【品质特征】

外形条索较直微展，匀齐成朵，形似雀舌，色泽嫩绿微黄披毫；内质滋味鲜醇浓厚回甘，香气清香持久悠长，汤色黄绿清澈明亮，叶底嫩黄明亮。

【等级标准】

根据DB34/T 319—2012《地理标志产品霍山黄芽》，霍山黄芽分为特一级、特二级、一级、二级、三级共5个级别，其中特一级茶叶产地为特定区域。霍山黄芽鲜叶分级指标见表 5-2。

表 5-2 霍山黄芽鲜叶分级指标

等级	鲜叶组成
特一级	一芽一叶初展≥ 90%
特二级	一芽一叶初展≥ 70%
一级	一芽一叶≥ 60%，一芽二叶初展≤ 40%
二级	一芽二叶初展≥ 50%，一芽二叶≤ 50%
三级	一芽二叶≥ 40%，一芽三叶初展≤ 60%

根据 DB34/T 319—2012《地理标志产品霍山黄芽》，各级别霍山黄芽感官品质特征见表 5-3。

表 5-3 霍山黄芽感官品质特征

级别＼项目	外形	色泽	香气	滋味	汤色	叶底
特一级	雀舌匀齐	嫩绿微黄，披毫	清香持久	鲜爽回甘	嫩绿鲜亮	嫩黄绿鲜明
特二级	雀舌	嫩绿微黄，显毫	清香持久	鲜醇回甘	嫩绿明亮	嫩黄绿明亮
一级	形直尚匀齐	色泽微黄，白毫尚显	清香尚持久	醇尚甘	黄绿清明	绿微黄明亮
二级	形直微展	色绿微黄，有毫	清香	尚鲜醇	黄绿尚明	黄绿尚匀
三级	尚直微展	色绿微黄	有清香	醇和	黄绿	黄绿

5.2 冲泡黄茶技法

黄茶茶性与绿茶较为接近，泡茶方法与绿茶相似，在茶具的选择上，使用玻璃杯、玻璃壶、盖碗、紫砂壶等都可以，现以霍山黄芽为例作介绍。

不同茶类的茶泡茶水温有所不同，黄茶以 85～90℃水温为宜。茶具方面，用玻璃杯、瓷杯、胎质较为致密的矮身筒紫砂壶都不错。现以霍山黄芽盖碗式泡法为例简述如下。

（1）设席备具：设置简约的茶席，摆放好盖碗和茶叶罐、茶荷等茶具。

（2）洁具温杯：向盖碗中倒入少量沸水，把茶具洗烫一遍。

（3）弃水入盂：把废水倒入水盂中。

（4）取茶待赏：用茶则从茶叶罐中量取茶叶约 2 克，放在赏茶荷内。

（5）置茶入盏：将霍山黄芽轻轻投放到盖碗中（2 克茶配 100 毫升水）。

（6）悬壶冲泡：将烧水壶中的开水冲入盖碗，约八分满，盖上碗盖。

（7）出汤入海：2～3 分钟后出汤，入公道杯（茶海）。

（8）品饮佳茗：将公道杯中的茶汤倒入品茗杯中，冷至适口，轻闻茶香后，细细品味。

（9）续水冲泡：在盖碗中继续如同前法冲水，延长冲泡时间，再出汤品饮。

6 黑茶及茶艺技法

黑茶属于后发酵茶，以耐储存、品质富于变化而为人称道。旧时多作为边销茶供给我国边疆少数民族地区，成为少数民族同胞日常餐饮中不可缺少的饮品，常常加以盐巴、牛奶、酥油等煮饮。近年来，黑茶市场发展迅速，尤其以云南普洱、湖南黑茶等名气颇大。大江南北，清饮冲泡黑茶的方式也广为流行。对爱茶者而言，保持科学理性的探究之心，不盲信老茶，不轻信玄说，在面对黑茶时尤为重要。

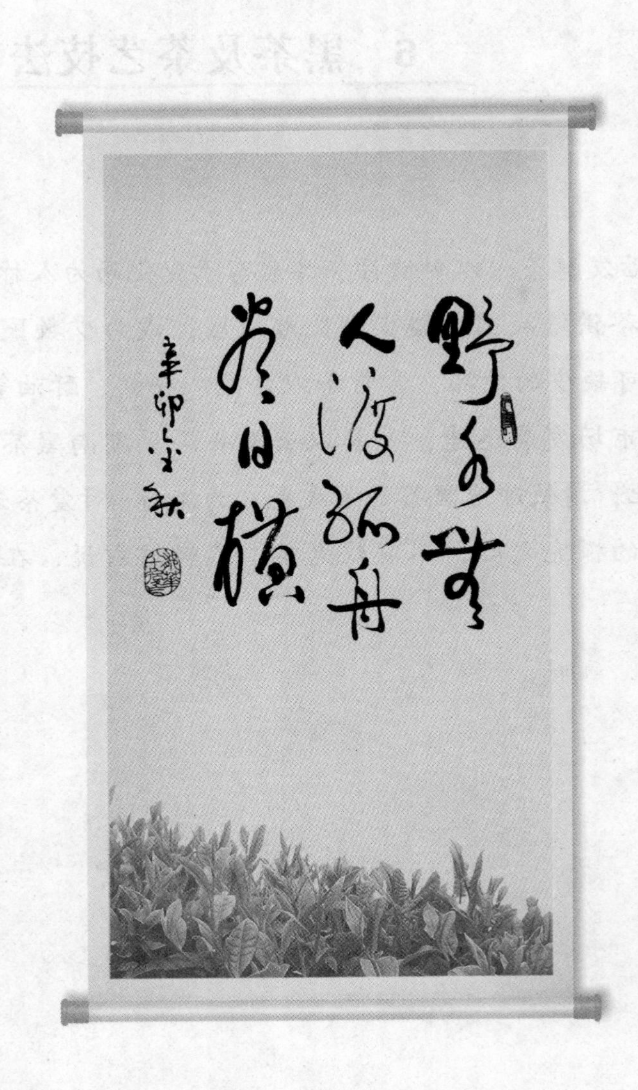

6.1 黑茶商品特点

黑茶是我国特有的茶类，其生产始于明代，主要消费者市场是我国边疆少数民族地区。作为边销茶，为运输方便，多加工成紧压茶，如饼茶、砖茶、沱茶等，是藏族、蒙古族和维吾尔族等民族的日常生活必需品。

黑茶的品种很多，品质也不一，但它们有个共同的特点，就是制造茶的原料比较粗老，多采摘一芽五六叶，甚至更粗老的茶树枝叶。黑茶是全发酵茶，鲜叶经加工成毛茶后再进行发酵。主要产于云南、四川、湖南、湖北、广西等省和自治区。近年来，伴随着云南普洱茶热，黑茶中有多个品种逐渐被人们认识、追捧，如湖南黑茶、湖北老青茶、四川边茶、广西六堡茶、云南普洱茶等。

雅安藏茶

6.1.1 黑茶工艺

黑茶的基本制作工艺是：鲜叶采摘→杀青→揉捻→渥堆→干燥。其中渥堆工序是形成黑茶色香味的关键，是黑茶制作中的特有技术。茶叶先经过杀青，在抑制酶促作用的基础上进行渥堆，其目的是破坏叶绿素，使叶色由暗绿色变成黄褐色，促使多酚类化合物氧化，去除部分涩味并减弱收敛性。

6.1.2 黑茶分类及保健作用

2017 年 1 月 1 日实施的中华人民共和国国家标准 GB/T 32719.1—2016《黑茶》中分四部分阐述，分别是基本要求、花卷茶、湘尖茶、六堡茶。黑茶是以茶树鲜叶和嫩梢为原料，经杀青、揉捻、渥堆、干燥等加工工艺制成的产品。

黑茶一般按照产地进行分类，主要分为湖南黑茶、湖北老青茶、四川边茶和滇桂黑茶等。其中，湖南黑茶主要包括产于益阳市安化县的茯砖、黑砖、花砖等；湖北黑茶主要包括产于赤壁、咸宁等地区的老青砖茶；四川边茶又分为南路边茶和西路边茶，有康砖、金尖、方包等；滇桂黑茶主要分为云南普洱茶和广西黑茶。云南普洱茶主要指经过后发酵的普洱茶，包括传统工艺普洱茶（生茶经存放后发酵形成的）和现代工艺普洱茶（经渥堆工序加工的熟茶）等；广西黑茶主要指产于苍梧县六堡镇的六堡茶，以有金花为上品。

另外，在浙江、安徽等地也有少量黑茶生产，销往边疆少数民族地区。

黑茶的保健作用：有助于抗氧化、促进消化、降血脂、预防心血管疾病、降血糖等。

6.1.3 名优黑茶代表

1. 云南普洱茶

GB/T 22111—2008《地理标志产品普洱茶》规定：普洱茶是以地理标志保护范围内的云南大叶种晒青茶为原料，并在地理标志保护范围内采用特定的加工工艺制成，具有独特品质特征的茶叶。按其加工工艺及品质特征，普洱茶分为普洱茶（生茶）和普洱茶（熟茶）两种类型。

【产地】

云南普洱茶是历史名茶，主产于西双版纳州和普洱市所辖地区，因散集于普洱，故名普洱茶。普洱茶地理标志产品保护范围以云南省人民政府《关于确定普洱茶地理标志产品保护范围的函》（云政函〔2007〕134 号）提出的范围为准，为云南省昆明市、楚雄州、玉溪市、红河州、文山州、普洱市、西双版纳州、大理州、保山市、德宏州、临沧市共 11 个州（市）部分现辖行政区域。

【茶性】

性温和。

【品质特征】

散茶条索粗壮，肥大完整，色泽褐红或带有灰白色。紧压茶常见为饼状或团瓜状，外形端正、匀整，松紧适度，汤色红浓明亮，香气独特，叶底褐红色，滋味醇厚回甜。

【鉴别】

2003年前后，内地普洱茶热之时，无德商家制造假的普洱茶，有用存放在破砖窑里任虫咬做旧者，闻起来有“马尿”气味；更有用高锰酸钾氧化处理茶饼的，等等。如此种种做旧造假且猖狂无底线的行为，令人感到恶心和痛心！有些人为湿仓存放的茶，开汤后有刺鼻的气味，汤色黑浑，锁喉，干茶有绿色、黑色、红色等霉斑，冲泡后叶底发黏稀烂。若遇到这样的茶，切勿饮用。

云南普洱茶的生茶和熟茶

云南普洱茶包括传统工艺普洱茶（生茶经存放后发酵形成的）和现代工艺普洱茶（经渥堆工序加工的熟茶）。

生茶是指新鲜的茶叶采摘后经杀青、揉捻、日光干燥、蒸压成型等工艺制成的紧压茶或不压成型的散茶，以自然的方式陈放，不经过人工“发酵”“渥堆”处理，但经过加工整理、修饰形状的各种云南茶叶（饼茶、砖茶、沱茶）的统称。生茶茶性比熟茶烈、刺激，新制或陈放不久的生茶有苦涩味，汤色较浅或黄绿。经多年存放后，逐渐发酵而别有风味，接近熟茶。长久储藏，香气和滋味会变化很大，而且受储藏方式影响很大。

熟茶是黑茶类，经过特殊的渥堆工序发酵而成。

因此，生茶、熟茶不可混淆。生为生、熟为熟，两种品质不同。生茶经存放可成为老茶，但不可能成为熟茶，这是工艺、口感和本质的区别，生茶会慢慢接近熟茶，这就像两条抛物线，相近而不相接，相似而不相同。

研究和品鉴普洱茶的茶友，常以香气、回甘、厚度、滑度和醇度等因素来考量一款普洱茶的品质。

【等级标准】

普洱茶按加工工艺及品质特征分为普洱茶（生茶）、普洱茶（熟茶）两种类型；按外观形态分普洱茶（熟茶）散茶、普洱茶（生茶、熟茶）紧压茶。等级方面，普洱茶（熟茶）散茶按品质特征分为特级、一级至十级共 11 个等级。普洱茶（生茶、熟茶）紧压茶外形有圆饼形、碗臼形、方形、柱形等多种形状和规格。

根据 GB/T 22111—2008《地理标志产品普洱茶》，普洱茶鲜叶分级指标见表 6–1。

表 6–1　　普洱茶鲜叶分级指标

级别	鲜叶组成
特级	一芽一叶占 70% 以上，一芽二叶占 30% 以下
一级	一芽二叶占 70% 以上，同等嫩度其他芽叶占 30% 以下
二级	一芽二叶、一芽三叶占 60% 以上，同等嫩度其他芽叶占 40% 以下
三级	一芽二叶、一芽三叶占 50% 以上，同等嫩度其他芽叶占 50% 以下
四级	一芽三叶、一芽四叶占 70% 以上，同等嫩度其他芽叶占 30% 以下
五级	一芽三叶、一芽四叶占 50% 以上，同等嫩度其他芽叶占 50% 以下

根据 GB/T 22111—2008《地理标志产品普洱茶》，各级别普洱茶（晒青茶）感官品质特征见表 6–2。

表 6–2　　普洱茶（晒青茶）感官品质特征

项目 级别	外形				内质			
	条索	色泽	整碎	净度	香气	滋味	汤色	叶底
特级	肥嫩紧结，芽毫显	绿润	匀整	稍有嫩茎	清香浓郁	浓醇回甘	黄绿清净	柔嫩显芽
二级	肥壮紧结，显毫	绿润	匀整	有嫩茎	清香尚浓	浓厚	黄绿明亮	嫩匀
四级	紧结	墨绿润泽	尚匀整	稍有梗片	清香	醇厚	绿黄	肥厚
六级	紧实	深绿	尚匀整	有梗片	纯正	醇和	绿黄	肥壮
八级	粗实	黄绿	尚匀整	梗片稍多	平和	平和	绿黄稍浊	粗壮
十级	粗松	黄褐	欠匀整	梗片较多	粗老	粗淡	黄浊	粗老

根据GB/T 22111—2008《地理标志产品普洱茶》，各级别普洱茶（熟茶）散茶感官品质特征见表6–3。

表6–3　　普洱茶（熟茶）散茶感官品质特征

级别＼项目	外形				内质			
	条索	整碎	色泽	净度	香气	滋味	汤色	叶底
特级	紧细	匀整	红褐润，显毫	匀净	陈香浓郁	浓醇甘爽	红艳明亮	红褐柔嫩
一级	紧结	匀整	红褐润，较显毫	匀净	陈香浓厚	浓醇回甘	红浓明亮	红褐较嫩
三级	尚紧结	匀整	褐润，尚显毫	匀净，带嫩梗	陈香浓纯	醇厚回甘	红浓明亮	红褐尚嫩
五级	紧实	匀齐	褐尚润	尚匀，稍带梗	陈香尚浓	浓厚回甘	深红明亮	红褐欠嫩
七级	尚紧实	尚匀齐	褐欠润	尚匀带梗	陈香纯正	醇和回甘	褐红尚浓	红褐粗实
九级	粗松	欠匀齐	褐稍花	欠匀，带梗片	陈香平和	纯正回甘	褐红尚浓	红褐粗松

普洱茶（生茶）紧压茶感官特征：外形色泽墨绿，形状端正匀称，松紧适度，不起层脱面；洒面茶应包心不外露；内质香气清纯，滋味浓厚，汤色明亮，叶底肥厚黄绿。

普洱茶（熟茶）紧压茶感官特征：外形色泽红褐，形状端正匀称，松紧适度，不起层脱面；洒面茶应包心不外露；内质香气独特陈香，滋味醇厚回甘，汤色红浓明亮，叶底红褐。

【采制特色】

工艺流程：以云南大叶种茶树为原料，采摘一芽三叶或一芽四叶，经杀青、初揉发酵、复揉发酵、烘干等工序，其中两次发酵为普洱茶的特色，这是形成普洱茶品质的关键。

普洱茶有特殊的工序“后发酵”，是指云南大叶种晒青茶或普洱茶（生茶）在特定的环境条件下，经微生物、酶、湿热、氧化等综合作用，其内含物质发生一系列转化，而形成普洱茶（熟茶）独有品质特征的过程。

晒青茶：鲜叶摊放→杀青→揉捻→解块→日光干燥→包装。

普洱茶（生茶）：晒青茶精制→蒸压成型→干燥→包装。

普洱茶（熟茶）散茶：晒青茶后发酵→干燥→精制→包装。

普洱茶（熟茶）紧压茶：普洱茶（熟茶）散茶→蒸压成型→干燥→包装。

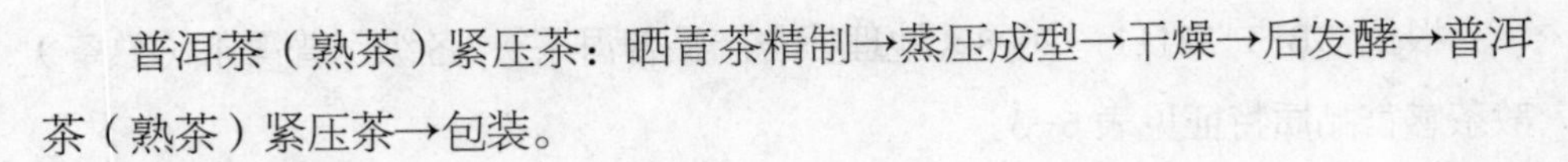

普洱茶（熟茶）紧压茶：晒青茶精制→蒸压成型→干燥→后发酵→普洱茶（熟茶）紧压茶→包装。

【普洱茶的传说】

普洱茶因集散地的地名而得名。普洱是云南省思茅地区（现思茅改为普洱市）的一个县名，原不出产茶叶，但为云南南部的重要贸易集镇和茶叶市场。自古以来，澜沧江沿岸各县，包括古代普洱府所辖的西双版纳所产茶叶，都集中于普洱加工，再远销各地，所以得名普洱茶。

普洱茶砖

清代檀萃《滇海虞衡志》："茶山有茶王树，较五山独大，本武侯遗种，至今夷民祀之。"武侯就是诸葛亮（孔明），相传他在公元225年南征，来到了现在云南省西双版纳自治州勐海县的南糯山。当地兄弟民族之一的基诺族，深信武侯植茶树为事实，并世代相传，祀诸葛孔明先生为"茶祖"，每年加以祭拜。每年农历七月二十三是诸葛孔明的生日，他们都会举行"茶祖会"，以茶赏月，跳民族舞，放"孔明灯"。从现有资料来看，云南茶叶种植的历史远早于三国时期，因此"武侯遗种"之说难以成立。文献表明诸葛亮南征并未到达思茅、宁洱地区，权作传说来认识。

【贮存】

通常情况下，用于收藏的普洱茶最好选择紧压茶，因其茶体积小、耐贮藏，不易变质。经普洱茶专家研究发现，任何一种普洱茶的品质都有一个最佳时期，在这个时期以前，茶叶品质呈上升趋势，达到最佳之后，它的品质会逐渐下降。一般而言，普洱生茶贮存15~20年即有较佳的风味，熟茶贮存3~5年即可有较佳的风味。当然无论生熟，贮存方法及条件很重要，具体贮存多长时间风味最佳，也无标准答案。在拍卖市场，常有陈年普洱茶打破茶叶价格的拍卖纪录，这也表明有些品质好、稀缺的茶叶已成为奢侈品。这些事实并不妨碍茶叶作为农产品的属性，茶界工作者应以让更多的人享用好品质的茶叶为己任，不断推动中国茶产业的健康发展。

因存放方式、地点的差异，同一批茶叶贮存后的品质差别很大。湿度、温度对普洱茶品质均有影响，普洱茶爱好者对此做了诸多的实验。有兴趣的读者，可浏览普洱茶论坛或研读普洱茶专著以探究普洱茶文化的魅力。普洱茶研究专家黄刚先生认为①：决定普洱茶仓储好坏的主要因素有六个方面，即茶叶原料、茶叶紧压程度、仓储湿度、仓储温度、仓储环境中的有益菌群和时间。

黄先生还认为，普洱茶是后发酵茶，没有经过后发酵加工的茶只能称为晒青毛茶，毛茶当然具有饮用价值，但在香港老茶人眼里，具有刚猛茶气的生茶因对肠胃刺激较大，不宜长期饮用。生茶要入老仓十多年才可以试喝。汤色转红与口感醇厚是生茶是否转化、能否长期品饮的标志。普洱茶的后发酵过程（陈化过程）本质上是在有益菌群作用下将茶叶中非水溶性物质降解为水溶性物质的过程。爱茶者贮存普洱茶对贮存的方式和环境较为讲究，关键在于控制温湿度。普洱茶收藏者的经验表明，贮存普洱茶平均温度在 26～30℃。如果温度偏高可能会使茶叶加速陈化，温度过高则易碳化，温度偏低则会使陈化速度变慢，降低经济效益。普洱茶仓储湿度在 60%～80%。湿度偏高容易造成茶叶劣化，湿度偏低同样也会使陈化速度变慢。新熟茶以干仓为佳，老熟茶（15 年乃至 25 年以上）以湿仓为佳，中生代生茶以干仓为佳。

笔者认为，贮存普洱茶可干燥常温保存，不要日晒，注意避光、防潮，防止茶叶吸收异味。外包装不妨用塑料袋、牛皮纸袋等，包装袋上注明茶叶的特点及保存时间，防止被遗忘。在长期储存过程中，还要注意检查茶叶的情况，尤其是在江南地区的梅雨季节，要特别注意防潮防虫。

台湾普洱茶文化专家邓时海先生有“喝熟茶、品老茶、藏生茶”的观点。他认为普洱茶喝熟茶、老茶有益于身体健康。生茶性寒，易伤胃，导致失眠，空腹饮茶更容易醉茶。熟茶、老茶不但不伤胃，还有补气、安神的功效。

---

①引自黄刚的新浪博客文章《无仓不成普洱茶》，原文发表于《普洱》杂志 2013 年第 2 期。

2. 湖南黑茶

湖南黑茶原产于安化，最早产于资江边上的苞芷园，后转至资江沿岸的雅雀坪、黄沙坪、酉州、江南、小淹等地，以江南为集中地，品质则以高家溪和马家溪最为著名。过去湖南黑茶集中在安化生产，现在产区已扩大到桃江、沅江、汉寿、宁乡、益阳和临湘等地。湖南黑茶以湖南省白沙溪茶厂的生产历史最为悠久，品种最为齐全。湖南黑茶成品有“三尖”“四砖”“花卷”系列与名称。“四砖”即黑砖、花砖、青砖和茯砖。“三尖”指湘尖一号、湘尖二号、湘尖三号，即“天尖”“贡尖”“生尖”。“湘尖茶”是湘尖一号、二号、三号的总称。“花卷”系列包括“千两茶”“百两茶”“十两茶”。

湖南安化千两茶

GB/T 32719.2—2016《黑茶 第2部分：花卷茶》中规定：花卷茶是以黑毛茶为原料，按照传统加工工艺，经过筛分、拣剔、半成品拼堆、汽蒸、装篓、压制、（日晒）干燥等工序加工而成的外形呈长圆柱体状以及经切割后形成的不同形状的小规格黑茶产品。按产品外形尺寸和净含量不同分为万两茶、五千两茶、千两茶、五百两茶、三百两茶、百两茶、十六两茶、十两茶等多种类型。

根据GB/T 32719.2—2016《黑茶 第2部分：花卷茶》，花卷茶的外形规格及净含量要求见表6-4。

表6-4 花卷茶的外形规格及净含量要求

产品	长度（cm）	直径（cm）	净含量（kg）
万两茶	430 ± 50	42 ± 5	362.5
五千两茶	310 ± 20	35 ± 5	181.25
千两茶	155 ± 5	23 ± 3	36.25
五百两茶	120 ± 5	18 ± 3	18.13
三百两茶	100 ± 5	15 ± 3	10.88
百两茶	63 ± 3	12 ± 2	3.63
十两茶	23 ± 3	7 ± 2	0.363

花卷茶感官品质要求是：外形上要求茶叶色泽黑褐，圆柱体形，压制紧密，无蜂窝巢状，茶叶紧结或有“金花”；内质上要求汤色橙黄，香气纯正或带松烟香、菌花香，滋味醇厚或微涩，叶底深褐、尚软亮。

GB/T 32719.3—2016《黑茶 第3部分：湘尖茶》中规定：湘尖茶是以安化黑毛茶为原料，经过筛分、复火烘焙、拣剔、半成品拼配、汽蒸、装篓、压制成型、打汽针、凉置通风干燥、成品包装等工艺过程制成的安化黑茶产品。

湘尖茶分为三个等级：天尖、贡尖、生尖。天尖（湘尖1号）是以特、一级安化黑毛茶为主要原料，按湘尖茶传统加工工艺制成的安化黑茶产品。贡尖（湘尖2号）是以二级安化黑毛茶为主要原料，按湘尖茶传统加工工艺制成的安化黑茶产品。生尖（湘尖3号）是以三级安化黑毛茶为主要原料，按湘尖茶传统加工工艺制成的安化黑茶产品。

湘尖茶感官品质要求，根据三个等级的要求各不相同。天尖，外形团块状，有一定的结构力，解散团块后茶条紧结，扁直，乌黑油润；汤色橙黄，香气纯浓或带松烟香；滋味浓厚；叶底黄褐夹带棕褐，叶张较完整，尚嫩匀。贡尖，外形团块状，有一定的结构力，解散团块后茶条紧实，扁直，油黑带褐；汤色橙黄；香气纯尚浓或带松烟香；滋味醇厚；叶底棕褐，叶张较完整。生尖，外形团块状，有一定的结构力，解散团块后茶条粗壮尚紧，呈泥鳅条状，黑褐；汤色橙黄；香气纯正或带松烟香；滋味醇和；叶底黑褐，叶宽大、较肥厚。

3. 苍梧六堡茶

【产地】

清代嘉庆年间六堡茶已是全国名茶，原产于广西壮族自治区苍梧县六堡镇一带。DB45/T 581—2009《六堡茶》标准：六堡茶是在适宜加工的特定区域内，选用适制茶树的芽叶和嫩茎为原料，采用六堡茶初制工艺和六堡茶精制工艺加工制成，具有六堡茶及红、浓、陈、醇等品质特征的黑茶。

国家质量监督检验检疫总局（现更名为国家市场监督管理总局）于2011年3月16日，以2011年第33号公告批准了对六堡茶实施地理标志产品保护。保护的六堡茶产地范围为梧州市现辖行政区域，包括梧州市万秀区、蝶山区（已撤销）、长洲区、苍梧县、岑溪市、藤县和蒙山县等区域。

【茶性】

性温和。

【品质特征】

六堡散茶外形条索长整尚紧，色泽黑褐光润；内质汤色红浓，香气醇陈，滋味甘醇爽口，叶底呈猪肝色，带有松烟味和槟榔味，具有“红、浓、陈、醇”的特点，可久藏不坏，以陈为贵。民间常把已经贮存数年的陈年六堡茶用于治疗痢疾、除痒和解毒。

篓装紧压六堡茶品质特征是：外形芽身紧，结成块状，色泽黑褐光润；内质汤色红浓若琥珀，滋味甘和，滑润可口，有槟榔味，具有陈香，冲泡三五天内色味不变，叶底红褐。有去热解闷，清凉祛暑之效。

六堡茶深受中国广东、广西、香港、澳门，以及新加坡、马来西亚、日本等国人们的喜爱。香港茶商常以“陈六堡”“不计年”为商标。

【等级标准】

2017 年 1 月 1 日实施的中华人民共和国国家标准 GB/T 32719.4—2016《黑茶 第 4 部分：六堡茶》中六堡茶的定义：选用苍梧县群体种、大中叶种及其分离、选育的品种、品系茶树的鲜叶为原料，经杀青、初揉、堆闷、复揉、干燥工艺制成毛茶，再经过筛选、拼配、汽蒸或不汽蒸、渥堆、汽蒸、压制成型或不压制成型、陈化、成品包装等工艺过程加工制成的具有独特品质特征的黑茶。六堡茶分为六堡茶散茶和六堡茶紧压茶两类。根据感官品质特征和理化指标分为特级、一级至六级共 7 个等级。根据 GB/T 32719.4—2016《黑茶 第 4 部分：六堡茶》，各级别六堡茶散茶感官品质特征见表 6–5。

表 6–5　六堡茶散茶感官品质特征

项目	外形				内质			
级别	条索	整碎	色泽	净度	香气	滋味	汤色	叶底
特级	紧细	匀整	黑褐、黑，油润	净	陈香纯正	陈，醇厚	深红，明亮	褐、黑褐，细嫩柔软，明亮
一级	紧结	匀整	黑褐、黑，油润	净	陈香纯正	陈，尚醇厚	深红，明亮	褐、黑褐，尚细嫩柔软，明亮
二级	尚紧结	较匀整	黑褐、黑，尚油润	净，稍含嫩茎	陈香纯正	陈，浓醇	尚深红，明亮	褐、黑褐，嫩柔软，明亮

续表

级别\项目	外形				内质			
	条索	整碎	色泽	净度	香气	滋味	汤色	叶底
三级	粗实，紧卷	较匀整	黑褐、黑，尚油润	净，有嫩茎	陈香纯正	陈，尚浓醇	红，明亮	褐、黑褐，尚柔软，明亮
四级	粗实	尚匀整	黑褐、黑，尚油润	净，有茎	陈香纯正	陈，醇正	红，明亮	褐、黑褐，稍硬，明亮
五级	粗松	尚匀整	黑褐、黑	尚净，稍有筋梗、茎梗	陈香纯正	陈，尚醇正	尚红，尚明亮	褐、黑褐，稍硬，明亮
六级	粗老	尚匀	黑褐、黑	尚净，有筋梗、茎梗	陈香尚纯正	陈，尚醇	尚红，尚亮	褐、黑褐，稍硬，尚亮

另外，根据六堡茶的地方标准 DB45/T 581—2009《六堡茶》，按精制茶的制作工艺和外观形态分类，分为六堡茶散茶、六堡茶紧压茶、袋泡六堡茶、陈年六堡茶。按六堡茶散茶品质差别分为特级、一级至六级共 7 个等级；六堡茶紧压茶分为特级、一级至六级共 7 个等级；袋泡六堡茶不分级。

六堡茶紧压茶的品质特征：外形色泽黑褐油润，形状端正匀称、松紧适度、厚薄均匀、表面平整；色泽、净度、香气、滋味、汤色、叶底等指标应符合散茶对应等级的要求。

袋泡六堡茶，外形直径 0.4mm 以上，尚匀，黑褐，尚净；内质汤色红，尚明亮，香气纯正，无水气；滋味醇正，有陈味，无水味。

陈年六堡茶，外形干茶色泽红褐或黑褐；内质六堡香显著，滋味醇厚、爽滑或甘滑，留香较持久；汤色深红或紫红、清澈；叶底褐黑或黑，略有光泽而不硬。

【采制特色】

工艺：初制工艺为杀青、揉捻、渥堆、复揉、干燥。复制工艺为过筛整形、拣梗拣片、拼堆、冷发酵、烘干、上蒸、踩篓、凉置成型。

4. 沱茶

【产地】

产于云南下关、勐海、凤庆、昆明等地，以下关沱茶品质最好。由明代的普洱团茶和清代的女儿茶演变而来。

【茶性】

性温和。

【品质特征】

其外形从面上看似圆面包，从底下看似厚壁的碗，形状很像窝头。外形紧结端正，色泽乌润，外披白毫；内质香气馥郁清香，汤色橙黄明亮，滋味醇爽回甜。有提神醒酒、明目清心、解渴利尿、除腻消食、降血脂、止腹胀、缓解头痛之功效。

【等级标准】

国家标准中规定，沱茶不分等级。以青毛茶为主要原料，经过毛茶匀堆筛分、拣剔、半成品拼配、蒸汽压制定型、干燥、成品包装等工艺过程制成。

紧压茶——沱茶感官品质特征（GB/T9833.5—2002）规定，外形：碗臼形，紧实、光滑，色泽墨绿、白毫显露，无黑霉、白霉、青霉等霉菌。内质：香气纯浓，汤色橙黄尚明，滋味浓醇，叶底嫩匀尚亮。

【采制特色】

云南沱茶以一级、二级的滇青为原料，蒸压成碗形，外观显现茶毫。

6.2 冲泡黑茶的几种技法

黑茶包括茶叶品种多样。

一般普洱茶宜用大壶闷泡法，根据温润泡汤色的透明度可进行1～3次的温润泡，然后正式冲泡，当茶汤呈葡萄酒色，即可分茶品饮。当冲泡时间为5分钟，茶水比为1:50时，普洱茶中的氟浸出率低。冲泡普洱茶，一般茶水比例为1:30～1:50。

不同茶类的茶泡茶水温有所不同，普洱茶以90～95℃为宜。

现以云南普洱茶中的生茶和熟茶及湖南黑茶为例，分别以壶泡法、盖碗泡法和煮饮法作介绍。

1. 普洱熟茶茶艺（紫砂壶泡法）

（1）设席备具：设置简约的茶席，摆放好紫砂小壶和茶叶罐、茶荷等茶具。

（2）洁具温杯：向紫砂小壶中倒入少量沸水，把茶具洗烫一遍。

（3）弃水入盂：把废水倒入水盂中。

（4）取茶待赏：用茶则从茶叶罐中量取茶叶约 8 克，放在赏茶荷内。

（5）置茶入壶：将普洱熟茶轻轻投放到紫砂壶中（8 克茶配 100 毫升水）。

（6）润茶舒发：将烧水壶中的开水冲入紫砂壶中，至壶容积的 1/3 水量，约 10 秒出茶汤，入公道杯，不饮。可润茶 1～2 遍。压得紧的茶以 20～30 秒出水，松散的茶以 5～10 秒出水，根据实际情况自行掌握。

（7）悬壶冲泡：将烧水壶中的开水冲入紫砂壶中，稍溢出壶口，用壶盖轻刮壶口，盖上壶盖。用公道杯中的头道汤从壶盖处浇淋紫砂壶体，再倒入公道杯中少许开水，荡洗后，把汤水迅速浇淋到壶体上。约 5 秒钟后出茶汤。

（8）出汤入海：将泡好的普洱熟茶出汤入公道杯（茶海）。

（9）品饮佳茗：将泡好的普洱熟茶茶汤冷至适口，轻闻茶香后，细细品味。

（10）续水冲泡：在紫砂壶中继续如前法冲水，延长冲泡时间，再出汤品饮。

2. 普洱生茶茶艺（盖碗式泡法）

（1）设席备具：设置简约的茶席，摆放好盖碗和茶叶罐、茶荷等茶具。

（2）洁具温杯：向盖碗中倒入少量沸水，把茶具洗烫一遍。

（3）弃水入盂：把废水倒入水盂中。

（4）取茶待赏：用茶则将茶叶从茶叶罐中量取约 8 克，放在赏茶荷内。

（5）置茶入盏：将普洱生茶轻轻投放到盖碗中（8 克茶配 100 毫升水）。

（6）润茶舒发：将烧水壶中的开水冲入盖碗中，至盖碗容积的 1/2 水量，约 5 秒出茶汤，入水盂。压得紧的茶以 10～20 秒出水，松散的茶以 5～10 秒出水，根据情况自行掌握。

（7）悬壶冲泡：将烧水壶中的开水冲入盖碗，刮去浮沫。把碗盖用开水稍冲淋，以清洁碗盖。

（8）出汤入海：约 5 秒后出汤，入公道杯（茶海）。

（9）品饮佳茗：将泡好的普洱生茶茶汤冷至适口，轻闻茶香后，细细品味。

（10）续水冲泡：在盖碗中继续如前法冲水，延长冲泡时间，再出汤品饮。

3. 湖南黑茶茯砖茶艺（煮饮法，不用润茶）

（1）设席备具：设置简约的茶席，摆放好煮茶罐和茶叶罐、茶荷等茶具。

（2）洁具温杯：向煮茶罐中倒入少量沸水，把茶具洗烫一遍。

（3）弃水入盂：把废水倒入水盂中。

（4）取茶待赏：用茶刀撬取黑茶一小块，放在赏茶荷内。

（5）置茶入罐：将黑茶弄散，投茶入煮茶罐中（5克茶约配200毫升水）。

（6）煮茶至沸：将烧水壶中的开水冲入煮茶罐中，约七成满。给煮茶罐加热沸腾后，即可关闭火源。

（7）出汤入海：将煮好的黑茶出汤入大公道杯（茶海）。

（8）品饮佳茗：将泡好的黑茶茶汤冷至适口，轻闻茶香后，细细品味。

（9）续水冲泡：在煮茶罐中继续如前法冲水，延长冲泡时间，再出汤品饮。

7　白茶及茶艺技法

白茶是微发酵茶，最具原始遗风。茶性寒凉，有退热祛暑解毒之功效。白茶耐储藏，多年储藏的白茶茶性由凉转平，滋味香气变化颇大。爱饮白茶者，常发人与自然契合之思，饮罢一杯白茶，身心畅快，神清气爽。

年紀一點：添上去
火氣一点：降下来
茶一點：淡下去
時間一点：流過去
戊戌年春来冬去

7.1 白茶商品特点

白茶是我国特产，主要产于福建的福鼎、政和、松溪和建阳等地，台湾也有少量生产。现代白茶类的创制始于白毫银针。明代田艺蘅在《煮泉小品》中称："芽茶以火作者为次，生晒者为上，亦更近自然，且断烟火气耳。"另外，宋代赵佶《大观茶论》中所载的白茶，以银线水芽为原料制成的龙图胜雪饼茶与现代广西的凌云白毫、浙江的安吉白茶、江苏的溧阳白茶、江苏的太湖白茶和湖南的君山银针等制法不同，这些茶的工艺中经过了杀青等工艺，属于绿茶或黄茶，名虽称为白茶，但不属此类。白茶以茶芽完整，形体自然，白毫不脱落，香气清鲜，茶汤浅淡微黄，滋味甘醇，持久耐泡而颇受茶友青睐。

7.1.1 白茶工艺

白茶的基本制作工艺：鲜叶采摘→萎凋→干燥。萎凋是白茶制作的重要工序，要求的萎凋程度也最重。采摘后的鲜叶在一定的气候条件下摊开，经过水分蒸发，叶片面积萎缩，叶质变软，叶色由鲜绿变为暗绿，香气也发生变化。萎凋工序之后，茶坯约八成干，然后再用火烘干（含水量在5%～6%），最后装箱贮存。

7.1.2 白茶分类及保健作用

白茶主要分为芽茶和叶茶两大类，包括白毫银针、白牡丹、贡眉和寿眉等。

白芽茶是完全用大白茶的肥壮芽头制成，以“白毫银针”为代表，具体又分北路银针（产于福建福鼎）和南路银针（产于福建政和）。

白叶茶是以采摘一芽二叶、一芽三叶或单片叶为原料，按照白茶工艺加工而成，又分为白牡丹、贡眉、寿眉等品目。白牡丹芽头挺直，叶缘垂卷，叶背满披白毫，叶面银绿色，芽叶连枝，形似牡丹。寿眉因形似老寿星的眉毛而得名，每张叶片的叶缘微微卷曲，叶背满披白毫。

中华人民共和国国家标准 GB/T 22291—2017《白茶》规定：本标准适用于以茶树的芽、叶、嫩茎为原料，经萎凋、干燥、拣剔等特定工艺过程制成的白茶。白茶分为白毫银针、白牡丹、贡眉、寿眉四类。白毫银针是以大白茶或水仙茶树品种的单芽为原料，经萎凋、干燥、拣剔等特定工艺过程制成的白茶产品。白牡丹是以大白茶或水仙茶树品种的一芽一叶、一芽二叶为原料，经萎凋、干燥、拣剔等特定工艺过程制成的白茶产品。贡眉是以群体种茶树品种的嫩梢为原料，经萎凋、干燥、拣剔等特定工艺过程制成的白茶产品。寿眉是以大白茶、水仙或群体种茶树品种的嫩梢或叶片为原料，经萎凋、干燥、拣剔等特定工艺过程制成的白茶产品。

白茶的保健作用：白茶具有抗菌保健的作用，能对抗葡萄球菌感染、链球菌感染等。中医认为白茶性寒凉，具有解毒、退热、降火等功效。白茶中自然生成的化学物质能分解脂肪细胞，具有缓解肥胖症的作用。

7.1.3　名优白茶代表

1. 白毫银针

国家标准 GB/T 22291—2017《白茶》中规定：白毫银针是以大白茶或水仙

白毫银针干茶

白毫银针茶汤

白毫银针叶底

茶树品种的单芽为原料，经萎凋、干燥、拣剔等特定工艺过程制成的白茶产品。

【产地】

又名白毫，是历史名茶，产于福建省福鼎、政和、松溪、建阳等地。

【茶性】

性寒凉，有退热祛暑解毒之功效。

【品质特征】

芽头肥壮，遍披白毫，挺直如针，色白似银。福鼎所产的白毫茶芽茸毛厚，色白富有光泽，汤色浅杏黄，味清鲜爽口。政和所产的白毫汤味醇厚，香气清芬。

【鉴别】

干评和湿评相结合，对照茶叶等级标准进行品鉴。

【等级标准】

根据 GB/T 22291—2017《白茶》规定，白毫银针分为特级和一级两个级别，各级别白毫银针感官品质特征见表 7–1。

表 7–1　白毫银针感官品质特征

级别＼项目	外形				内质			
	条索	整碎	净度	色泽	香气	滋味	汤色	叶底
特级	芽针肥壮，茸毛厚	匀齐	洁净	银灰白，富有光泽	清纯，毫香显露	清鲜醇爽，毫味足	浅杏黄，清澈明亮	肥壮，软嫩，明亮
一级	芽针秀长，茸毛略薄	较匀齐	洁净	银灰白	清纯，毫香显	鲜醇爽，毫味显	杏黄，清澈明亮	嫩匀明亮

【采制特色】

采摘标准以春茶嫩梢萌发一芽一叶时为佳，然后用手指将真叶、鱼叶轻剥离。剥离的茶芽均匀地薄摊一层在水筛上，放置在微弱日光下或通风荫处晾晒至八九成干，再用焙笼以 30 ~ 40℃文火焙至足干即成。或者用烈日代替焙笼晒至全干的，称为毛针。毛针经筛取肥长茶芽，再用手工摘去梗子，并筛簸拣除叶片、碎片、杂质等，最后再用文火焙干，趁热装箱。

工艺流程：剥针、萎凋、干燥、烘干、晒干。

【冲泡方法】

白毫银针泡饮方法与绿茶方式相似，但因茶未经揉捻，茶汁不易浸出，冲泡时间应较长。玻璃杯冲泡：一般以下投法冲泡。3 克茶冲入 200 毫升 75～85℃的开水，约 10 分钟后茶汤泛黄时可以品饮。冲泡过程中，大约冲泡 5～6 分钟后茶芽部分沉落，部分上浮，茶芽条条挺立，上下交错，具有视觉美感。

【白毫银针的传说】

古时候，福建政和一带闹旱灾，又流行瘟疫。有人说在洞宫山上的一口龙井旁有几株仙草，用仙草汁液就能治百病。要救乡亲们的病，非得采仙草不可。人们不堪病苦，很多勇敢的小伙子纷纷上山寻找仙草，但都是有去无回。村中有一户人家，家中有三兄妹，分别是志刚、志诚和志玉，他们商量好了，轮流上山去找仙草。有一天，大哥志刚出发前把祖传的鸳鸯剑拿出来，对弟弟和妹妹说："若发现剑上生锈，便是我不在人世了。"接着就朝东方出发了。走了三十六天，大哥志刚终于来到了洞宫山下。他遇到了一位老爷爷，老爷爷告诉他仙草就在山上的龙井旁，可是上山的时候只能向前不能回头，否则就会采不到仙草。志刚一口气爬到了半山腰，看到一堆乱石。突然有人大喊："你敢往上闯！"志刚回头一看，就立刻变成了这乱石岗上的一块新石头。

过了很久，弟弟和妹妹不见大哥回来，发现家中宝剑生锈，知道大哥已经不在人世了。于是，二哥志诚便接着去找仙草。他拿出弓箭对志玉说："我去采仙草了，你若发现箭镞生了锈，就接着去找。"志诚走了七七四十九天，也来到了洞宫山下，遇见了白发老爷爷，老爷爷也同样告诉他上山时千万不能回头。他也是同样在爬到半山腰的时候，听到了大哥志刚的喊声："志诚弟，快来救我！"他一回头，便也变成了一块石头。两个哥哥不见回，小妹有一天发现箭镞生锈了，知道寻找仙草的重任已经落在了自己头上，便背着弓箭出发了。在途中她也遇到了这位老爷爷，老爷爷告诉了她同样的话，并且送给她一块烤糍粑，等她爬到半山腰的时候，她用糍粑塞住耳朵，坚决不被外界干扰，从不回头，终于爬到了山顶，到了龙井旁看到了仙草。她采下仙草上的芽叶，并用井水浇灌仙草，仙草立即开花结籽，她便采下种子下山。过乱石岗时，她按照老爷爷的吩咐，将仙草芽叶的汁水滴在每一块石头上，石头立即变成了人，志刚和志诚也复活了。兄妹三人回乡后，将种子撒满了山坡，这些种子后来便长出了茶树，人们采下茶树上的芽叶，制成了能祛除瘟疫的白毫银针茶。

2. 白牡丹

GB/T 22291—2017《白茶》中规定：白牡丹是以大白茶或水仙茶树品种的一芽一叶、一芽二叶为原料，经萎凋、干燥、拣剔等特定工艺过程制成的白茶产品。

【产地】

产于福建福鼎、政和、建阳、松溪等地。

【茶性】

性寒凉，有退热祛暑解毒之功效。

【品质特征】

外形肥壮，芽叶连枝，叶缘垂卷，叶态自然，叶色灰绿，叶夹银白色毫心，呈“抱心形”。滋味清醇微甜，毫香鲜嫩持久，汤色杏黄明亮，叶底嫩匀完整，叶脉微红，有“红装素裹”之誉。

【等级标准】

按 GB/T 22291—2017《白茶》标准规定，白牡丹茶分为特级、一级、二级和三级四个等级，各级别白牡丹茶感官品质特征见表 7–2。

表 7–2　白牡丹茶感官品质特征

项目/级别	外形				内质			
	条索	整碎	净度	色泽	香气	滋味	汤色	叶底
特级	毫心多，肥壮，叶背多茸毛	匀整	洁净	灰绿润	鲜嫩、纯爽，毫香显	清甜醇爽，毫味足	黄，清澈	芽心多，叶张肥嫩，明亮
一级	毫心较显，尚壮，叶张嫩	尚匀整	较洁净	灰绿尚润	尚鲜嫩、纯爽，有毫香	较清甜、醇爽	尚黄，清澈	芽心较多，叶张嫩，尚明
二级	毫心尚显，叶张尚嫩	尚匀	含少量黄绿片	尚灰绿	浓纯，略有毫香	尚清甜、醇厚	橙黄	有芽心，叶张尚嫩，稍有红张
三级	叶缘略卷，有平展叶、破张叶	欠匀	稍夹黄片、蜡片	灰绿稍暗	尚浓纯	尚厚	尚橙黄	叶张尚软，有破张，红张稍多

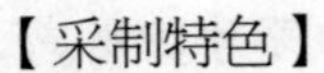
【采制特色】

白牡丹采用一芽二叶初展的肥壮嫩梢为原料，加工中不炒不揉。制作工艺是：室内自然萎凋、并筛、干燥、焙笼烘焙、机械烘焙、加温萎凋、拣剔。

3. 贡眉

GB/T 22291—2017《白茶》中规定：贡眉是以群体种茶树品种的嫩梢为原料，经萎凋、干燥、拣剔等特定工艺过程制成的白茶产品。

【等级标准】

按 GB/T 22291—2017《白茶》标准规定，贡眉分为特级、一级、二级和三级四个等级，各级别贡眉感官品质特征见表 7–3。

表 7–3　　贡眉感官品质特征

项目 级别	外形				内质			
	条索	整碎	净度	色泽	香气	滋味	汤色	叶底
特级	叶态卷，有毫心	匀整	洁净	灰绿或墨绿	鲜嫩，有毫香	清甜醇爽	橙黄	有芽尖，叶张嫩亮
一级	叶态尚卷，毫尖尚显	较匀	较洁净	尚灰绿	鲜纯，有嫩香	醇厚尚爽	尚橙黄	稍有芽尖，叶张软，尚亮
二级	叶态略卷，稍展，有破张	尚匀	夹黄片、铁板片、少量蜡片	灰绿稍暗、夹红	浓纯	浓厚	深黄	叶张较粗，稍摊，有红张
三级	叶张平展，破张多	欠匀	含鱼叶、蜡片较多	灰黄夹红稍葳	浓，稍粗	厚，稍粗	深黄，微红	叶张粗杂，红张多

4. 寿眉

GB/T 22291—2017《白茶》中规定：寿眉是以大白茶、水仙或群体种茶树品种的嫩梢或叶片为原料，经萎凋、干燥、拣剔等特定工艺过程制成的白茶产品。

【等级标准】

按 GB/T 22291—2017《白茶》标准规定，寿眉分为一级和二级两个等级，各级别寿眉感官品质特征见表 7–4。

表 7-4　　寿眉感官品质特征

级别 \ 项目	外形				内质			
	条索	整碎	净度	色泽	香气	滋味	汤色	叶底
一级	叶态尚紧卷	较匀	较洁净	尚灰绿	纯	醇厚尚爽	尚橙黄	稍有芽尖，叶张软，尚亮
二级	叶态略卷，稍展，有破张	尚匀	夹黄片、铁板片、少量蜡片	灰绿稍暗、夹红	浓纯	浓厚	深黄	叶张较粗，稍摊，有红张

5. 紧压白茶

近年来紧压白茶在茶叶市场上受到消费者的追捧，GB/T 31751—2015《紧压白茶》中规定了相关要求。紧压白茶是以白茶（白毫银针、白牡丹、贡眉、寿眉）为原料，经整理、拼配、蒸压定型、干燥等工序制成的产品。紧压白茶根据原料要求的不同，分为紧压白毫银针、紧压白牡丹、紧压贡眉和紧压寿眉四种产品，各类型紧压白茶感官品质特征见表 7-5。

表 7-5　　紧压白茶感官品质特征

产品 \ 项目	外形	内质			
		香气	滋味	汤色	叶底
紧压白毫银针	外形端正匀称、松紧适度，表面平整、无脱层、不洒面；色泽灰白，显毫	清纯，毫香显	浓醇，毫味显	杏黄明亮	肥厚软嫩
紧压白牡丹	外形端正匀称、松紧适度，表面较平整、无脱层、不洒面；色泽灰绿或灰黄，带毫	浓纯，有毫香	醇厚，有毫味	橙黄明亮	软嫩
紧压贡眉	外形端正匀称、松紧适度，表面较平整；色泽灰黄夹红	浓纯	浓厚	深黄或微红	软尚嫩，带红张
紧压寿眉	外形端正匀称、松紧适度，表面较平整；色泽灰褐	浓，稍粗	厚，稍粗	深黄或泛红	略粗，有破张，带泛红叶

7.2　冲泡白茶的技法

白茶独特的不炒不揉加工工艺决定了其耐泡特性强，,一杯白茶可冲泡 6～8 次。根据个人浓淡喜好、品类、嫩度、年份、茶具等原因，白茶冲泡方法多有不同。

用玻璃杯、盖碗、紫砂壶冲泡，或用壶煮白茶都各有特色。茶芽纤长细嫩的白毫银针可用玻璃杯冲泡，用200毫升容量的玻璃杯泡白茶，取5克白茶用90℃的开水冲泡，约3分钟后即可出汤。因茶芽肥壮，十分耐泡，可多次续水冲泡。白牡丹茶叶较舒展，水温可控制在90～100℃。贡眉和寿眉以叶为主，外形粗放，水温可控制在100℃，应延长冲泡时间，滋味较为浓郁。新工艺白茶，味道浓醇清甘，以快速冲泡出汤的方法为宜。老茶饼较为紧实，而且经储存有发酵，茶味醇厚，需用80℃水冲泡。新白茶较嫩，最好浅泡，时间短些，才能把新茶的醇美展现出来。

用盖碗泡白茶，取3克用90℃开水冲泡，第1泡45秒，后每泡延续20秒进行续泡。

用150～200毫升紫砂小壶泡白茶，取7～10克白茶用90℃开水闷泡，45～60秒出汤，品饮。用300～400毫升的大壶泡白茶，取10～15克的白茶投入壶中直接用90℃水冲泡，1分钟出汤后，可多次续泡。用大腹紫砂壶泡陈年老白茶，用80℃水冲泡，约1分30秒出汤。

另外，可以用煮饮法以陈年老白茶添加蜂蜜或冰糖等制作保健茶，可缓解咽喉炎、水土不服等。若在夏季，冰镇一下，口感更佳。用适量泉水煮10克陈年老白茶，煮3分钟后滤出茶汤，冷凉至70℃添加蜂蜜或冰糖，趁热饮用。

下面以福建白毫银针玻璃杯泡法为示例。

（1）设席备具：设置简约的茶席，摆放好玻璃杯（300毫升）和茶叶罐、茶荷等茶具。

（2）洁具温杯：向玻璃杯中倒入少量沸水，把茶具洗烫一遍。

（3）弃水入盂：把废水倒入水盂中。

（4）凉水待泡：把开水壶中的沸水倒入公道杯中冷至70℃，约七分满。

（5）置茶入杯：将白毫银针轻轻投放到玻璃杯中（8克茶配250毫升水）。

（6）悬壶冲泡：将大公道杯中冷凉至70℃左右的开水冲入玻璃杯中。

（7）静观茶舞：欣赏茶叶在水中慢慢舒展、变化的过程，观看茶舞是一种美的享受。

（8）品饮佳茗：泡好的白毫银针冷至适口，轻闻茶香后，细细品味。

（9）续水冲泡：在品至还剩约1/3茶汤时，可续水至七分满，继续品饮。

8 青茶（乌龙茶）及茶艺技法

乌龙茶是半发酵茶，涉及具体茶叶品种，发酵度又有所区别，有的发酵度很低，有的较重。对于不同的爱茶者来说，有的以新茶为贵，如轻发酵度的铁观音；有的以老茶为妙，如陈化的武夷山岩茶；有的重香气；有的重滋味。无论茶香还是茶汤，乌龙茶的奥妙在于总能令爱茶者陶醉其中，流连忘返。随着人们口味追求的变化，加上科技进步，乌龙茶的风味也在不断地发展变化。

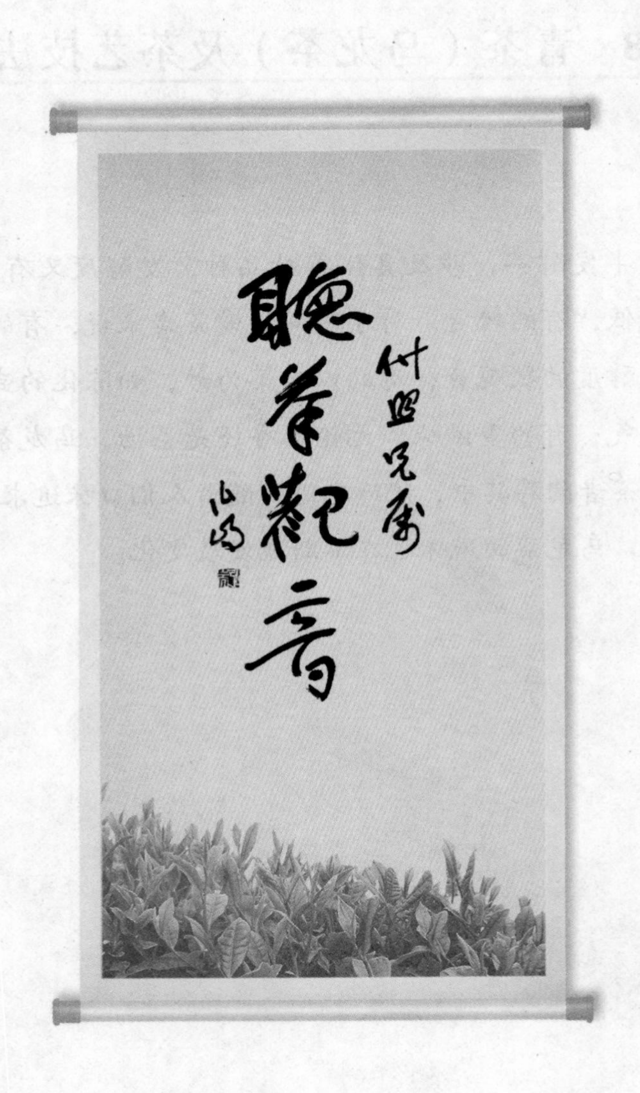
聽茶觀音

8.1 青茶（乌龙茶）商品特点

乌龙茶主要产于福建、广东、台湾等地。半发酵的乌龙茶，介于红茶与绿茶之间，又有轻发酵、中发酵和重发酵之分。其茶叶具有独特的花香，滋味呈现出多元化的果香特色，受到茶友青睐。

乌龙茶的国家标准不断更新，国家推荐标准 GB/T 30357《乌龙茶》分系列发布，主要有：GB/T 30357.1—2013《乌龙茶 第 1 部分：基本要求》、GB/T 30357.2—2013《乌龙茶 第 2 部分：铁观音》、GB/T 30357.3—2015《乌龙茶 第 3 部分：黄金桂》、GB/T 30357.4—2015《乌龙茶 第 4 部分：水仙》、GB/T 30357.5—2015《乌龙茶 第 5 部分：肉桂》、GB/T 30357.6—2017《乌龙茶 第 6 部分：单丛》、GB/T 30357.7—2017《乌龙茶 第 7 部分：佛手》。另外，还有 GB/T 30357.8—2017《乌龙茶 第 8 部分：大红袍》、GB/T 30357.9—2017《乌龙茶 第 9 部分：白芽奇兰》。

8.1.1 乌龙茶工艺

乌龙茶的基本制作工艺：鲜叶采摘→萎凋（晒青和晾青）→做青→炒青→揉捻→干燥。

乌龙茶发酵程度有高有低，低的如现在市场上非常流行的轻微发酵度的铁观音茶，其茶性如绿茶；高发酵度的如闽北乌龙茶中的肉桂等，其茶性接近红茶。乌龙茶耐冲泡，叶片大，香气和滋味浓郁，花香、果香等显著。

8.1.2 乌龙茶分类

1. 闽南乌龙

闽南是乌龙茶的发源地，由此向闽北、广东和台湾传播，主要产于福建省南部的安溪县、永春县、平和县等地区。闽南乌龙是轻发酵茶，主要名茶有铁观音、黄金桂、本山、毛蟹、永春佛手、奇兰、梅占、桃仁、香橼等，以铁观音品质最好，影响力最大。铁观音和黄金桂是安溪乌龙茶的两大名品。铁观音茶独特的韵味被人们称为“观音韵”。

2. 闽北乌龙

闽北乌龙主要产于福建省北部的武夷山一带，建瓯、建阳等地也有种植，主要有武夷岩茶、闽北水仙等，以武夷岩茶最为有名。武夷岩茶的花色品种很多，多以茶树品种命名。闽北乌龙为中度及重发酵度茶，主要名茶有大红袍、肉桂、水仙、水金龟、铁罗汉、白鸡冠等。其中以大红袍最为有名，其又有洲茶和岩茶之分，以岩茶品质为佳。大红袍独特的韵味被称为“岩韵”。

3. 广东乌龙

广东乌龙主要产于广东省东部凤凰山区一带及潮州、梅州等地，以乌岽山产的最为著名。广东乌龙茶是轻发酵茶，其发酵度比闽北乌龙轻，主要名茶有水仙、单丛、色种等。其中以凤凰单丛和岭头单丛品质最好，具有广东乌龙的“山韵”“蜜韵”，香气独特。

4. 台湾乌龙

台湾乌龙主要产于阿里山山脉、南投、花莲等地。发酵度有轻重之分，轻发酵的，如文山型包种茶、冻顶型包种茶；重发酵的，如台湾乌龙茶等。台湾包种因发酵度轻，叶色绿，汤色黄亮，滋味似绿茶。重发酵度的乌龙茶，汤色金黄明亮，滋味浓厚，带有熟果香味，以冻顶乌龙为代表。台湾乌龙茶主要包括冻顶乌龙、文山包种、阿里山乌龙、梨山乌龙、白毫乌龙（东方美人）等，以高山乌龙最为有名。

乌龙茶的保健作用：有助于调节体脂、改善黄褐斑、降血脂等。

乌龙茶的储存大有讲究，对于发酵度较轻的茶应保持密闭干燥，放在冰箱或冷柜中冷藏；对于发酵度较重的，可在常温密闭保存。对于喜好喝陈年老乌龙茶的茶友来说，选择存放发酵度较大的茶最好是以传统工艺制作品质佳的茶，根据茶叶在储存过程中的干燥程度还应焙火，以防止茶叶变质。比如，有些品质好的武夷岩茶内含物丰富，口感厚重，经过一定时间的存放会变得更醇和、层次感更强；但品质一般的陈茶陈化后滋味则变得淡薄，香气也淡。

8.1.3 名优乌龙茶代表

1. 武夷岩茶

武夷岩茶是乌龙茶的一个大类，产于福建北部武夷山地区，此地峰峦叠翠，峡谷纵横，九溪回转，四条溪流和峰峦、丘陵相互交错，形成独特的微域气候，空气湿润、多雾，有 36 峰和 99 岩，岩岩生长着茂盛的岩茶。武夷岩茶是一个大类，具体地说，主要包括：大红袍、铁罗汉、白鸡冠、水仙、肉桂、奇种等几十个品种，各品种的命名都是以茶树的品种命名的。

GB/T 18745—2006《地理标志产品武夷岩茶》规定：武夷岩茶是在规定的（原产地，武夷山市）范围内，独特的武夷山自然生态环境条件下选用适宜的茶树品种进行无性繁育和栽培，并用独特的传统加工工艺制作而成，具有岩韵（岩骨花香）品质特征的乌龙茶。

【产地】

产于武夷山的乌龙茶通称为武夷岩茶。但由于品种不同、品质差别、采制时期先后，历代对岩茶的分类，甚为严格，品种花色数以百计，茶名繁杂。按产茶地点分为：正岩茶、半岩茶、洲茶。以正岩茶品质最佳，其产茶香高味醇厚，岩韵特显。

【茶性】

武夷岩茶为半发酵茶，发酵度较重，性温和。

【品质特征】

干茶条索壮结，匀整，色泽青褐润亮呈“宝光”，叶面呈蛙皮状沙粒白点，俗称“蛤蟆背”。泡汤后叶底“绿叶红镶边”，即三分红、七分绿。香气馥郁，

胜似兰花而深沉持久，“锐则浓长，清则幽远”。滋味浓醇清活，生津回甘，茶汤虽浓，饮而不苦涩。

【鉴别】

根据具体的品种，以相关茶叶标准对比而鉴别。

【等级标准】

按 GB/T 18745—2006《地理标志产品武夷岩茶》规定，武夷岩茶中大红袍分为特级、一级和二级；肉桂分为特级、一级和二级；水仙分为特级、一级、二级和三级；奇种分为特级、一级、二级和三级。武夷岩茶产品应洁净，不着色，不得混有异种植物，不含非茶叶物质，无异味，无异臭，无霉变。各类产品感官品质特征见表 8–1、表 8–2、表 8–3、表 8–4、表 8–5。

表 8–1　　大红袍茶感官品质特征

项目	级别	特级	一级	二级
外形	条索	紧结，壮实，稍扭曲	紧结，壮实	紧结，较壮实
	色泽	带宝色或油润	稍带宝色或油润	油润，红点明显
	整碎	匀整	匀整	较匀整
	净度	洁净	洁净	洁净
内质	香气	锐，浓长或幽，清远	浓长或幽，清远	幽长
	滋味	岩韵明显，醇厚，回味甘爽，杯底有余香	岩韵显，醇厚，回甘快，杯底有余香	岩韵明，较醇厚，回甘，杯底有余香
	汤色	清澈，艳丽，呈深橙黄色	较清澈，艳丽，呈深橙黄色	金黄清澈，明亮
	叶底	软亮匀齐，红边或带朱砂色	较软亮匀齐，红边或带朱砂色	较软亮，较匀齐，红边较显

表 8–2　　名枞产品感官品质特征

项目		要求
外形	条索	紧结，壮实
	色泽	较带宝色或油润
	整碎	匀整
内质	香气	较锐，浓长或幽，清远
	滋味	岩韵明显，醇厚，回甘快，杯底有余香
	汤色	清澈艳丽，呈深橙黄色
	叶底	叶片较亮匀齐，红边或带朱砂色

表 8–3　　肉桂产品感官品质特征

项目	级别	特级	一级	二级
外形	条索	肥壮紧结，沉重	较肥壮结实，沉重	尚结实，卷曲，稍沉重
	色泽	油润，砂绿明，红点明显	油润，砂绿较明，红点较明显	乌润，稍带褐红色或褐绿
	整碎	匀整	较匀整	尚匀整
	净度	洁净	较洁净	尚洁净
内质	香气	浓郁持久，似有乳香或蜜桃香或桂皮香	清高幽长	清香
	滋味	醇厚鲜爽，岩韵明显	醇厚尚鲜，岩韵明	醇和岩韵略显
	汤色	金黄清澈明亮	橙黄清澈	橙黄略深
	叶底	肥厚软亮，匀齐，红边明显	软亮匀齐，红边明显	红边欠匀

表 8–4　　水仙产品感官品质特征

项目	级别	特级	一级	二级	三级
外形	条索	壮结	壮结	壮实	尚壮实
	色泽	油润	尚油润	稍带褐色	褐色
	整碎	匀整	匀整	较匀整	尚匀整
	净度	洁净	洁净	较洁净	尚洁净
内质	香气	浓郁鲜锐，特征明显	清香，特征显	尚清纯，特征尚显	特征稍显
	滋味	浓爽鲜锐，品种特征显露，岩韵明显	醇厚，品种特征显，岩韵明	较醇厚，品种特征尚显，岩韵尚明	浓厚，具品种特征
	汤色	金黄清澈	金黄	橙黄稍深	深黄泛红
	叶底	肥嫩软亮，红边鲜艳	肥厚软亮，红边明显	软亮，红边尚显	软亮，红边欠匀

表 8–5　　奇种产品感官品质特征

项目	级别	特级	一级	二级	三级
外形	条索	紧结重实	结实	尚结实	尚壮实
	色泽	翠润	油润	尚油润	尚润
	整碎	匀整	匀整	较匀整	尚匀整
	净度	洁净	洁净	较洁净	尚洁净
内质	香气	清高	清纯	尚浓	平正
	滋味	清醇甘爽，岩韵显	尚醇厚，岩韵明	尚醇正	欠醇
	汤色	金黄清澈	较金黄清澈	金黄稍深	橙黄稍深
	叶底	软亮匀齐，红边鲜艳	软亮较匀齐，红边明显	尚软亮匀整	欠匀稍亮

【采制特色】

采摘要求与绿茶和红茶差别很大，采摘不宜过早，芽叶不能太嫩。《武夷山志》载："岩茶反不甚细……烹之有天然真味。"现在一般都在谷雨后几天采茶，立夏前后才进入采摘的高峰期。制作武夷岩茶必须在阳光下进行晒青（日光萎凋）工序，通过这道工序，促使武夷岩茶产生一种清香气。取摇青和凉青相结合的做青技术，使茶叶达到半发酵的程度。烘焙技术特别讲究，烘焙的程度比其他茶类高，干燥度能达到3%左右。《武夷茶歌》有："如梅斯馥兰斯馨，大抵焙时候香气。鼎中笼上炉火温，心闲手敏工夫细。"

【武夷岩茶史话】

清代袁枚《随园食单》载："僧道争以茶献（武夷茶），杯小如胡桃，壶小如香橼，每斛无一两，上口不忍遽咽，先嗅其香，再试其味，徐徐咀嚼而体贴之，果然清芬扑鼻，舌有余甘。一杯之后，再试一二杯，令人释躁平矜，怡情悦性。"开汤第二泡香气才显露。茶汤的香气自口吸入，从咽喉经鼻孔呼出，连续三次，俗称"三口气"，即可鉴别岩茶的上品香气。其耐泡，有"七泡有余香"之赞誉。

梁章钜《归田琐记》描写武夷岩茶特点："活色生香，舌本常留甘尽日，齿颊留芳，沁人心脾，香味两绝，如梅斯馥兰斯馨。"

2. 铁观音茶

铁观音茶现有两个国家级推荐标准：GB/T 19598—2006《地理标志产品安溪铁观音》和GB/T 30357.2—2013《乌龙茶 第2部分：铁观音（含第1号修改单）》（说明：第1号修改单于2016年4月26日实施），对铁观音茶作了全面的规定和要求。GB/T 30357.2—2013《乌龙茶 第2部分：铁观音》（含第1号修改单）中规定，铁观音是以铁观音茶树品种的叶、驻芽、嫩梢为原料，依次经萎凋、做青、杀青、揉捻（包揉）、烘干等独特工艺过程制成的铁观音茶叶产品。其成品茶分为清香型铁观音、浓香型铁观音和陈香型铁观音。

【产地】

原产于福建省安溪县，现福建多个市县乡均有生产；除福建省外，其他省市也有生产。GB/T 19598—2006《地理标志产品安溪铁观音》规定：安溪铁观音茶是在地理标志产品保护范围内的自然生态环境条件下，选用铁观音茶树品种进行扦插繁育、栽培和采摘，按照独特的传统加工工艺制作而成，具有铁观音品质特征的乌龙茶。其成品茶分为清香型与浓香型。

【茶性】

传统型铁观音（发酵度相对较高）性温和，现代轻发酵型性寒似绿茶。

【品质特征】

GB/T 30357.2—2013《乌龙茶 第2部分：铁观音》（含第1号修改单）中分成三类：

清香型铁观音是以铁观音毛茶为原料，经过拣梗、筛分、风选、文火烘干等特定工艺过程制成，外形紧结、色泽翠润、香气清高、滋味鲜醇。

浓香型铁观音是以铁观音毛茶为原料，经过拣梗、筛分、风选、烘焙等特定工艺过程制成，外形壮结、色泽乌润、香气浓郁、滋味醇厚。

陈香型铁观音是以铁观音毛茶为原料，经过拣梗、筛分、拼配、烘焙、贮存五年以上等独特工艺制成的具有陈香品质特征的铁观音产品。

【等级标准】

按GB/T 30357.2—2013《乌龙茶 第2部分：铁观音》（含第1号修改单）规定，清香型铁观音茶分为特级、一级、二级和三级；浓香型铁观音茶分为特级、一级、二级、三级和四级；陈香型铁观音茶分为特级、一级和二级。产品应品质正常，无异味，无霉变，无劣变；应洁净，不着色，不添加任何添加剂，不得夹杂非茶类物质。各级别铁观音茶感官品质特征见表8-6、表8-7、表8-8。

表8-6　　清香型铁观音感官品质特征

级别＼项目	外形				内质			
	条索	整碎	净度	色泽	香气	滋味	汤色	叶底
特级	紧结，重实	匀整	洁净	翠绿润，砂绿明显	清高，持久	清醇鲜爽，音韵明显	金黄带绿，清澈	肥厚软亮，匀整
一级	紧结	匀整	净	绿油润，砂绿明	较清高，持久	清醇较爽，音韵较显	金黄带绿，明亮	较软亮，尚匀整
二级	较紧结	尚匀整	尚净，稍有细嫩梗	乌绿	稍清高	醇和，音韵尚明	清黄	稍软亮，尚匀整
三级	尚结实	尚匀整	尚净，稍有细嫩梗	乌绿，稍带黄	平正	平和	尚清黄	尚匀整

表 8–7　　浓香型铁观音感官品质特征

级别＼项目	外形				内质			
	条索	整碎	净度	色泽	香气	滋味	汤色	叶底
特级	紧结，重实	匀整	洁净	乌油润，砂绿显	浓郁	醇厚回甘，音韵明显	金黄，清澈	肥厚，软亮匀整，红边明
一级	紧结	匀整	净	乌润，砂绿较明	较浓郁	较醇厚，音韵明	深金黄，明亮	较软亮，匀整，有红边
二级	稍紧结	尚匀整	较净，稍有嫩梗	黑褐	尚清高	醇和	橙黄	稍软亮，略匀整
三级	尚紧结	稍匀整	稍净，有嫩梗	黑褐，稍带褐红点	平正	平和	深橙黄	稍匀整，带褐红色
四级	略粗松	欠匀整	欠净，有梗片	带褐红色	稍粗飘	稍粗	橙红	欠匀整，有粗叶及褐红叶

表 8–8　　陈香型铁观音感官品质特征

级别＼项目	外形				内质			
	条索	整碎	净度	色泽	香气	滋味	汤色	叶底
特级	紧结	匀整	洁净	乌褐	陈香浓	醇和回甘，有音韵	深红清澈	乌褐柔软，匀整
一级	较紧结	较匀整	洁净	较乌褐	陈香明显	醇和	橙红清澈	较乌褐柔软，较匀整
二级	稍紧结	稍匀整	较洁净	稍乌褐	陈香较明显	尚醇和	橙红	稍乌褐，稍匀整

按 GB/T 19598—2006《地理标志产品安溪铁观音》规定，清香型安溪铁观音分为特级、一级、二级、三级，各级感官品质特征应符合表 8–9 要求。

表 8–9　　清香型安溪铁观音感官品质特征

项目＼级别		特级	一级	二级	三级
外形	条索	肥壮、圆结、重实	壮实、紧结	卷曲、结实	卷曲、尚结实
	色泽	翠绿润、砂绿明显	绿油润、砂绿明	绿油润、有砂绿	乌绿、稍带黄
	整碎	匀整	匀整	尚匀整	尚匀整
	净度	洁净	净	尚净、稍有细嫩梗	尚净、稍有细嫩梗
内质	香气	高香	清香、持久	清香	清纯
	滋味	鲜醇高爽、音韵明显	清醇甘鲜、音韵明显	尚鲜醇爽口、音韵尚明	醇和回甘、音韵稍轻
	汤色	金黄明亮	金黄明亮	金黄	金黄
	叶底	肥厚软亮、匀整、余香高长	软亮、尚匀整、有余香	尚软亮、尚匀整、稍有余香	稍软亮、尚匀整、稍有余香

按 GB/T 19598—2006《地理标志产品安溪铁观音》规定，浓香型安溪铁观音分为特级、一级、二级、三级、四级，其各级浓香型安溪铁观音感官品质特征见表 8–10。

表 8–10　　浓香型安溪铁观音感官品质特征

项目	级别	特级	一级	二级	三级	四级
外形	条索	肥壮、圆结、重实	较肥壮、结实	稍肥壮、略结实	卷曲、尚结实	稍卷曲、略粗松
	色泽	翠绿、乌润、砂绿明	乌润、砂绿较明	乌绿、有砂绿	乌绿、稍带褐红点	略绿、带褐红色
	整碎	匀整	匀整	尚匀整	稍整齐	欠匀整
	净度	洁净	净	尚净、稍有嫩幼梗	稍净、有嫩幼梗	欠净、有梗片
内质	香气	浓郁、持久	清高、持久	尚清高	清纯平正	平淡、稍粗飘
	滋味	醇厚鲜爽回甘、音韵明显	醇厚、尚鲜爽、音韵明	醇和鲜爽、音韵稍明	醇和、音韵轻微	稍粗味
	汤色	金黄、清澈	深金黄、清澈	橙黄、深黄	深橙黄、清黄	橙红、清红
	叶底	肥厚、软亮匀整、红边明、有余香	尚软亮、匀整、有红边、稍有余香	稍软亮、略匀整	稍匀整、带褐红色	欠匀整、有粗叶及褐红叶

【采制特色】

一年分四季采。采制必须在嫩梢形成驻芽后，顶叶刚开展呈小开面或中开面时采下二三叶。纯种铁观音植株为灌木型，品质以春茶（4 月中下旬—5 月上旬）为最好；秋茶（9 月下旬—10 月上旬）次之，其香气特高，俗称秋香，但汤味薄；夏茶（6 月中下旬—7 月上旬）、暑茶（8 月上旬—8 月下旬）品质较次。

春茶在谷雨后至立夏前后采摘，夏、暑茶在夏至前至秋分采摘，秋（冬）茶在寒露前至立冬采摘。

制作工艺分为初制和精制工艺。初制工艺流程：茶青→晒青→凉青→摇青→杀青→揉捻→烘干→毛茶。精制工艺又分清香型产品和浓香型产品精制工艺。

清香型产品：毛茶→验收→归堆→投放→筛分→风选→拣剔、拣杂→号茶拼配→匀堆→（文火烘干）→包装→成品茶。

浓香型产品：毛茶→验收→归堆→投放→筛分→风选→拣剔→号茶拼配→烘焙→摊凉→匀堆→拣杂→包装→成品茶。

【铁观音的传说】

关于铁观音茶的名称由来有两种传说。一说是安溪县松林头茶农魏饮虔诚信佛，每天清晨必奉清茶一杯于观音大士像前。一日，他上山砍柴，偶见岩石缝隙间有一株茶树，在阳光照射下闪闪发光，极为奇异。遂小心挖回精心培育，并采摘试制，成茶冲泡，其味沉重似铁，香味极佳，疑为观音所赐，即命名为铁观音。

另一说是清朝乾隆初年（1736年）春，安溪县尧阳乡书生王士让与诸生会文于南山之麓，见层石荒园间有一株茶树，闪光夺目异于他树，于是移植于南轩，细心培育，采制成茶。其茶气味异常，饮罢心旷神怡。乾隆六年（1741年），王士让赴京师拜谒相国方望溪，携茶相赠，方望溪将茶转进内廷，后乾隆召见王士让，垂询尧阳茶史，王士让奏禀此茶发现于南山观音岩下，乾隆因此赐名“南岩铁观音”。

安溪铁观音茶是春茶好还是秋茶好?

关于这个问题茶友之间争论较大。从综合品质看，春茶质量要更优一些。春茶的品质特点是茶汤品质优，耐泡度高，但香气差一些；秋茶香气高，但滋味淡一些。当地有“春水秋香”之说。另外，从市场上所供给茶叶的角度看，秋茶“农药残留”的可能性要高于春茶。

但由于具体产地及茶叶品质的差异，也有人认为秋茶好于春茶。如在福建华安县的仙都等地，人们普遍认为秋茶好于春茶。

3. 凤凰单丛茶

【产地】

产自广东省潮州市潮安区凤凰山，是历史名茶，始创于明代。凤凰单丛茶实施地理标志产品保护，列入保护的产地范围包括：潮州市现辖行政区域内的潮安区凤凰镇、铁铺镇和饶平县浮滨镇、浮山镇等30个镇的茶区。

【茶性】

性平。

【品质特征】

凤凰单丛茶因其品质具有天然花香，悠长清雅，浓醇鲜爽，回甘持久，有特殊丛韵味，汤色金黄明亮，极耐冲泡的特点而博得世人的称赞，成为全国名茶之一，享誉海内外。

当地茶农注重单株选育，有单采单制的习惯，形成了各种香型，如桂花香单丛、黄栀香单丛、通天香单丛、霸王香单丛、芝兰香单丛、蜜兰香单丛、玉兰香单丛、肉桂香单丛、茉莉香单丛、杏仁香单丛、夜来香单丛等。

桂花香单丛品质特征：外形条索紧直匀齐，色泽乌润微带黄褐；内质汤色橙黄明亮，香气清高浓郁甜长，具有天然桂花香，滋味醇厚甘滑，耐冲泡，山韵风格突出。

黄栀香单丛品质特征：外形美观，条索紧结较直，褐色油润，间朱砂点；内质汤色橙黄清澈明亮，香气清高持久，滋味醇厚，耐冲泡。

通天香单丛品质特征：外形条索紧直，鳝鱼色；内质汤色金黄明亮，香气清高，具有自然的姜花香味，滋味醇爽，耐泡，以香气高雅而著称。

霸王香单丛品质特征：外形条索紧结，褐色油润；内质汤色橙黄清澈明亮，香气高香持久，滋味醇厚爽口，耐冲泡。

【采制特色】

凤凰单丛实行分株单采，清明前后，新茶芽萌发至小开面（即出现驻芽），即按一芽二叶、一芽三叶（中开面）标准采摘。过嫩，成茶苦涩，香气不高；过老，茶味粗淡，不耐泡。采制时间以午后为上，烈日不采，雨天不采，雾水不采。

鲜叶在中开面，晴天下午采摘，经晒青→薄摊→摇青→炒青→揉捻→烘焙→包装等工序加工而成。

【冲泡方法】

以盖碗或壶泡法，水温在90～95℃，中档单丛茶浓厚回甘，以茶8克、5秒左右冲泡时间为宜，并以盖瓯杯（公道杯）泡效果较佳。高档单丛茶浓醇爽口，以茶6克、约8秒冲泡时间为宜，以潮州工夫茶泡法或壶泡法更能体现茶的特点。特级单丛茶醇甜香郁，以6克、约10秒冲泡时间为宜，可采用任意一种方式冲泡。

紫砂壶因胎体较松，吸收杂味的同时也吸收香气。薄胎白瓷盖瓯，先烫洗后再冲茶，发香好，能保持原味。

手拉朱泥壶，有潮汕风情，适合潮汕式冲法，具有地域民俗文化气息。

【凤凰单丛的传说】

凤凰单丛又称为“乌嘴茶”，相传在宋代，凤凰山的村民们发现了一种茶树，这种茶树上的芽叶尖尖的很像鹤的嘴，人们觉得十分稀奇，便开始尝试着种植这种茶树，并且将从树上采来的鲜叶制作成茶。令村民们惊喜的是这种茶味道非常好！当时宋帝昺被元兵一路追杀逃到潮州，路过乌岽山时，口渴难忍，村民们将做好的茶献给皇帝喝。皇帝喝过之后连连称赞好茶，后来人们就称此茶为“宋茶”。再后来，有人将这个故事神化了，说“凤凰鸟闻知宋帝等人口渴，口衔茶枝赐茶”，后来“乌嘴茶”的称号便在民间流传开来。

但是根据后来的研究发现，早在南宋之时，凤凰山的村民们就已经开始在自家的门前屋后种植乌嘴茶树了。那时候他们已经懂得了制茶，并且已经了解了茶有生津止渴、提神醒脑、帮助消化、祛痰止咳等保健功效。到了明朝弘治年间，待诏山的凤凰茶已经成为当时的贡品，被称为“待诏茶”。清朝康熙年间，朝廷已经派专人负责开垦茶园，并将茶叶作为商品流通。光绪年间，凤凰山人还将部分乌龙茶和“乌嘴茶”带到了国外，甚至在中南半岛和南洋群岛等地开设了茶行，专门进行茶叶的出口和销售。

4. 冻顶乌龙茶

【产地】

产于台湾南投县鹿谷乡冻顶山麓一带，海拔600～1200米的山坡地，产地地理环境佳，气候凉爽，雨量充足，土壤肥沃，昼夜常有云雾笼罩，温差大。因冻顶山迷雾多雨，山路崎岖难行，上山的人都要绷紧脚趾（台湾俗称“冻脚尖”）才能上得去，故名“冻顶山”，冻顶乌龙因山而得名。

【茶性】

性寒凉。

【品质特征】

外形为半球形，条索紧结，外观颜色墨绿带油光，香气清香扑鼻，滋味浓厚新鲜，入口生津富有活性，落喉甘滑韵味强，水色蜜黄、澄清、明亮、水底光。

另外，当今茶叶市场上常存在以越南茶和大陆产的乌龙茶冒充中国台湾乌龙茶售卖的现象，请大家选购时注意选择信誉好的茶叶店，以防买错。

【等级标准】

包装用金梅和红梅表示茶的等级，金梅用于春、冬茶，红梅用于夏、秋茶。依据等级，分别授予二朵、三朵、四朵、五朵梅花，梅花数目越多表示品质越好。

【采制特色】

每年采摘于4—5月和11—12月，标准为一芽二叶，色泽苍绿，汤色呈金黄带绿，具有花香甘甜滋味。

制作工艺：日光萎凋→室内萎凋→浪青→炒青→揉捻→初干→热团揉→再干→拣梗→烘焙→包装。发酵程度为15%～25%。

【冲泡方法】

以乌龙茶冲泡手法即可。选7克左右乌龙茶，用100毫升盖碗或紫砂壶以95℃润茶后，以10～30秒快速出茶汤，分茶，品饮。

【冻顶乌龙茶的传说】

关于冻顶乌龙茶的名称由来传说主要有两个。一个传说是在清朝咸丰年间，鹿谷乡有个叫林凤池的人远赴福建参加应试，后来高中举人衣锦还乡之时，从武夷山带回了36株青心乌龙茶的茶苗，其中的12株由林三显先生种在了麒麟潭边的冻顶山上，最早的冻顶乌龙由此而来。

另一个传说是在清朝康熙年间，有个姓苏的人从大陆移民到了台湾，定居在鹿谷乡的彰雅村冻顶巷，后来他在冻顶山开垦种茶，后世家族代代种茶，这便是冻顶乌龙茶最早的来源。

8.2 冲泡青茶的几种技法

乌龙茶因发酵程度有轻、中、重的差别，结合不同的茶具、饮用习惯等，冲泡技法应有所不同。现在较为流行的是快出茶汤的盖碗式泡法：用盖碗冲泡乌龙茶，第一遍洗茶后，几乎是冲泡后立即出茶汤，冲泡的

时间一般 3～5 秒。现主要介绍清香型铁观音盖碗式泡法、武夷岩茶紫砂壶式泡法。

乌龙茶用盖碗或壶泡，首先要温润泡（也就是洗茶），然后根据喜欢茶汤的浓淡风味确定出汤时间。

乌龙茶非常耐泡，优质的茶叶有的能冲泡十泡左右。乌龙茶投茶量较大，一般茶水比例为 1:12～1:15。

不同茶类的茶泡茶水温有所不同，轻发酵和中发酵的乌龙茶以 85～90℃水温冲泡，重发酵重焙火乌龙茶以 90～95℃水温冲泡为宜。

1. 铁观音乌龙茶泡法（盖碗式冲泡）

（1）设席备具：设置简约的茶席，摆放好盖碗和茶叶罐、茶荷等茶具。

（2）洁具温杯：向盖碗中倒入少量沸水，把茶具洗烫一遍。

（3）弃水入盂：把废水倒入水盂中。

（4）取茶待赏：用茶则将茶叶从茶叶罐中量取约 8 克，放在赏茶荷内。

（5）置茶入碗：将铁观音茶轻轻投放到盖碗中（8 克茶配 100 毫升水）。

（6）润茶闻香：将烧水壶中的开水冲入盖碗中约盖碗容积的 1/2 水量，约 3 秒出茶汤，入水盂。

（7）悬壶冲泡：将烧水壶中的开水冲入盖碗，刮去浮沫。把碗盖用开水稍冲淋，以清洁碗盖。

（8）出汤入海：约 20 秒后出汤，入茶海（公道杯）。

（9）品饮佳茗：将泡好的铁观音茶茶汤冷至适口，轻闻茶香后，细细品味。

（10）续水冲泡：在盖碗中继续如前法冲水，延长冲泡时间，再出汤品饮。

铁观音工夫茶

福建泉州、厦门、漳州及广东潮汕一带和台湾，仍沿袭传统的工夫茶泡饮方式。用朱泥小茶壶或盖碗及白瓷小盅，先用沸水烫热，然后在壶中装入近半壶的干茶叶，冲以沸水，倾倒洗茶后，悬壶高冲沸水入壶，把洗茶水及沸水不时地浇淋壶外，1 分钟左右将茶汤匀倾入小盅内，先嗅其香，继尝其味，浅斟细啜，茶乐融融。

2. 凤凰单丛乌龙茶泡法（紫砂壶大壶冲泡，供多人饮用）

（1）设席备具：设置简约的茶席，摆放好紫砂大壶和茶叶罐、茶荷等茶具。

（2）洁具温杯：向紫砂大壶中倒入少量沸水，把茶具洗烫一遍。

（3）弃水入盂：把废水倒入水盂中。

（4）取茶待赏：用茶则将茶叶从茶叶罐中量取约 10 克，放在赏茶荷内。

（5）置茶入壶：将凤凰单丛茶轻轻投放到紫砂壶（壶容积约 350 毫升）中。

（6）润茶闻香：将烧水壶中的开水冲入紫砂壶中，约占壶容积的 1/4 水量，约 3 秒出茶汤，入公道杯，不饮。

（7）悬壶冲泡：将烧水壶中的开水（95℃）冲入紫砂壶中，稍溢出壶口，用壶盖轻刮壶口，盖上壶盖。用公道杯中的头道汤从壶盖处浇淋紫砂壶体，再倒入公道杯中少许开水，荡洗后，把汤水迅速浇淋到壶体上。约 10 秒后出茶汤。

（8）出汤入海：将泡好的凤凰单丛茶出汤入大公道杯（茶海）。

（9）品饮佳茗：将泡好的凤凰单丛茶汤冷至适口，轻闻茶香后，细细品味。

（10）续水冲泡：在紫砂壶中继续如前法冲水，延长冲泡时间，再出汤品饮。

3. 肉桂乌龙茶泡法（紫砂壶小壶冲泡）

（1）设席备具：设置简约的茶席，摆放好紫砂小壶和茶叶罐、茶荷等茶具。

（2）洁具温杯：向紫砂小壶中倒入少量沸水，把茶具洗烫一遍。

（3）弃水入盂：把废水倒入水盂中。

（4）取茶待赏：用茶则将茶叶从茶叶罐中量取约 10 克，放在赏茶荷内。

（5）置茶入壶：将肉桂茶轻轻投放到紫砂壶（壶容积约 200 毫升）中。

（6）润茶闻香：将烧水壶中的开水（95℃）冲入紫砂壶中，约占壶容积的 1/3 水量，约 5 秒出茶汤，入公道杯，不饮。

（7）悬壶冲泡：将烧水壶中的开水冲入紫砂壶中，稍溢出壶口，用壶盖轻刮壶口，盖上壶盖。用公道杯中的头道汤从壶盖处浇淋紫砂壶体，再倒入公道杯中少许开水，荡洗后，把汤水迅速浇淋到壶体上。约 15 秒后出茶汤。

（8）出汤入海：将泡好的肉桂茶出汤入公道杯（茶海）。

（9）品饮佳茗：将泡好的肉桂茶汤冷至适口，轻闻茶香后，细细品味。

（10）续水冲泡：在紫砂壶中继续如前法冲水，每次延长冲泡时间 10～15 秒，再出汤品饮。

4. 冻顶乌龙茶泡法（紫砂壶台式泡法）

（1）设席备具：设置简约的茶席，摆放好紫砂小壶和茶叶罐、茶荷等茶具。

（2）洁具温杯：向紫砂壶中倒入少量沸水，把茶具洗烫一遍。

（3）弃水入盂：把废水倒入水盂中。

（4）取茶待赏：用茶则将茶叶从茶叶罐中量取约 10 克，放在赏茶荷内。

（5）置茶入壶：将冻顶乌龙茶轻轻投放到紫砂壶（壶容积约 180 毫升）中。

（6）润茶闻香：将烧水壶中的开水（95℃）冲入紫砂壶中，约占壶容积的 1/3 水量，约 30 秒出茶汤，入公道杯，不饮。

（7）悬壶冲泡：将烧水壶中的开水冲入紫砂壶中，稍溢出壶口，用壶盖轻刮壶口，盖上壶盖。用公道杯中的头道汤从壶盖处浇淋紫砂壶体，再倒入公道杯中少许开水，荡洗后，把汤水迅速浇淋到壶体上。约 30 秒后出茶汤。

（8）出汤入海：将泡好的冻顶乌龙茶出汤倒入公道杯。

（9）分茶有序：将公道杯中的茶汤分别倒入闻香杯中，每个闻香杯倒茶量约七分满。把品茗杯和闻香杯搭配成组，放在杯托上。

（10）品饮闻香：把品茗杯轻轻盖在闻香杯上，翻转闻香杯。轻轻提起闻香杯，闻香后，以三龙护鼎手法拿起品茗杯，细细品味。

（11）续水冲泡：在紫砂壶中继续如前法冲水，延长冲泡时间，再出汤品饮。

出汤后，先倒入闻香杯，再用品茗杯品饮

9 红茶及茶艺技法

红茶是全发酵茶，红叶红汤是其品质特征，发酵度在70%～100%。若长期存放，发酵度会逐渐增加，香气会下降，滋味会向醇和、平淡方向转化。红茶对人体脾胃的刺激性较弱，一杯暖色调的茶汤在手，更能令人暖意融融。红茶最早源于福建省崇安地区（今隶属于武夷山市），距今已有400多年的历史。

青山依舊在
幾度夕陽紅

9.1 红茶商品特点

红茶是全球爱茶人士消费最多的茶类，尤其深受英国人的喜爱。红茶主要分为小种红茶、工夫红茶和红碎茶三类。红叶红汤，醇厚浓香，受人喜爱。

红茶的现有国家推荐标准主要有：GB/T 13738.1—2017《红茶 第1部分：红碎茶》、GB/T 13738.2—2017《红茶 第2部分：工夫红茶》、GB/T 13738.3—2012《红茶 第3部分：小种红茶》。部分产地的红茶，又有相应的地方标准。

9.1.1 红茶工艺

红茶的基本制作工艺：鲜叶采摘→萎凋→揉捻→发酵（渥红）→干燥。又因不同的品类工艺有所不同。

红茶品质特征的形成取决于鲜叶中原料所含的化合物的种类，其中对红茶风味影响最为重要的是多酚类和多酚氧化酶。

9.1.2 红茶分类及保健作用

我国的红茶基本上分为三类：小种红茶、工夫红茶和红碎茶。在16世纪，福建崇安（今武夷山市）首创小种红茶制法，是生产历史最早的一种红茶。到18世纪中叶，又发展了工夫红茶制法，再之后又有了红碎茶的生产。

在原料方面，小种红茶要求鲜叶有一定的成熟度，工夫红茶和红碎茶要求嫩度高，一般以一芽二叶、一芽三叶为标准。一般夏茶采制红茶较好，因夏茶多酚类化合物含量高，适合制红茶。

名优红茶的感官品质特征：外形嫩匀，造型独特，金毫披露；汤色红艳明亮，清澈；香气甜（花）香持久；滋味鲜甜爽口；叶底红亮鲜活，嫩度不低于一芽一叶初展。

一般而言，条索完整的红茶（小种红茶、工夫红茶）适合清饮，红碎茶适宜加奶、加糖调饮。

红茶的保健作用：助消化、促食欲、强壮骨骼等。

9.1.3 红茶的储存

红茶属发酵茶，可以置于常温、避光、干燥、无异味的环境下，用密闭容器储存。对于一些细嫩的红茶，可以用密闭容器储存后放入冰柜或冰箱中，降低陈化的速度。一般红茶商品的包装上都有保质期，一般为 18 个月。储存较好的红茶，就算存放多年仍具有饮用价值，但滋味和香气变化很大，无法和当年的品质相比。笔者曾经做过实验，有些春天制作的细嫩红茶，放在常温下密闭保存，到当年冬天的时候香气就变得很淡，滋味薄；而嫩度差些的红茶，香气和滋味变化要相对缓慢一些。

9.1.4 名优红茶代表

1. 正山小种茶（小种红茶类）

小种红茶是福建出产的一种独特的红茶，是生产历史最早的红茶，各种红茶的制法都是在小种红茶制法的基础上发展起来的。

武夷山产小种红茶，分为正山小种和外山小种。正山小种产于武夷山市国家级自然保护区星村镇桐木关一带，也称星村小种或桐木关小种，国际上称为拉普山小种红茶；外山小种是产于邵武、政和等地仿照小种红茶工艺做出的茶。

根据中华人民共和国国家标准 GB/T 13738.3—2012《红茶 第 3 部分：小种红茶》规定，小种红茶根据产地、加工和品质的不同，分为正山小种和烟小种两种产品。正山小种是指武夷山市星村镇桐木村及武夷山自然保护区域内的茶树鲜叶，用当地传统工艺制作，独具似桂圆干香味及松烟香的红茶产品；根据产品质量，分为特级、一级、二级、三级共 4 个级别。烟小种是指产于武夷山自然保护区域外的茶树鲜叶，以工夫红茶的加工工艺制作，最后经松烟熏制而成，具松烟香味的红茶产品；根据产品质量，分为特级、一级、二级、三级、四级共5个级别。

小种红茶的特点：香高味醇，带松柏香，茶汤深黄色，有桂圆汤味。正山小种是最好的，仅产于福建省武夷山市星村镇桐木关一带，一年仅采春夏两季，春茶在立夏开采，采摘一定成熟度的一芽二叶、一芽三叶为最好。

【产地】

产于福建省武夷山市星村镇桐木关一带。2003年"桐木牌"正山小种红茶，获得原产地认证及原产地证明商标。

【茶性】

性暖，对肠胃刺激较弱，香高味醇。

【品质特征】

干茶有明显的松烟香，茶汤滋味有桂圆甜香味。正山小种外形条索肥壮，紧结圆直，色泽乌润，不带芽毫；内质汤色红浓，香气高长带有松烟香，滋味醇厚，以桂圆汤、蜜枣味为主要特色。若加入牛奶，茶香味不减，形成糖浆状奶茶，汤色更为绚丽。

【等级标准】

按GB/T 13738.3—2012《红茶 第3部分：小种红茶》标准规定，正山小种产品可分为特级、一级、二级和三级，各级别正山小种产品感官品质特征见表9–1。

表9–1 正山小种产品感官品质特征

项目 级别	外形				内质			
	条索	整碎	净度	色泽	香气	滋味	汤色	叶底
特级	壮实紧结	匀齐	净	乌黑油润	纯正高长，似桂圆干香或松烟香明显	醇厚回甘，显高山韵，似桂圆汤味明显	橙红明亮	尚嫩较软有皱褶，古铜色匀齐
一级	尚壮实	较匀齐	稍有茎梗	乌尚润	纯正，有似桂圆干香	厚尚醇回甘，尚显高山韵，似桂圆汤味尚明	橙红尚亮	有皱褶，古铜色稍暗，尚匀亮
二级	稍粗实	尚匀整	有茎梗	欠乌润	松烟香稍淡	尚厚，略有似桂圆汤味	橙红欠亮	稍粗硬，铜色稍暗
三级	粗松	欠匀	带粗梗	乌，显花杂	平正，略有松烟香	略粗，似桂圆汤味欠明，平和	暗红	稍花杂

按GB/T 13738.3—2012《红茶 第3部分：小种红茶》标准规定，烟小种产品可分为特级、一级、二级、三级和四级，各级别烟小种产品感官品质特征见表9-2。

表9-2 烟小种产品感官品质特征

项目 级别	外形				内质			
	条索	整碎	净度	色泽	香气	滋味	汤色	叶底
特级	紧细	匀整	净	乌黑润	松烟香浓长	醇和尚爽	红明亮	嫩匀，红尚亮
一级	紧结	较匀整	净，稍含嫩茎	乌黑稍润	松烟香浓	醇和	红尚亮	尚嫩匀，尚红亮
二级	尚紧结	尚匀整	稍有茎梗	乌黑欠润	松烟香尚浓	尚醇和	红欠亮	摊张，红欠亮
三级	稍粗松	尚匀	有茎梗	黑褐稍花	松烟香稍淡	平和	红稍暗	摊张稍粗，红暗
四级	粗松弯曲	欠匀	多茎梗	黑褐花杂	松烟香淡，稍带粗青气	粗淡	暗红	粗老，暗红

【采制特色】

加工工艺：鲜叶采摘→萎凋→揉捻→发酵→杀青→复揉→干燥。主要操作工序：摊放在烘青间，燃烧松、柏木加温；揉捻后，把叶子放入木桶，压紧并盖上布絮，提高叶子温度，促进发酵；把炒揉叶摊放在竹筛中，吊在烘青间木架上，下面用松木烟熏，烘干时茶叶吸收松烟香。

【冲泡方法】

宜使用盖碗或紫砂壶冲泡，95℃水冲泡后，分茶品饮。若嫩度高，应降低温度冲泡，以80～85℃水冲泡为宜。

【正山小种史话】

清代道光末年，时局动乱。有一天，有军队从崇安星村（今武夷山市星村镇）路过，占用了茶厂，使进厂的鲜叶无法及时烘干。军队离厂之后，茶青因积压发酵，变成黑色。茶厂主人赶紧用锅炒和松柴烘干，然后稍加拣剔筛分，便装箱运往福州，托洋行试销。没想到这种特殊气味的小种茶竟引起了外商的兴趣，运往欧洲大肆宣传。于是，外商订购者众，小种红茶风靡一时。

2. 金骏眉茶（小种红茶类）

金骏眉是武夷山正山小种类，是在传统工艺的基础上通过创新融合于2005年研制出的新品种红茶，是中国高端顶级红茶的代表之一。

正山金骏眉属特级正山小种，具有松烟香、桂圆味的特点。外形因桐木村茶叶品种多为奇种，又因奇种茶芽本身瘦小，因而正山金骏眉茶干外形瘦、细；又因正山金骏眉全手工揉捻，造成其外形弯曲度大。金骏眉的研制成功，带动了细嫩红茶市场的繁荣，让更多的茶友知道了正山小种是红茶的始祖。

【产地】

产于武夷山国家级自然保护区内海拔1200~1800米的桐木关，首创于2005年，由北京张先生、阎先生，武夷山正山茶业的江元勋先生、正山茶业的梁骏德先生等共同研制成功。

【茶性】

性暖，暖胃，香高味醇。

【品质特征】

传统的正山小种有烟熏味，品饮茶汤感受其味，有桂圆香。金骏眉茶以其悦目的外形、细腻悠长的花果型香气、醇厚甘爽的滋味，一问世就受到广大消费者的青睐。条索紧细、隽茂、重实，茸毛密布，色泽金黄、黑相间，且色润；香气具复合型花香（桂圆干香、蜜枣香、玫瑰香），高山韵明显；滋味醇厚、甘甜爽滑、高山韵味持久、桂圆味浓厚；汤色金黄清澈、有金圈；叶底呈金针状、匀整、隽拔，呈古铜色。金骏眉新产品创意新颖、原料生态、工艺精湛、品质优异。

【鉴别】

由于金骏眉名气很大，市场上言称金骏眉茶者甚多。应以金骏眉茶叶标准为参照，进行鉴别。不法茶商将坦洋工夫、金毛猴、滇红、江苏宜兴红茶等茶叶冒充金骏眉，但这些仿冒茶在冲泡过程中出汤特别快，汤色非常红且混浊，不耐泡。而正宗金骏眉可用沸水冲泡十次以上。

【采制特色】

金骏眉茶青为野生奇种茶芽尖，6万~8万颗芽尖制成一斤金骏眉茶，结合正山小种传统工艺，全程手工制作而成。制作工艺中，控制好发酵很重要。

若发酵不到位，易生苦涩；若发酵过度，则不会有蜜香。烘干工序中，应把握时间和温度，蜜糖香才明显。

【冲泡方法】

以80℃左右的矿泉水冲泡，10～15秒即可出茶汤。现有冲泡金骏眉茶的专用茶具，以快速分离茶叶与茶汤为特色。在茶友品茶中，用盖碗和紫砂壶冲泡为常见。因茶叶细嫩，冲泡时应注意水温和冲泡时间的控制，出汤要快，温度不宜过高。

【金骏眉诞生前后】①

金骏眉是正山小种的一个系列，一个等级。2003年，北京的爱茶人士张先生、阎先生来到桐木村，他们提出能不能做出比特级更好的茶，能不能做单芽？他们找到了武夷山正山茶业有限公司制茶师梁骏德先生，梁先生认为，单芽嫩度高，做不好就会碎掉，成本非常高。2005年6月21日，在征得老板江元勋同意后，梁先生让人采了两斤多鲜芽，基本按照正山小种的工艺制作。第二天，张先生、阎先生喝了茶之后非常高兴，他们说："这个才是真正的正山小种，是茶。"言下之意就是传统工艺的正山小种是茶叶，是叶。张先生、阎先生用了"梁骏德"的"骏"字，加上茶的外形似眉毛，取名"骏眉"。同时他们还用天平称了100克"骏眉"来数，500克"金骏眉"有58000多颗芽就是他们数出来的。过了一天，他们又问能不能做一芽一叶，梁骏德师傅想，单芽都能做，一芽一叶应该也能做出来。于是尝试做了，没想到喝起来口感也很好。

2006年的茶季，北京的张先生撰写《骏眉令》，全文如下：

骏眉令之理：金银铜，明雨夏，三三见九，九九归一；天赐骏眉落武夷；茶神嗅品不离去。之性：清明，一芽——金骏眉，金骏眉冰，金骏眉饼；谷雨，一芽——银骏眉，银骏眉冰，银骏眉饼；立夏，一芽——铜骏眉，铜骏眉冰，铜骏眉饼。之术：岩上阳坡寻芽头；露采阳收取阴阳；半阴半阳晾芽青；轻拉重推揉捻坨；坨盖湿布酵七成；低温无烟慢烘焙；切记莫做隔夜青；天地人和骏眉成。五工毕，袋封冰之不化，骏眉冰

①刘雯，天语．神秘的骏眉令，问道武夷茶[J]．金骏眉专题，2009，11（4）．

成；力压型模复焙之，骏眉饼成。开汤白盏金黄圈，宋采明酵吃蜜糖。兮，神叢矣。

佚士茶人、翼峰、宝山

乙酉年二春

落款署名的佚士茶人就是北京的张先生，翼峰与宝山是北京的阎先生和马先生。桐木麻栗茶农说，2006—2007年，北京的张先生亲手抄写《骏眉令》并分发各户，还到家中指导他们制茶。

《骏眉令》记载的骏眉茶的制作方式、形态与现行的有所不同。原创的“金骏眉冰”（冰茶）和“金骏眉饼”（饼茶）现在基本不见了。金骏眉虽然是在红茶制作方式上的一种演进，但其对茶产业的发展起到的作用是难以评估的。诚如北宋的“前丁后蔡”，在前人的基础上改良出“龙团凤饼”，在茶业历史上写下了重要的一笔。

3. 祁门红茶（工夫红茶类）

工夫红茶是在福建武夷山正山小种红茶生产工艺的基础上发展演变而来的。先有小种红茶，后有工夫红茶。因揉捻时特别注重条索的紧结完整、精制且颇费工夫而得名。工夫红茶多以产地来命名，如云南的滇红、安徽的祁红、福建的闽红、四川的川红、湖北的宜红、江西的宁红、浙江的越红等。

GB/T 13738.2—2017《红茶 第2部分：工夫红茶》规定：工夫红茶根据茶树品种和产品要求的不同，分为大叶种工夫红茶和中小叶种工夫红茶两种产品，其各级别茶感官品质特征见表9-3、表9-4。

表9-3 大叶种工夫红茶感官品质特征

级别＼项目	外形				内质			
	条索	整碎	净度	色泽	香气	滋味	汤色	叶底
特级	肥壮紧结，多锋苗	匀齐	净	乌褐油润，金毫显露	甜香浓郁	鲜浓醇厚	红艳	肥嫩多芽，红匀明亮
一级	肥壮紧结，有锋苗	较匀齐	较净	乌褐润，多金毫	甜香浓	鲜醇较浓	红尚艳	肥嫩有芽，红匀亮
二级	肥壮紧实	匀整	尚净，稍有嫩茎	乌褐尚润，有金毫	香浓	醇浓	红亮	柔嫩，红尚亮

续表

级别＼项目	外形				内质			
	条索	整碎	净度	色泽	香气	滋味	汤色	叶底
三级	紧实	较匀整	尚净，有筋梗	乌褐，稍有毫	纯正尚浓	醇尚浓	较红亮	柔软，尚红亮
四级	尚紧实	尚匀整	有梗朴	褐欠润，略有毫	纯正	尚浓	红尚亮	尚软，尚红
五级	稍松	尚匀	多梗朴	棕褐稍花	尚纯	尚浓略涩	红欠亮	稍粗，尚红稍暗
六级	粗松	欠匀	多梗，多朴片	棕稍枯	稍粗	稍粗涩	红稍暗	粗，花杂

表 9–4　　中小叶种工夫红茶感官品质特征

级别＼项目	外形				内质			
	条索	整碎	净度	色泽	香气	滋味	汤色	叶底
特级	细紧，多锋苗	匀齐	净	乌黑油润	鲜嫩甜香	醇厚甘爽	红明亮	细嫩显芽，红匀亮
一级	紧细，有锋苗	较匀齐	净，稍含嫩茎	乌润	嫩甜香	醇厚爽口	红亮	匀嫩有芽，红亮
二级	紧细	匀整	尚净，有嫩茎	乌尚润	甜香	醇和尚爽	红明	嫩匀，红尚亮
三级	尚紧细	较匀整	尚净，稍有筋梗	尚乌润	纯正	醇和	红尚明	尚嫩匀，尚红亮
四级	尚紧	尚匀整	有梗朴	尚乌稍灰	平正	纯和	尚红	尚匀，尚红
五级	稍粗	尚匀	多梗朴	棕黑稍花	稍粗	稍粗	稍红暗	稍粗硬，尚红稍花
六级	较粗松	欠匀	多梗，多朴片	棕稍枯	粗	较粗淡	暗红	粗硬，红暗花杂

【产地】

安徽省地方标准 DB34/T 1086—2009《祁门红茶》规定：以安徽省祁门县为核心产区，以祁门槠叶种及以此为资源选育的无性系良种为主的茶树品种鲜叶为原料，按传统工艺及特有工艺加工而成的具有“祁门香”品质特征的红茶。主要包括祁门工夫红茶、祁红香螺、祁红毛峰。

2011 年，国家工商行政管理总局商标局（现已更名为国家知识产权局商标局）发布第1130期证明商标初步审定公告，“祁门红茶”证明商标名列其中，将获得原产地保护，其产地区域仅限于祁门县境内的箬坑乡等18个乡镇。

但在历史上，祁门红茶产区应不仅包括安徽省祁门县，还有东至县、石台县、贵池区、黟县，以及江西省浮梁县等，它是一个自然经济区域概念，不是社会行政区域概念。

祁红以其外形苗秀，色有“宝光”和香气浓郁而著称，在国内外享有盛誉。国外把“祁红”与印度大吉岭茶、斯里兰卡乌瓦茶，并称为世界三大高香红茶。国外称祁红所带有的地域性香气为“祁门香”，誉为“王子茶”“茶中英豪”“群芳最”。

【茶性】

性暖，具有产区地域特殊的香气。

【品质特征】

条索细嫩、紧细，有锋苗，含有多量的嫩毫和显著的毫尖，长短整齐，色泽乌润，泛灰光，俗称“宝光”；内质香气浓郁高长，似蜜糖香，又蕴藏有兰花香，汤色红艳，明亮通透，滋味甜香醇和，叶底嫩软、红亮匀齐，具有独特的“祁红”风格。

祁门红茶具有浓厚的玫瑰花和木香香气，斯里兰卡的乌瓦红茶（Uva Tea）有清爽的铃兰花香和茉莉花香，印度的达吉宁红茶是我国的祁门红茶移植育成的品种，其香气特征和成分介于祁门红茶和乌瓦红茶之间。

【鉴别】

对照祁门红茶标准，主要从干评及湿评项目综合判定。

质量差的茶一般条索粗松，匀齐度差，带有异味，颜色较为枯暗；开汤后，颜色深浊，滋味较为苦涩，粗淡；叶底深暗多乌条。纯正的祁门红茶花果香馥郁，口感甘甜鲜爽。假冒茶一般香气低，口感苦涩、淡。

假茶一般带有人工色素，味苦涩、淡薄，条叶形状不齐。

【等级标准】

祁门工夫红茶按品质差异，分为特茗、特级、一级、二级、三级、四级、五级，各级别祁门工夫红茶感官品质特征见表9-5。祁红香螺、祁红毛峰按品质差异均分为特级、一级、二级，其各级别茶感官品质特征分别见表9-6、表9-7。

表 9-5　　祁门工夫红茶感官品质特征

级别 \ 项目	外形				内质			
	形状	整碎	净度	色泽	香气	滋味	汤色	叶底
特茗	细嫩挺秀，金毫显露	匀整	净	乌黑油润	高鲜嫩甜香	鲜醇嫩甜	红艳明亮	红艳匀亮，细嫩多芽
特级	细嫩，金毫显露	匀整	净	乌黑油润	鲜嫩甜香	鲜醇甜	红艳	红亮柔嫩，显芽
一级	细紧，露毫，显锋苗	匀齐	净，稍含嫩茎	乌润	鲜甜香	鲜醇	红亮	红亮匀嫩，有芽
二级	紧细，有锋苗	尚匀齐	净，稍含嫩茎	乌较润	尚鲜甜香	甜醇	红较亮	红亮匀嫩
三级	紧细	匀	尚净，稍有筋	乌尚润	甜纯香	尚甜醇	红尚亮	红亮尚匀
四级	尚紧细	尚匀	尚净，稍有筋梗	乌	尚甜纯香	醇	红明	红匀
五级	稍粗尚紧	尚匀	稍有红筋梗	乌泛灰	尚纯香	尚醇	红尚明	尚红匀

表 9-6　　祁红香螺感官品质特征

级别 \ 项目	外形	内质			
		香气	滋味	汤色	叶底
特级	细嫩卷曲金毫显露，色乌黑油润，匀整，净度好	高鲜嫩甜香	鲜醇甜	红艳	红亮匀齐，细嫩显芽
一级	紧结卷曲显毫，色乌黑较油润，较匀整，净度较好	鲜甜香	鲜甜	红亮	红亮嫩匀
二级	紧结卷曲尚显毫，色乌润，尚匀整，净度尚好	甜香	醇甜	红较亮	红亮较嫩匀

表 9-7　　祁红毛峰感官品质特征

级别	外形	内质			
		香气	滋味	汤色	叶底
特级	紧结弯曲露毫，显锋苗，色乌润，匀整，净度好	高鲜甜香	鲜醇甜	红艳	红亮匀齐柔嫩
一级	紧结弯曲显锋苗，色乌较润，较匀整，净度较好	鲜甜香	鲜醇	红亮	红亮嫩匀
二级	紧结弯曲有锋苗，色乌尚润，尚匀整，净度尚好	甜香	醇甜	红较亮	红亮较嫩匀

【采制特色】

鲜叶偏嫩，高档祁红以一芽一叶为主，一般一芽三叶及相应嫩度的对夹叶，经萎凋、揉捻、发酵、烘干等工序精制而成。分批多次留叶采，春茶采摘6～7批，夏茶采6批，少采或不采秋茶，各级别茶鲜叶要求见表9–8、表9–9。

表9–8　祁门工夫红茶鲜叶分级指标

产品级别	鲜叶要求
特茗	一芽一叶为主
特级	一芽一叶、一芽二叶为主
一级	一芽二叶为主
二级	一芽二叶、一芽三叶为主
三级	一芽三叶为主
四级	一芽三叶、一芽四叶为主
五级	一芽四叶、嫩对夹叶为主

表9–9　祁红香螺、祁红毛峰鲜叶分级指标

产品级别	鲜叶要求
特级	一芽一叶为主
一级	一芽一叶、一芽二叶为主
二级	一芽二叶为主

【冲泡方法】

宜使用盖碗或紫砂壶冲泡，95℃水冲泡后，分茶品饮。嫩度高的芽叶，应降低温度冲泡，以80～85℃水冲泡为宜，并快速出茶汤，品饮。

【祁门红茶史话】

清光绪年间（1875年）的胡元龙、余干臣都是祁红的大功臣，共同创制了祁门红茶。

祁红历史上得到了诸多名誉：1915年巴拿马万国博览会金奖；1987年第26届世界优质食品博览会金质奖；1992年香港国际食品博览会金奖；1980年、1985年国家优质产品金质奖等。

4. 云南红茶（滇红工夫茶）

云南红茶具有多种产品形态，常见的有工夫红茶及红碎茶。滇红工夫茶，以外形肥硕紧实，金毫显露，香高味浓，耐泡度高闻名于世，主要产于凤庆、昌宁、云县、双江和勐海等地。滇红工夫茶于1939年在云南顺宁（今凤庆）

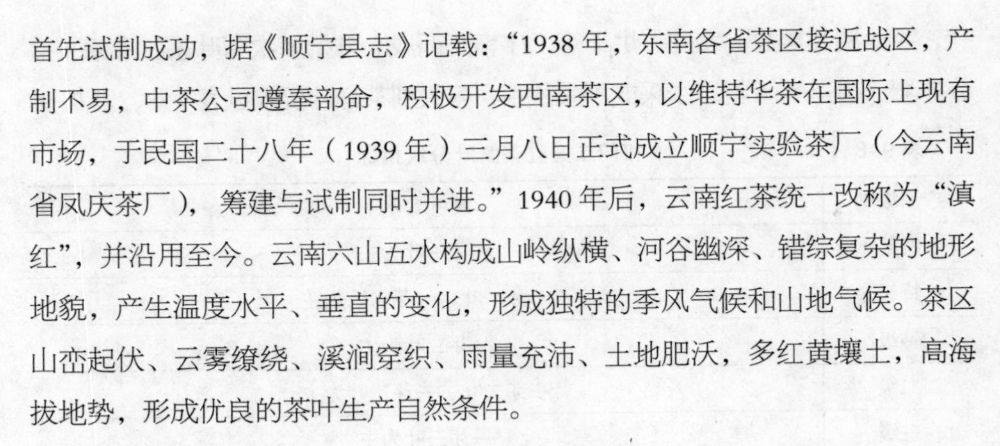

首先试制成功，据《顺宁县志》记载："1938 年，东南各省茶区接近战区，产制不易，中茶公司遵奉部命，积极开发西南茶区，以维持华茶在国际上现有市场，于民国二十八年（1939 年）三月八日正式成立顺宁实验茶厂（今云南省凤庆茶厂），筹建与试制同时并进。"1940 年后，云南红茶统一改称为"滇红"，并沿用至今。云南六山五水构成山岭纵横、河谷幽深、错综复杂的地形地貌，产生温度水平、垂直的变化，形成独特的季风气候和山地气候。茶区山峦起伏、云雾缭绕、溪涧穿织、雨量充沛、土地肥沃，多红黄壤土，高海拔地势，形成优良的茶叶生产自然条件。

【茶性】

性暖，具有产区地域特殊的香气。

【品质特征】

以云南昌宁红茶为例，云南省食品安全地方标准 DBS 53/012—2013《昌宁红茶》规定，昌宁工夫红茶（特级）感官特征：外形条索肥嫩紧直、锋苗齐（肥嫩紧曲），整碎度匀齐，净度净，色泽金毫满披，内质香气甜香浓郁持久，滋味鲜醇厚，汤色红艳明亮，叶底肥嫩完整、红匀明亮。

滇红工夫茶具有两大品质特征：茸毫显露，香郁味浓，毫色分淡黄、菊黄、金黄。滇西（凤庆、云县、昌宁等地）生产的工夫茶，毫色呈菊黄；滇南（勐海、双江、临沧、普文等地）生产的工夫茶，毫色则多为金黄。同一茶园不同季节茶色也各不相同，春茶毫色较浅，多呈淡黄；夏茶毫色多呈菊黄；秋茶则多呈金黄色。滇西生产的工夫茶香气高长，带花香，滋味浓而爽；滇南所产之茶，滋味浓厚，刺激性较强。从季节性来看，一般春茶比夏、秋茶好。

5. 宜兴红茶

宜兴素有"茶的绿洲"之美名，是我国最早的古茶区之一。宜兴产茶历史始于东汉、盛于唐代。2017 年宜兴市茶园面积 7.5 万亩，茶树良种化率超了 50%，年产红茶 2300 多吨，占茶叶总产量的近 40%，年产名优红茶 375 吨，总产值近 1.2 亿元。以"竹海金茗"为代表的红茶技术标准的制订，奠定了宜兴红茶标准化生产的基础，促进了宜兴红茶的健康发展。宜兴市先后打造了"阳羡茶""宜兴红"两个区域公共品牌，已成为国家地理标志证明商标。

【产地】

产于江苏省无锡地区的宜兴市，产茶区属天目山脉。

【茶性】

性暖，具有产区地域特殊的香气。

【品质特征】

“宜兴红”的品质特征：外形紧秀显毫，汤色橙红明亮，香气馥郁高爽，滋味鲜醇甘甜，叶底嫩匀红润。

【等级标准】

在宜兴当地根据茶形分为叶茶、碎茶、片茶、末茶几类。叶茶：传统红碎茶的一种花色，条索紧结匀齐，色泽乌润；内质香气芬芳，汤色红亮，滋味醇厚，叶底红亮多嫩茎。碎茶：外形颗粒重实匀齐，色泽乌润或泛棕；内质香气馥郁，汤色红艳，滋味浓强鲜爽，叶底红匀。片茶：外形全部为木耳形的屑片或皱褶角片，色泽乌褐；内质香气尚纯，汤色尚红，滋味尚浓略涩，叶底红匀。末茶：外形全部为砂粒状末，色泽乌黑或灰褐；内质汤色深暗，香低、味粗涩，叶底暗红。

宜兴红茶有多种，单芽茶的多为竹海金茗，市场上不多见。常见的宜兴红茶以乌黑油润长条索状的居多，因这种叶片为主的宜兴红茶性价比高，大众消费较多。

宜兴红茶按毛峰型做法的是红毛峰，若是一芽二三叶的原料加工的，干茶的金芽显毫较明显。宜兴的茶树品种，以小叶种为主，适制红茶、绿茶，常见的有阳羡雪芽、阳羡（宜兴）碧螺春、宜兴红茶等。优质的宜兴红茶有蜜糖香、焦糖香。目前宜兴茶叶市场，保守估计有 40%～60% 的红茶非本地所产。

6. 红碎茶

红碎茶是国际市场上的主销品种。红碎茶在制作过程中经过充分的揉切，叶片的细胞破坏率高，茶汁浸出，利于有效物质溶于水。其品质特征是外形规格分明，色泽鲜润；内质香味鲜浓，着重茶味的鲜爽、浓烈，收敛性强；汤色以红亮为佳，具有浓、强、鲜的风格特色；冲泡时间短，加牛奶和糖后，仍有很强的茶味品质，适宜加牛奶、糖、蜂蜜、果汁、咖啡等调饮。

GB/T 13738.1—2008《红茶 第 1 部分：红碎茶》标准中规定：红碎茶是以茶

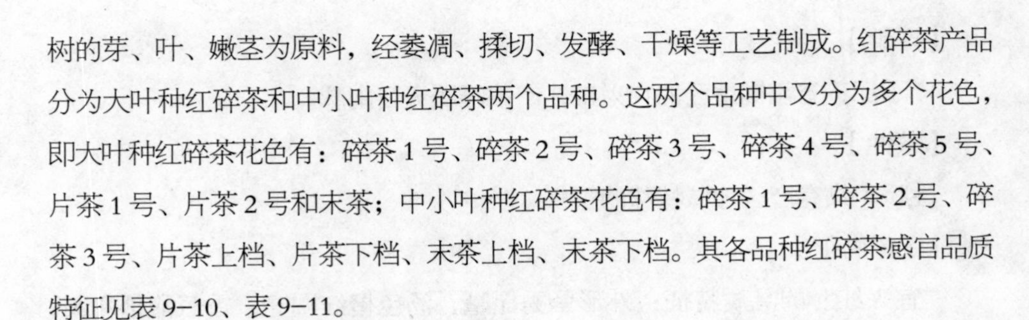

树的芽、叶、嫩茎为原料，经萎凋、揉切、发酵、干燥等工艺制成。红碎茶产品分为大叶种红碎茶和中小叶种红碎茶两个品种。这两个品种中又分为多个花色，即大叶种红碎茶花色有：碎茶1号、碎茶2号、碎茶3号、碎茶4号、碎茶5号、片茶1号、片茶2号和末茶；中小叶种红碎茶花色有：碎茶1号、碎茶2号、碎茶3号、片茶上档、片茶下档、末茶上档、末茶下档。其各品种红碎茶感官品质特征见表9-10、表9-11。

表9-10　　大叶种红碎茶各花色感官品质特征

项目 花色	外形	内质			
		香气	滋味	汤色	叶底
碎茶1号	颗粒紧实，金毫显露，匀净，色润	嫩香，强烈持久	浓强鲜爽	红艳明亮	嫩匀红亮
碎茶2号	颗粒紧结，重实，匀净，色润	香高持久	浓强尚鲜爽	红艳明亮	红匀明亮
碎茶3号	颗粒紧结，尚重实，较匀净，色润	香高	鲜爽尚浓强	红亮	红匀明亮
碎茶4号	颗粒尚紧结，尚匀净，色尚润	香浓	浓尚鲜	红亮	红匀亮
碎茶5号	颗粒尚紧，尚匀净，色尚润	香浓	浓厚尚鲜	红亮	红匀亮
片茶1号	片状皱褶，尚匀净，色尚润	尚高	尚浓厚	红明	红匀尚明亮
片茶2号	片状皱褶，尚匀，色尚润	尚浓	尚浓	尚红明	红匀尚明
末茶	细砂粒状，较重实，较匀净，色尚润	纯正	浓强	深红尚明	红匀

表9-11　　中小叶种红碎茶各花色感官品质特征

项目 花色	外形	内质			
		香气	滋味	汤色	叶底
碎茶1号	颗粒紧实，重实，匀净，色润	香高持久	鲜爽浓厚	红亮	嫩匀红亮
碎茶2号	颗粒紧结，重实，匀净，色润	香高	鲜浓	红亮	尚嫩匀红亮
碎茶3号	颗粒较紧结，尚重实，尚匀净，色尚润	香浓	尚浓	红明	红尚亮
片茶上档	片状皱褶，匀齐，色尚润	纯正	醇和	尚红明	红匀
片茶下档	夹片状，尚匀齐，色欠润	略粗	平和	尚红	尚红
末茶上档	细砂粒状，匀齐，色尚润	尚高	浓	深红尚亮	红匀尚亮
末茶下档	细砂粒状，尚匀齐，色欠润	平正	尚浓	深红	红稍暗

国外红茶多通过叶子的外表或类型进行分类，最主要的分级是叶茶和碎茶，其次是片茶和末茶。

国外红茶分级术语：F（Flowery）、B（Broken）、O（Orange）、P（Pekoe）、G（Golden）、D（Dust）、F（Fine）、F（Fanning）、S（Super）、T（Tippy）、CTC（Crush Tear Curl）。

茶叶根据采摘部位的不同，有以下几种名称：花橙黄白毫（Flowery Orange Pekoe, F.O.P）、橙黄白毫（Orange Pekoe,O.P）、白毫（Pekoe,P）。

叶茶分：特制花橙黄白毫（S.F.T.G.F.O.P）、精制花橙黄白毫（F.T.G.-F.O.P）、显毫花橙黄白毫（T.G.F.O.P）、金色花橙黄白毫（G.F.O.P）、花橙黄白毫（F.O.P）、花白毫（F.P）、橙黄白毫（O.P）、白毫（P）。

碎茶分：显碎金橙黄白毫（T.G.B.O.P）、花碎橙黄白毫（F.B.O.P）、碎橙黄白毫（B.O.P）、碎白毫（B.P）。

片茶分：花碎橙黄白毫花香（F.B.O.-P.F）、碎橙黄白毫花香（B.O.P.F）、白毫花香（P.F）、橙黄花香（O.F）等。

末茶分：末一（D1）、末二（D2）等。

【冲泡方法】

因叶片呈细小颗粒，一般冲泡温度在85～90℃，根据个人口味嗜好，冲泡时间在20～60秒即可出汤。一般冲两泡，品饮第一泡茶汤后，可续水冲泡，但要注意适当延长冲泡时间。

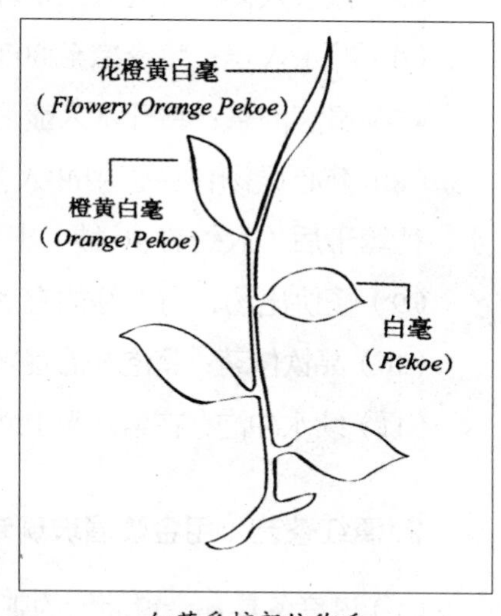

红茶采摘部位称呼

9.2 冲泡红茶的几种技法

红茶茶艺冲泡应根据红茶的嫩度不同而选择不同的温度和手法。对于细嫩芽叶型的红茶，应注意用75～85℃的开水冲泡，而且时间要短，20～30秒即可，不能闷，应采取便于散热型的开放式的茶具，如盖碗、口大的紫砂壶、瓷壶等。对于成熟型叶为主的红茶，应采取95～100℃的闷热型茶具，冲泡时间可在1～3分钟。

一般用杯泡红茶，冲泡2～3分钟品饮最佳，当剩余茶汤为茶杯容积的1/3时（此时茶叶仍在杯中）即可续水。

另外，若采用煮饮法品饮红茶，建议不要选择细嫩芽叶型的红茶。

1. 宜兴红茶茶艺（紫砂壶泡法）

此程式多为宜兴当地流行的泡法，尤其是紫砂壶售卖店较为常用。若冲泡细嫩的宜兴红茶，建议不要洗茶，应低温快出茶汤为宜。

（1）设席备具：设置简约的茶席，摆放好紫砂壶和茶叶罐、茶荷等茶具。

（2）洁具温杯：向紫砂壶中倒入少量沸水，把茶具洗烫一遍。

（3）弃水入盂：把废水倒入水盂中。

（4）凉水待泡：把开水壶中的沸水倒入玻璃公道杯中至七分满。

（5）置茶入杯：将宜兴红茶轻轻投放到紫砂壶中（3 克茶配 150 毫升水）。

（6）冲水入壶：将冷凉至 80℃左右的开水冲入紫砂壶中。

（7）温润泡茶：将开水入壶后，快速倒出头道汤。

（8）静心候汤：在壶中冲入开水后，将壶盖盖上，壶外浇淋少许头道汤水，待蒸干后（大约有 40 秒）出茶汤。

（9）畅快出汤：将泡好的宜兴红茶出汤入小公道杯。

（10）品饮佳茗：将泡好的宜兴红茶冷至适口，轻闻茶香后，细细品味。

（11）续水冲泡：在紫砂壶中继续如前法冲水，延长冲泡时间，再出汤品饮。

2. 滇红茶艺（用金骏眉玻璃专利茶具）

（1）设席备具：设置简约的茶席，摆放好玻璃茶具和茶叶罐、茶荷等茶具。

（2）洁具温杯：向玻璃茶具中倒入少量沸水，把茶具洗烫一遍。

（3）弃水入盂：把废水倒入水盂中。

（4）凉水待泡：把开水壶中的沸水倒入玻璃公道杯中至七分满。

（5）置茶入胆：将滇红轻轻投放到玻璃内胆中（3 克茶配 150 毫升水）。

（6）冲水入胆：将大公道杯中冷凉至 85℃左右的开水冲入玻璃内胆中。

（7）提胆冲泡：将内胆上下提动 3 ~ 5 次，约 30 秒。

（8）提胆出汤：将内胆提出，泡好的滇红茶茶汤留在杯中。

（9）品饮佳茗：将泡好的滇红茶叶冷至适口，轻闻茶香后，入口细细品味。

（10）续水冲泡：在玻璃内胆中继续如前法冲水，延长冲泡时间，再出汤品饮。

10 再加工茶及茶艺技法

再加工茶近年来发展变化很快，尤其是随着茶业工业的发展，茶饮料异军突起，成为人们消费茶叶的一种方便易行的方式。花茶、紧压茶、抹茶、保健茶等随着人们消费的时尚化也有了很大的发展。

聽泉

10.1 再加工茶商品特点

再加工茶形态各异，茶产品以固体状、粉末状、液体状等多种形态呈现在消费者面前。有的是以六大基本茶类在模具中压制而成的紧压茶，有的是制作成超细的茶粉，有的是制作成液态茶饮料等，还有的是经过精深加工，加工成产业用原料。随着科技的进步，再加工茶的品类更加丰富多彩。

10.1.1 概述

以基本茶类的毛茶或精制茶为原料进行各种再加工后获得的茶品是再加工茶。此类茶包括多种茶品，近年来，尤其是茶类软饮料异军突起，成为年轻人的钟爱。明星代言、电视广告、网络宣传的那些带着甜味的茶饮料虽然与杯盏泡法味道各异，但也是茶文化在当代中国复兴的一种表现方式。

10.1.2 再加工茶分类

再加工茶主要包括花茶、紧压茶、萃取茶、果味茶、药用保健茶和含茶的饮料等几类。

10.1.3 再加工茶代表

再加工茶类品种很多，现主要介绍花茶和紧压茶。

1. 花茶

花茶是再加工茶叶中的主要品种之一，产量大，销路广，深受人们喜爱。常见的花茶中，以绿茶作为茶坯最多，其次是乌龙茶、红茶作为茶坯，所用的花为茉莉花、珠兰花和桂花等。在花茶的产量中，茉莉花茶量大，影响最广。

花茶的主要产区有福建的福州、宁德、三明市沙县，江苏的苏州、南京、扬州，浙江的金华、杭州，安徽的歙县，四川的成都，重庆，湖南的长沙，广东的广州，广西的桂林，台湾的台北等地。内销主要销往山东、北京、天津、成都等省市，外销也有一定的市场。

①花茶制作工艺

花茶的制作工艺：茶、花拼合→堆窨→通花→收堆→起花→烘焙→冷却→转窨或提花→匀堆→装箱。

品质良好的特级花茶，要至少达到“三窨一提”，提花六次，用花量大，花香浓、滋味醇。

各种花茶的茶坯和窨制的花类不同，但总的品质都要求花茶的香气鲜灵浓郁，滋味浓醇鲜爽，汤色明亮，耐泡。

②茉莉花茶的特点

花香与茶味的巧妙融合，构成了茉莉花茶独特的品质。由于花茶加工中，茶坯吸收花香是在茶厂中进行，绿茶茶坯吸收香气的同时也吸收了大量的水分，在水的渗透、湿热作用下，茶坯发生了复杂的化学变化，茶叶发酵，茶汤从绿色逐渐变成黄亮色，滋味由淡涩转化为浓醇，形成特有的花香醇浓的茶味。茉莉花茶的茶坯以春茶为好，花以伏花最香，鲜灵度好、茶味醇厚、质量上乘的茉莉花茶要到每年9月才能上市。

窨花茶和拌花茶的鉴别

从干评看，只要双手捧上一把茶，用鼻子嗅一下，凡是有浓郁花香者，为窨花茶；若是香高但冲鼻，或香中带浊，带有酒精味，或茶中带的花片多，但干闻时无香气或香气低沉，则属拌花茶。从湿评看，沸水冲沏后，拌花茶香气闷浊、低沉、不耐泡；窨花茶则茶香花香鲜灵、耐泡。

茉莉花茶除了具有茶叶的保健功效外，还能“祛寒邪，助理郁”，是春天疏肝理气的饮茶首选。

【等级标准】

根据国家标准 GB/T 22292—2017《茉莉花茶》规定，茉莉花茶是以绿茶为原料，经加工成级型坯后，经茉莉鲜花窨制（含白兰鲜花打底）而成的。根据茶坯原料不同，分为烘青茉莉花茶、炒青（含半烘炒）茉莉花茶、碎茶和片茶茉莉花茶四类。

特种烘青茉莉花茶是以单芽或一芽一叶、一芽二叶等鲜叶为原料，经加工后呈芽针型、兰花型或其他特殊造型及肥嫩或细秀条形等，或有特殊品名的烘青坯茉莉花茶。特种烘青茉莉花茶分为造型茶、大白毫、毛尖、毛峰、银毫、春毫、香毫。

特种炒青茉莉花茶是以单芽或一芽一叶、一芽二叶等鲜叶为原料，经加工后呈扁平、卷曲、圆珠或其他特殊造型，或有特定品名的炒青坯茉莉花茶。

按 GB/T 22292—2017《茉莉花茶》规定，烘青茉莉花茶分为特级、一级、二级、三级、四级、五级 6 个等级，炒青（含半烘炒）茉莉花茶分为特种、特级、一级、二级、三级、四级、五级 7 个等级，各级别烘青茉莉花茶和炒青（含半烘炒）茉莉花茶感官品质特征见表 10–1、表 10–2。茉莉花茶碎茶和片茶感官品质特征见表 10–3。茉莉花茶既有茶香又有花香，窨制次数越多，茶吸收花的味道就越浓郁，各个等级的窨制的配花量见表 10–4。

表 10–1　　烘青茉莉花茶感官品质特征

级别＼项目	外形				内质			
	条索	整碎	净度	色泽	香气	滋味	汤色	叶底
特级	细紧或肥壮，有锋苗，有毫	匀整	净	绿黄润	鲜浓持久	浓醇爽	黄亮	嫩软匀齐，黄绿明亮
一级	紧结，有锋苗	匀整	尚净	绿黄尚润	鲜浓	浓醇	黄明	嫩匀，黄绿明亮
二级	尚紧结	尚匀整	稍有嫩茎	绿黄	尚鲜浓	尚浓醇	黄尚亮	嫩尚匀，黄绿亮
三级	尚紧	尚匀整	有嫩茎	尚绿黄	尚浓	醇和	黄尚明	尚嫩匀，黄绿
四级	稍松	尚匀	有茎梗	黄稍暗	香薄	尚醇和	黄欠亮	稍有摊张，绿黄
五级	稍粗松	尚匀	有梗朴	黄稍枯	香弱	稍粗	黄较暗	稍粗大，黄稍暗

表 10-2　炒青（含半烘炒）茉莉花茶感官品质特征

项目 级别	外形				内质			
	条索	整碎	净度	色泽	香气	滋味	汤色	叶底
特种	扁平，卷曲，圆珠或其他特殊造型	匀整	净	黄绿或黄褐润	鲜灵浓郁持久	鲜浓醇爽	浅黄或黄明亮	细嫩或肥嫩匀，黄绿明亮
特级	紧结显锋苗	匀整	洁净	绿黄润	鲜浓纯	浓醇	黄亮	嫩匀，黄绿明亮
一级	紧结	匀整	净	绿黄尚润	浓尚鲜	浓尚醇	黄明	尚嫩匀，黄绿尚亮
二级	紧实	匀整	稍有嫩茎	绿黄	浓	尚浓醇	黄尚亮	尚匀黄绿
三级	尚紧实	尚匀整	有筋梗	尚绿黄	尚浓	尚浓	黄尚明	欠匀绿黄
四级	粗实	尚匀整	带梗朴	黄稍暗	香弱	平和	黄欠亮	稍有摊张，黄
五级	稍粗松	尚匀	多梗朴	黄稍枯	香浮	稍粗	黄较暗	稍粗黄，稍暗

表 10-3　茉莉花茶碎茶和片茶的感官品质特征

碎茶	通过紧门筛（筛网孔径 0.8 ~ 1.6mm）洁净重实的颗粒茶，有花香，滋味尚醇
片茶	通过紧门筛（筛网孔径 0.8 ~ 1.6mm）轻质片状茶，有花香，滋味尚纯

表 10-4　茉莉花窨制过程中各级别的配花量

单位：0.5 千克 /50 千克茶坯

级别	窨次	茉莉花用量
特种茶类	六窨一提或以上	270 或以上
大白毫	六窨一提	270
毛尖	六窨一提	240
毛峰	六窨一提	220
银毫	六窨一提	200
春毫	五窨一提	150
香毫	四窨一提	130
特级	四窨一提	120
一级	三窨一提	100
二级	二窨一提	70
三级	一压一窨一提	50
四级	一压一窨一提	40
五级	一压一窨一提	30
碎茶	二窨一提	65
片茶	一压一窨一提	30

③桂花茶特点

茶叶用鲜桂花窨制后，既有茶香味，又有浓郁的桂花香气，饮后有通气和胃、温补阳气的作用，适合胃功能较弱者饮用。广西桂林、湖北咸宁、四川成都、重庆等地多产桂花茶。尤其是广西桂林的桂花烘青、福建安溪的桂花乌龙、重庆北碚的桂花红茶，花香茶香馥郁芬芳，茶味醇厚，深受茶友青睐。

【品质特征】

中华人民共和国供销合作行业标准 GH/T 1117—2015《桂花茶》中定义的桂花茶是以绿茶、红茶、乌龙茶为原料，经原料整形、桂花鲜花窨制、干燥等工艺制作而成。根据原料的不同，桂花茶分为扁形桂花绿茶、条形桂花绿茶、桂花红茶和桂花乌龙茶四种，其各级别感官品质特征分别见表 10–5、表 10–6、表 10–7、表 10–8。

表 10–5　扁形桂花绿茶感官品质特征

项目／级别	外形				内质			
	条索	整碎	色泽	净度	香气	滋味	汤色	叶底
特级	扁平光直	匀齐	嫩绿润	匀净	浓郁持久	醇厚	嫩绿明亮	嫩绿成朵，匀齐明亮
一级	扁平挺直	较匀齐	嫩绿尚润	洁净	浓郁尚持久	较醇厚	尚嫩绿明亮	成朵，尚匀齐明亮
二级	扁平尚挺直	匀整	绿润	较洁净	浓	尚浓醇	绿明亮	尚成朵，绿明亮
三级	尚扁平挺直	较匀整	尚绿润	尚洁净	尚浓	尚浓	尚绿明亮	有嫩单片，绿尚明亮

表 10–6　条形桂花绿茶感官品质特征

项目／级别	外形				内质			
	条索	整碎	色泽	净度	香气	滋味	汤色	叶底
特级	细紧	匀齐	嫩绿润	匀净	浓郁持久	醇厚	嫩绿明亮	嫩绿成朵，匀齐明亮
一级	紧细	较匀齐	嫩绿尚润	净，稍含嫩茎	浓郁尚持久	较醇厚	尚嫩绿明亮	成朵，尚匀齐明亮
二级	较紧细	匀整	绿润	尚净，有嫩茎	浓	浓醇	绿明亮	尚成朵，绿明亮
三级	尚紧细	较匀整	尚绿润	尚净，稍有筋梗	尚浓	尚浓	尚绿明亮	有嫩单片，绿尚明亮

表 10-7　　桂花红茶感官品质特征

级别＼项目	外形				内质			
	条索	整碎	色泽	净度	香气	滋味	汤色	叶底
特级	细紧	匀齐	乌润	匀净	浓郁持久	醇厚甜香	橙红明亮	细嫩，红匀明亮
一级	紧细	较匀齐	乌较润	较匀净	浓郁尚持久	较醇厚甜香	橙红尚明亮	嫩匀，红亮
二级	较紧细	匀整	乌尚润	尚匀净	浓	醇和	橙红，明	嫩匀，尚红亮
三级	尚紧细	较匀整	尚乌润	尚净	尚浓	醇正	红，明	尚嫩匀，尚红亮

表 10-8　　桂花乌龙茶感官品质特征

级别＼项目	外形				内质			
	条索	整碎	色泽	净度	香气	滋味	汤色	叶底
特级	肥壮，紧结，重实	匀整	乌润	洁净	浓郁，持久，桂花香明	醇厚，桂花香明，回甘	橙黄，清澈	肥厚，软亮匀整
一级	较肥壮，结实	较匀整	较乌润	净	清高，持久，桂花香明	醇厚，带有桂花香	深橙黄，清澈	尚软亮，匀整
二级	稍肥壮，略结实	尚匀整	尚乌绿	尚净，稍有嫩幼梗	桂花香，尚清高	醇和，带有桂花香	橙黄，深黄	稍软亮，略匀整

2. 紧压茶

各种散茶经再加工蒸压成一定的形状而制成的茶叶称为紧压茶或压制茶，又可分为绿茶紧压茶、红茶紧压茶、乌龙茶紧压茶和黑茶紧压茶等。近年来，茶叶市场上中国六大基本茶类都有大大小小、各种品相的紧压茶生产。

紧压茶的主要品种有：云南沱茶、普洱方茶、竹筒茶、紧茶、圆茶、饼茶；重庆沱茶；广西粑粑茶、六堡茶、固形茶；四川小饼茶、香茶饼、康砖、金尖、方包茶；湖北小米砖、小京砖、凤眼香茶、老青砖；福建水仙饼茶；湖南湘尖、黑砖、花砖、茯砖等。

各种散茶经再加工塑成各种形状，常见的有饼状、团状、方砖形、碗臼形、圆柱形等，具有压制前茶类的特性。经过在不同地点、不同条件及时间的贮存，茶叶经过后发酵，其品质发生了一定的转化，滋味和香气变化具有不确定性，这也是很多茶友青睐各种紧压茶的原因。

3. 果味茶

茶叶半成品或成品中加入果汁后制成各种果味茶，这种茶既有茶味又有果香味，风味独特，颇受消费者欢迎。我国生产的果味茶主要有：荔枝红茶、柠檬红茶、猕猴桃茶、橘汁茶、椰汁茶、山楂茶等。

4. 萃取茶

以成品茶或半成品茶为原料，用热水萃取茶叶中的可溶物，经过滤、去茶渣、浓缩或不浓缩、干燥或不干燥制备成固态或液态的茶，统称为萃取茶。主要有罐装饮料茶、浓缩茶、速溶茶（粉末状或颗粒状）等。

5. 药用保健茶

用茶叶和某些中草药或食品拼合调配后制成各种保健茶，都划归到此类，主要有杜仲茶、绞股蓝茶、益寿茶、抗衰老茶、明目茶、健胃茶、富硒茶、清音茶、降压茶、康寿茶、菊槐降压茶、栀子茶、菊花茶、甜菊茶、玫瑰花茶、天麻茶、枸杞茶、戒烟茶等。

6. 含茶饮料

含茶饮料是在饮料中添加各种茶叶，主要有茶可乐、茶叶软饮料、茶酒等。如今含茶饮料在软饮料市场中已占有一定的份额，人们外出旅游饮用的不仅有矿泉水、纯净水、可乐，还有各种品牌的茶饮料，可为人们消减疲乏、补充水分、提神消暑。

10.2 冲泡再加工茶的几种技法

再加工茶种类较多，紧压茶可按照原茶类冲泡方式进行冲泡，注意要把紧压的茶块掰分成小块，考虑到茶叶被压紧、密度较大，冲泡时应延长时间。在此，重点介绍茉莉花茶茶艺的冲泡技法。

花茶茶艺多用瓷壶、玻璃杯（壶）式泡法。冲泡花茶时，应充分泡出花茶的花香、茶香，重香气的鲜灵和味道的醇爽。

花茶的冲泡一般选用盖碗，根据茶品的特质可以选用玻璃杯直接冲泡或者用瓷壶冲泡后分杯品饮。对于茶坯形美、花朵美和以造型见长的工艺花茶，以透明玻璃茶具冲泡为好，可以欣赏花茶的造型之美。对于低档花茶，茶叶外形观赏价值低，可采用茶壶式泡法，一般多选用白瓷茶壶冲泡，然后分茶入杯。在日常生活中，亲朋好友围坐一桌，共享一壶花香美味的花茶，增情联谊，其乐融融。

一般用杯泡茉莉花茶，冲泡 2～3 分钟品饮最佳，当剩余茶汤为茶杯容积的 1/3 时（此时茶叶仍在杯中）即可续水。

冲泡花茶的水温以 95℃为宜，茶坯嫩度高的花茶以 85℃为宜。

1. 茉莉花茶茶艺（盖碗式冲泡）

（1）设席备具：设置简约的茶席，摆放好盖碗和茶叶罐、茶荷等茶具。

（2）洁具温杯：向盖碗中倒入少量沸水，把茶具洗烫一遍。

（3）弃水入盂：把废水倒入水盂中。

（4）取茶待赏：用茶则将茶叶从茶叶罐中量取约 3 克，放在赏茶荷内。

（5）置茶入碗：将茉莉花茶轻轻投放到盖碗中（3 克茶配 120 毫升水）。

（6）润茶闻香：将烧水壶中的开水冲入盖碗中约盖碗容积的 1/2 水量，约 3 秒出茶汤，入水盂。

（7）悬壶冲泡：将烧水壶中的开水冲入盖碗，刮去浮沫。把碗盖用开水稍冲淋，以清洁碗盖。

（8）出汤入海：约 30 秒后出汤，入茶海（公道杯）。

（9）品饮佳茗：将泡好的茉莉花茶茶汤冷至适口，轻闻茶香后，细细品味。

（10）续水冲泡：在盖碗中继续如前法冲水，延长冲泡时间，再出汤品饮。

2. 茉莉花茶茶艺（陶瓷壶下投式泡法）

（1）设席备具：设置简约的茶席，摆放好瓷壶和茶叶罐、茶荷等茶具。

（2）洁具温杯：向杯中倒入少量沸水，把茶具洗烫一遍。

（3）弃水入盂：把废水倒入水盂中。

（4）取茶待赏：用茶则将茶叶从茶叶罐中量取约 3 克，放在赏茶荷内。

（5）置茶入壶：用茶匙将赏茶荷内的茶轻轻拨入瓷壶（壶容积约 200 毫升）中。

（6）悬壶冲泡：把约 95℃的水冲入瓷壶中，待 2～3 分钟后出茶汤。

（7）分茶入海：将壶中的茶汤倒入公道杯（茶海）中，再分茶至品茗杯。

（8）品饮佳茗：将泡好的茉莉花茶茶汤冷至适口，轻闻茶香后，细细品味。

（9）续水冲泡：在瓷壶中继续如前法冲水，延长冲泡时间，再出汤品饮。

從來佳茗似佳人
蘇東坡句

11 茶叶的贮存与选购方法

茶叶很容易受到水汽、光线、微生物的作用而发生品质的改变。我们从茶叶市场上精心挑选购置的茶，要如何贮存呢？这其中有许多方法，避光、保持茶叶干燥是保持茶叶品质的必要条件之一。有些茶还需要低温冷藏，如不发酵的绿茶、细嫩的红茶、发酵度轻的乌龙茶等；有些茶要求室温干燥、无异味即可，如普洱茶、湖南黑茶等；有些茶要当年饮用为佳，如绿茶；有些茶在存放了多年之后仍然可以饮用，而且贮存得好的更是别有风味。若因保管不善而发生霉变的茶，则失去了作为食品的饮用价值，一定不要饮用。

茶来茶去

11.1 影响茶叶品质的因素

制作好的茶叶，从流通环节进入消费者的手中，容易受到水汽、光线、微生物及空气中异味的作用而发生品质的改变。我们从茶叶市场上精心挑选的茶，要如何贮存呢？这其中有许多方法。比如，有些茶要避光干燥冷藏；有些茶在室温保存即可；有些茶要当年饮为佳；有些茶在存放了多年之后仍然可以饮用。有些茶叶在烘制过程中，由于火温太高或炭火烟太大，使茶叶烧焦且熏上浓烈烟味，这种有焦味的茶叶含有较多的苯并芘，不能饮用。若烤焦程度较轻，贮存一段时间后，烟焦味会自动消失或减轻，有害物质含量在食品安全范围内的仍有饮用价值。

茶叶在保存的过程中，品质的变化首先是茶叶内化学成分的自动氧化作用，其次是微生物繁殖造成的变化，最后是茶叶的吸附性所引起的变化。

影响茶叶品质的主要因素有光线、湿度、温度、空气等。

11.1.1 光线

把茶叶放在透明的容器或塑料袋内保存，经阳光照射后，干茶颜色会加深，同时会产生“日晒味”。实验研究表明，光线促使茶叶变质的作用不亚于水分因素，其中不发酵茶（如各种绿茶）和轻微发酵的茶（如黄茶、白茶等）特别明显。

11.1.2 湿度

茶叶本身是非常干燥的物质，空气中的水蒸气、异味很容易被茶叶吸附。茶叶中的含水量要控制在5%以下，外界相对湿度要控制在40%以下，否则易霉变。所以保存茶叶要用密闭的容器并保持容器和环境的干燥。

11.1.3 温度

实验表明，温度越低对保存茶叶越有利，温度每升高10℃，茶叶色泽褐变的速度要增加3～5倍。茶叶在10℃以下保存，可以较好地抑制茶叶褐变的进程，在 -20℃下保存，几乎能完全防止茶叶陈化变质。

11.1.4 空气

空气中含有21%左右的氧气，会加速茶叶氧化。因为茶叶中的多酚类、维生素等很容易与氧气发生反应，引起变质。

11.2 贮存与选购方法

贮存茶叶，通常也称为储存、储藏、收藏、收纳茶叶。中华人民共和国供销合作行业标准GH/T 1071—2011《茶叶贮存通则》中规定了茶叶专用库房贮存不同茶叶的要求，主要内容如下：周围应无异味，应远离污染源。库房内应整洁、干燥、无异气味。地面应有硬质处理，并有防潮、防鼠、防虫、防尘设施。库房应防止日光照射，有避光措施。各类茶应在相对独立的空间存放，不得混放。库房应具有较好的封闭性，黑茶和紧压茶的库房应具有较好的通风功能。包装宜选用气密性良好且符合卫生要求的塑料袋（塑料编织袋）或相应复合袋。黑茶和紧压茶的包装宜选用透气性较好且符合卫生要求的材料。温度和湿度方面，绿茶贮存时温度宜控制在10℃以下，相对湿度50%以下；红茶贮存时相对湿度宜控制在50%以下；乌龙茶贮存时相对湿度宜控制在50%以下，轻发酵乌龙茶贮存时温度宜控制在10℃以下；黄茶贮存时温度宜控制在10℃以下，相对湿度在50%以下；白茶贮存时相对湿度宜控制在50%以下；花茶贮存时相对湿度宜控制在50%以下；黑茶贮存时相对湿度宜控制在70%以下；紧压茶贮存时相对湿度宜控制在70%以下。

11.2.1 茶叶贮存的主要方法

家庭存放茶叶应遵循“保质、干燥、低温、方便、高效”的原则。根据不同的茶类，主要采用冰箱冷藏或冷冻法、放置除氧剂法、抽真空法、生石灰贮存法、常温保存法等。

1. 冰箱冷藏或冷冻法

此法主要适用绿茶、轻发酵的乌龙茶、黄茶等。在放入冰箱前，一定要把茶叶用密闭的容器密封好，茶叶不能混装，容器外做好标签标明茶类和时间等，方便取用。对于准备存放半年内的茶叶，建议放在冷藏室，冷藏室的温度在3~5℃；存放半年以上的茶叶建议放在冷冻室。无论放在哪里冷藏，最好都分成小包装（如50克一包）放在密闭容器内。有人认为绿茶放在冷冻室不好，原因是绿茶中水分冻成了冰，解冻时会使茶叶品质变差。笔者试验发现，放在冰箱冷冻室贮存的绿茶品质并不差，开汤品饮与放在冷藏室的差别并不大。一般考虑到冷藏室的物品存放太多，有时误碰到调节温度的旋钮，反而升高了冷藏温度，故还不如存放在冷冻室。当然，无论放在哪里，都要把茶叶放在密闭性很好的容器里，注意防止吸潮或与其他食物串味。另外，笔者常见茶庄绿茶、发酵度轻的乌龙茶、细嫩红茶等多用厚实的多层塑料袋包裹后存放在冰柜中，这样贮存好的茶叶自然也深受爱茶者的青睐。

2. 放置除氧剂法

一般大型超市有售卖食品级除氧剂（也称保鲜剂），通常是除氧剂和除湿剂混合的除氧剂。购买后，放在茶叶包装袋或容器中即可。

3. 抽真空法

此法适用于茶叶外形紧结的茶类，如铁观音乌龙茶。在很多茶庄都有真

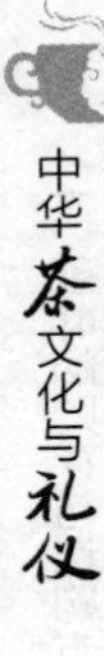

空抽气设备，购置好茶叶后，可根据需要，装袋后抽真空。市场上常见各种大小的真空包装乌龙茶包，要注意，对于细嫩的芽叶、长条形的茶叶，最好不要采用此法，否则很容易弄碎茶叶。

4. 生石灰贮存法

这是传统的贮存茶叶的方法之一，常用于贮存绿茶。把生石灰放在较大的密闭容器中，材质多为陶罐、瓦缸、铁皮柜等，茶叶用牛皮纸袋包装好后放在生石灰周围，盖好容器的盖子，放置在阴凉、干燥、无异味的室内。如对于苏州碧螺春茶、杭州龙井茶的贮存，至今仍有很多农家采用此法。

5. 常温保存法

此法适用于发酵类的茶，如红茶、白茶、黑茶（如六堡茶、普洱茶、安化黑茶）、重发酵度的乌龙茶（如武夷岩茶、凤凰单丛）等。使用此法存放茶叶应选择避免光线、阴凉干燥、通风无异味的地方。将茶叶用密封性强的食品安全级的铝箔袋或塑料食品袋密封好，再放入金属罐、陶瓷罐中进行保存。

应注意的是，常见的云南普洱茶，无论生熟，常温保存时建议先用塑料保鲜袋套上，避免沾染灰尘，然后再用牛皮纸袋密封包装，防潮效果较佳。重发酵度的乌龙茶要密封好，可根据情况，用专用烘茶炉烘茶，以去除湿气。细嫩的红茶，可采用密闭的金属罐放在冰箱中储存，但香气会随着时间的延长而减弱。

任何食品都有保质期，从食品商品营养价值角度看，茶叶在贮存过程中，因各种因素的综合作用，茶叶品质会发生变化，尤其是香气和口感会因贮存条件和时间而发生较大的变化。但是有些茶叶在贮存后品质会更佳，如普洱茶、安化黑茶、武夷岩茶、福鼎白茶、传统工艺铁观音茶等在较长时间的贮存后，仍有令人愉悦的滋味和香气，这也是某些种类的茶叶被视为“奢侈品”的原因。作为爱茶者应多保持理性，不要盲目追求所谓的“老茶”“年份”“山头”，要对眼前的特定物进行判断，因为即使是相同的茶叶，由于贮存环境不同，经过一定时间后，品质变化也非常大。

6. 不同材质的茶叶罐贮存

作为家庭用茶，常见的储存茶叶的茶叶罐有纸质听装、铁质听装、木质听装、锡罐、瓷罐、陶罐、紫砂罐、玻璃罐等。

经茶友实践表明，纸罐存茶效果比较差，若用纸罐，应尽量使用厚实的塑料袋或复合铝膜袋用燕尾夹夹紧为好。铁罐要好于纸罐。锡罐、瓷罐的存茶效果也很好。

以普洱茶为例，用牛皮纸袋封起来，然后根据生茶和熟茶分别集中放在不同的纸箱里，在纸箱外再套一层蛇皮袋，这样防潮效果非常好，而且经过这样存放的普洱茶比存放在紫砂罐里的香气更浓郁纯正。短期存储茶叶试验表明，使用紫砂罐存放的普洱茶，香气淡，茶味淡；瓷罐存茶香气聚集，茶味浓；用锡罐存放的普洱茶，茶汤中的甜味和陈味鲜明。但从长期看，湿度和通风因素对普洱茶品质的影响更大。

另外，也有特别喜欢老茶的爱茶者，尤其是对黑茶、乌龙茶情有独钟，他们所总结的存茶经验也值得我们学习和借鉴。在生活中，大家不妨以茶联谊，以科学的态度面对茶叶贮存品质演化的课题，互相学习，分享存茶、饮茶所带来的妙趣。

11.2.2 茶叶选购

目前，家庭选购茶叶途径主要有专业茶庄、茶叶市场、超市、小商店、网络商店等。

1. 茶叶专卖市场——抑制冲动，多尝慢买

在茶叶专卖市场上，商家多采用先尝后买的方式进行销售，部分超市也有试品茶汤的促销方法。若是到专业茶庄选茶，不妨请商家多拿几种，自行选泡，根据冲泡次数和自己的感受来考虑选择哪一种。这时应保持较为理性的判断，要注意考量茶叶的外形、干度、净度、颜色、汤色、香气、滋味和叶底等多个因素。最好采用多次冲泡的方法，来判断茶叶耐泡度问题；或者使用对比法进行比较，最终选择一款适合自己口味的好茶。

很多商家会采用一些有趣的促销方法，向顾客推荐茶叶。对有些不熟悉的茶，不妨分别买一点茶样，在家中做对比试验，再选择购买哪一种。在找茶的实践中不断积累买茶的经验，享受淘茶的乐趣。

2. 超级市场——认准品牌，多比少买

超市中选择茶时应注意多比较，不要着急购买，一次性不宜购买过多。注意包装上的生产厂家、生产日期、品牌等基本信息，尽量选择较为知名的品牌，这样质量和信誉较有保证。尤其是绿茶，一定要注意看生产日期，看包装有无破损。

3. 网络商店——注意信誉，慎重选择

网络商店购买茶时要注意选择信誉好、有口碑的店铺，不妨先少量试探性购买，通过多次品尝试验，这样可以买到性价比高的茶叶。

4. 其他选购途径

对于来路不明的茶，尤其是车站、码头、旅游景区、游商小贩推销的茶叶，不要贪图便宜而轻易购买。十几年前笔者就在江南的某火车站、汽车站遇到过推销“龙井茶”“碧螺春”者，现如今还能偶然遇到。也有一些骗子利用人们的同情心和贪图便宜的心理，以茶叶行骗。比如，笔者曾在北京某假日酒店大堂等人时，遇到一中年男子主动搭讪，要赠送茶叶给笔者，笔者直接拒绝。后来，笔者观察发现，假如你接受了他的赠茶请求，在酒店外面有事先安排好的“免费”轿车和司机，把你送到你要去的地方，这时他会从车上拿出一个茶叶礼盒，在此期间会采用语言攻势，让你不好意思地掏出200～500元不等给司机当作烟钱、油钱或辛苦费等。而那些茶礼盒中的茶叶则品质很差。后来，笔者看到了那个男子不断地在搭讪其他旅客，便和大堂前台工作人员反映了这种情况。他们指着一个褪色的声明说，这个人经常来，酒店已经贴出警示语了，没有办法根治。笔者建议，茶叶作为入口的食品，食品安全第一，请大家不要轻易购买来路不明的茶叶。

茶叶市场的经营者良莠不齐，会有不良商家售卖经过“化装”的茶叶。例如，给以绿为美的茶叶加铅铬绿、叶绿素、铁粉、催芽剂等，可以使茶叶的颜色变绿，提高茶叶的色泽度；给以白为美的针螺等茶叶添加滑石粉，可以增加茶叶的白度，还能增重；给以苦闻名的苦丁茶加入柳树叶、猪苦胆汁和香精，可以增加苦味，还能增加茶叶的黏度（猪苦胆汁）……这些被美容的茶叶通常都质量较次。有些毒茶的“技术含量”非常高，即使是经验丰富的品茶师，如果不用对比的方法而单看毒茶叶本身，要看出问题都相当困难。

若是参团旅游，被导游带去购物的茶叶店、茶馆、茶具店等场所，免费观赏茶艺、品茶之时，也要科学分析，理性判断，谨慎购买。

在旅游中购物，要多看少动。即使想买，也要货比三家，不要看到便宜就动心，要慎之又慎。比如，2014 年杭州西溪湿地景区门口有很多炒茶锅的店家，15~20 元一听的“龙井茶”毫无茶香，多为扁平的碎茶叶。据笔者旅游经验来看，尤其是团队旅游，导游带游客进入的茶叶店主要有两种情况：一种情况是茶叶质量还好，但价格过高；另一种情况是茶叶质量很差，价格过高。对第一种情况来说，茶叶质量虽然还可以，但价格一般是正常市场价格的一倍以上。当然，总比第二种情况花了钱却买到了质量很差的茶要好一些。最令人气愤的情况是给你喝的是一种茶，而卖给你的却是最差的茶。好在现在旅游行业日趋规范，消费者也可以现场上网比对茶价。游客在购物后，发现确有质量问题的，可以通过旅行社办理退赔，也可以投诉至当地旅游质监所、消费者协会或向人民法院起诉。特别要注意一点，购物后一定要向商家索取购物凭证，包括发票等正式票据，发票内容要包含对物品品质的详细描述，以保护自己的权益。2010 年 5 月 1 日《旅行社条例》在全国范围内执行，该条例规定，严格禁止旅行社低于成本报价招徕旅游者；不得欺骗、胁迫旅游者购物或者参加需要另行付费的游览项目。这个条例在一定程度上已经抑制了旅途中强制购物等现象。

5. 收藏的老茶怎么喝

现在几乎所有的茶类都有人刻意收藏，人们追捧老茶、品饮老茶的观念似乎是从普洱茶开始的。50 年的龙井茶（绿茶）、70 年的雀舌（绿茶）、50 年的祁红（红茶）等，各类老茶似乎都有人以高昂的价格售卖。国家茶叶标准中，明确了茶叶在符合一定贮存的条件下，可以长期保存。但笔者认为，经长期贮存的茶叶，食品安全是必须要考虑的，我们不能单纯地认为某个茶好喝就是安全的。收藏多年的老茶，应对茶主人的贮存方式尽可能地了解清楚。好品质的茶叶要尽量在无污染、干燥的环境中贮存，这样贮存一定年数后，再次取出品饮，才能感受风味的变化。冲泡老茶，一般第一泡不宜高温，可根据具体老茶的情况综合考虑。假如老茶有明显的霉味、入口又很难喝，喝过

之后，身体也不舒服，建议不饮为上。若有条件对老茶进行食品安全检测再好不过，毕竟是入口的食品，安全要放在第一位。

经多年收藏的老茶存世量不会太多，物以稀为贵，在品饮时，我们应尽量减少各种干扰因素，以最简单的茶具，独饮或约上二三人共品，珍惜与朋友一起分享老茶的缘分。

既然老茶的市场存量有限，假冒老茶的各种故事就被一些不良商家编造了出来。几年前流传最广的是假冒古董罐子里存放普洱、红茶、乌龙茶等茶，外面贴各种标签，再用蜡封口，做旧。那种假冒的“亿兆丰”号普洱老茶①甚至一度还被小拍卖公司拍卖，其实只不过是一些骗子利用人们痴迷老茶的心态，而专门伪造之物。

①郑毅．“亿兆丰”号老茶乱象[DB/OL]. http://www.puerp.com/article-10455.htm.

12 茶席布设与中华茶艺

近年来饮茶成为一种时尚，很多年轻人纷纷以各种方式接触茶，尤其是对各种形式的茶充满了兴趣。很多高校纷纷开设了茶文化的专业，学茶的年轻人以专业的态度参与茶事，使茶文化的世界充满了活力。学茶不仅是年轻人的爱好，中年人、老年人中都不乏学茶、爱茶者。吸引人的不仅是那一杯散发着茶香的茶汤，还有由茶而带来的人际交流、礼仪沟通、艺术美学等。精心布设的茶席，透露着布设者的所思所想，以及对美的感悟与期待。

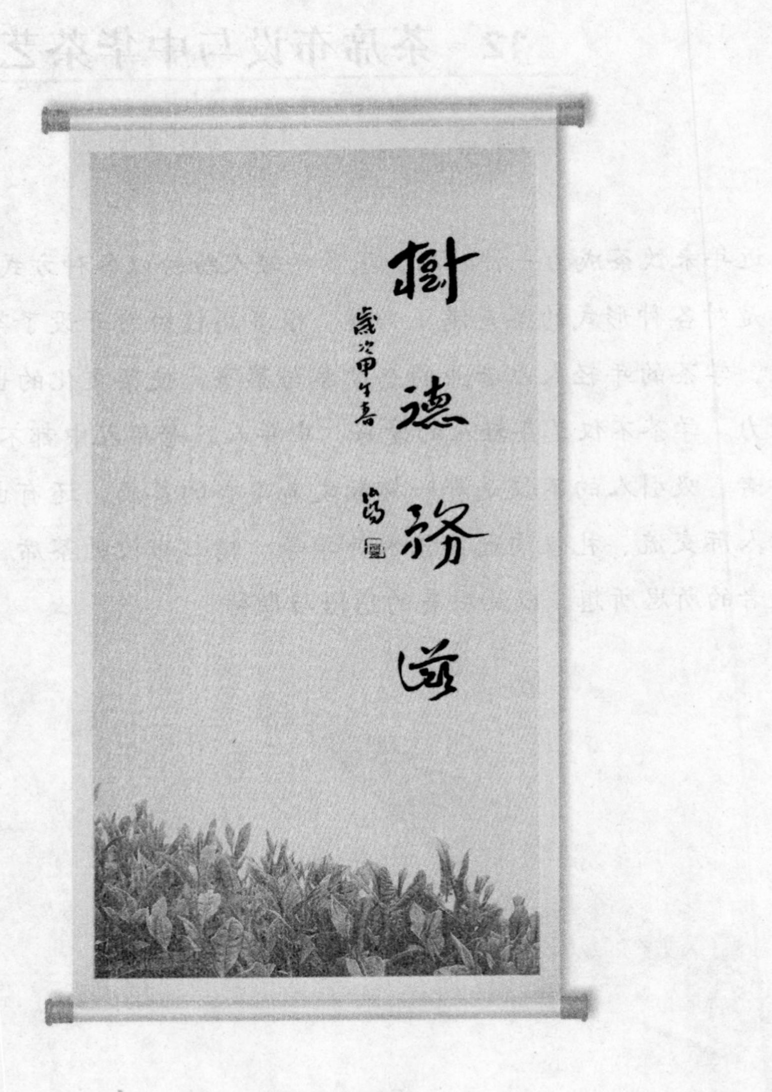
樹德務滋
歲次甲午春

12.1 茶席布设

茶席最早可追溯到唐代，至宋代时，以“焚香、挂画、插花、点茶”的生活四艺常在茶席中出现。20 世纪 90 年代末，杭州出现了茶席设计的活动，在 2000 年年初，茶席设计一词才被明确提出来，后被茶艺爱好者广泛使用。“茶席，是泡茶、喝茶的地方。包括泡茶的操作场所、客人的座席以及所需气氛的环境布置。”①近几年茶艺流行，各种不同风格的茶席比赛作品也通过移动互联网铺天盖地展示出来。

茶席是表现茶艺之美或茶道精神而规划设计的一个场所。茶席表达了设计者对茶文化的理解，诠释了茶道精神，构建了和谐茶境，展现了茶艺美学，探索了茶艺的发展方向。通过选择环境、器具、茶品及完成茶事活动的相关因素，按照一定的主旨而设计茶席，茶艺师通过操控茶席上的茶具器物等，调制好一杯茶汤，共享茶中乐趣。茶席所展现的美，具有文化性、时代性、地域性、民族性等特点。

从概念上看，茶席是设计者为满足人们对用茶行为的不同需求，以茶为对象，按照一定的规则，以茶具为主体，选定关联要素，以明确的主题，在特定的环境中精心布设的具有茶元素的陈设。

茶友之间常说的“摆一个茶席”是指狭义概念上的茶席，是以泡茶、品饮或兼有奉茶而设的，按照一定主题在桌椅或地面上设计摆放的茶具、插花、香具、字画等系列的统称。这里说的“摆茶席”从语义上来说含有设计、布设之意，严谨一点来说，用“布设茶席”准确些。从广义上看，茶席不仅包

---

①童启庆．影像中国茶道［M］. 杭州：浙江摄影出版社，2002.

括茶桌上一系列可视物件，还应包括茶艺活动中的背景音乐、举办茶事活动的场所、地点及时间等要素。精心布设的茶席，艺术性与功能性兼具，以主题突出、具有意境美为佳。

几件茶具的组合，令饮茶平添几许雅趣。有主题的茶席设计，可表达一定的文化旨趣。茶席可繁可简，既有观赏性，又有实用性，是茶事活动的辅助物。

茶席设计是一门综合的艺术。我们需要学习和运用多种学科的知识，如设计学、美学、茶学等，以提高茶席设计水平。笔者认为，从文人雅士的喜好来看，茶席是茶桌上的园林，是人们享受茶味时光的一道亮丽的风景。

一杯好茶汤为主旨的茶席设计，应注意兼顾几个原则：突出主题；茶具与茶叶搭配；茶具配套使用；突出艺术美；便于操作实用；铺垫选择风格适宜；配饰宜简不宜繁；茶点与茶叶相配，红配酸、绿配甜、乌龙配瓜子等。

对茶文化的研习，是以“泡茶”为中心，“茶席”与“茶会”相融的“一体两翼”的知识技能。泡茶不仅讲究技术，还注重艺术；而茶席更是追求艺术美学，茶会注重管理与沟通。设计好一个茶席作品，要综合考虑茶人及其所要表达的茶席主题，包括地点、环境、灯光、音乐、茶具组合等要素。在具体设计茶席中，要综合运用多种物品，如通常会用到多种材质的纺织品、竹草制品等，也有大自然中常见的各种植物、沙砾土石等，这些布置的色调通常奠定了整个茶席的主基调，或简约淡雅，或浓烈厚重，或精细雅致，或古朴粗放，或具有民族文化特色。

茶席艺术的发展方向一定是多元化的，例如，弱化泡茶功能的茶席作品、注重泡茶功能的茶席作品等，茶席作品的动与静、传统与时尚、新科技与旧手工等的有机结合，都会以不同的风貌呈现出来，人们借助具象的茶席，表达了对茶道精神的理解，表达了应如何善待我们赖以生存的地球，乃至宇宙空间。作为商品的茶，已经成为人类的文化符号。在人们的日常生活中，茶虽然不是饮食必需品，但茶所带来的人文作用可以让我们的生活更美好。

希望更多的爱茶者能乐在茶汤中，乐在设计茶席中。因为，每一次有主题的“布设茶席”，都是一次多学科知识技能的训练，都是综合素养的提升。在茶席设计中，最核心的还是人，要把茶艺师作为主要元素设计其中，离开了茶人的茶席是不完整的。茶人通过这些外在的茶艺元素以及行为艺术来表达茶的精神，从而实现在中华茶道精神主旨下的茶席主人及茶席客体等相关元素的统一。

12.2 茶席作品欣赏

一次茶事活动，具有丰富内涵和个性表达的茶席作品令人赏心悦目，有些茶席作品更是震撼心灵。清静雅致的茶席，唯有茶人的参与，方能展现茶道的精神，以茶结缘，结的是人缘、情缘。而宗教茶席，还有可能参禅悟道，以茶相助，智慧人生。近年来，有多个茶文化组织或茶企业举办茶席设计比赛，影响了更多的爱美之士热爱茶文化、探索茶艺之美。中华一壶茶，带给人们的不仅是健康的身体，也大大丰富了人们的精神文化生活。

一次婚礼上的迎宾茶席

欣赏茶席，应从茶席的主题、各部分的细节、器物、意境的营造等方面欣赏。尤其是各种茶器、插花、书画、音乐等，通过欣赏茶席，感受因茶而创造的艺术之美。

12.3 中华茶艺特点

对中国茶道而言，道家表现在源头，儒家体现在核心，佛家主要表现在茶文化的兴盛和发展方面。中华茶文化，最大限度地包容了儒释道三家的思想精华。道家的自然境界，儒家的人生境界，佛家的禅悟境界，融汇成了中国茶道的基本格调和风貌，也表现了中国茶道的和谐与宁静、淡泊与旷达，注重礼仪教化与养生，注重清思养性的特色。

中国茶道在哲学上受到儒释道三家的深刻影响，在美学的表现形式上受三家的影响也很大，并能兼收并蓄，博取众家之长，形成自己的特点。笔者认为，中国茶道精神是“和谐、宁静、圆融、朴真”相互统一。“和谐”，以

“和”为核心的和而不同，和谐一致；“宁静”，茶有涤烦去躁、宁心静虑之功效；“圆融”，是中华文化阴阳调和、天人合一思想的体现；“朴真”，是茶的质朴真性与人际关系所追求的素朴、真诚一致和统一。当前饮茶成为人们追求的时尚休闲生活的方式之一，在茶道精神的指引下的茶艺活动，在带给人们身心健康的同时，还会提升中华文化自信。我们应践行“精行俭德”的茶人精神，不奢靡浪费，以茶修身养性，不忘初心，勇担责任，践行使命。

中国茶道通过茶艺来表现其美学内涵，主要特点有：具有神韵、对称与和谐统一、注重节奏、自然朴素、对比协调、主次分明、强调意境等。而日本茶道在美学上主要有“不均齐”之美、简素之美、枯槁之美、自然之美、幽玄之美、脱俗之美、静寂之美等。

在中国茶道中，儒释道三位一体，共同体现了中国茶道“天人合一”的精神。在中国这样一个以农立国的文化中，在一切农事活动中，人本来就直接地、亲密无间地与天地相交融。日出而作，日落而息；恪守天时，

千利休师徒话真诚

千利休是日本茶道的“鼻祖”和集大成者，他的“和、敬、清、寂”的茶道思想对日本茶道发展的影响极其深远，被日本人称为“茶圣”。有一次，千利休接受了宇治的上林竹庵的邀请，他便带领两三个弟子前去造访。竹庵特别高兴，要亲自点茶来招待客人。当时的千利休已是天下首屈一指的大茶人了，也不知竹庵是高兴得过了头还是紧张得过了头，点茶的手竟然抖了起来，一会儿茶匙掉到地上，一会儿又弄倒了茶筅，简直是丑态百出。对于最讲究流畅、和谐与完美的茶道点茶来说，竹庵的表现简直不入流。千利休的弟子们都以袖掩口而笑，而千利休的反应却完全不同，他赞叹道：“真是日本第一的点茶呀！”

在返程的途中，弟子们对师父的评价颇为不解：“他那样丑态百出，为什么您却赞扬他为日本第一呢？”听到弟子们的询问，千利休回答道：“竹庵并不是为了表演、炫耀他的点茶手法才请我来的，他只是想用一碗茶招待好客人。竹庵一心在煮水点茶之中，根本没分出心思去注意有可能出现的错误，我是敬佩他这种全身心的诚意。”对于茶会来说，诚心是最重要的。不管你使用如何有名的茶道具，不管你的点茶手法如何高明，若没有诚心的话，那将毫无意义。

深耕细植，人与大自然形成了一个整体。这与西方的人神对立的观念有所不同。西方人虽然也饮茶，但他们更注重的是营养与健康，很难体会到中国人饮茶的文化心理。当今的茶文化，已渗透到社会的各个层面，成为中华民族的“国饮”，同时，也成为一种现代文明的象征。它参与构建着新时代人与自然、人与人、人与心的和谐，乃至构建和谐社会，茶文化也起着十分重要的作用。茶文化的发展，也必然趋向于人与自然的融合、个体与群体的融合、意识与物质的融合。

中华茶艺具有多元化的特点，诸多学者对此有所探讨，但观点难以统一。笔者认为，在当代中国人的家庭日常生活中，不刻意讲究仪式美的生活茶艺较为常见，其次是具有仪式之美和文化特色的茶艺。生活茶艺包括各地区、各种杯盏壶及不同茶类的茶艺，特色茶艺包括宗教文化茶艺、文士茶艺、民间茶艺等。茶艺演示一旦被搬上舞台，会更加强化艺术性、仪式感，弱化茶汤质量，以审美享受为主，对茶文化的传播有一定的作用，但如何把握好艺术化的尺度，需要茶艺设计者、演绎者重视，不然会出现“过犹不及”的现象，会让一些观者认为茶艺者矫揉造作，反而疏远了茶文化。

12.3.1 生活茶艺

生活茶艺是在居家生活中常见的茶艺，具有简单易行、茶艺程式简化、以品茶饮茶为主、注重人际交流等特点，常见的有江南玻璃杯泡绿茶、红茶，潮汕地区小壶工夫茶、盖碗茶，四川盖碗茶等。笔者设计了生活茶艺九式，可以作为茶艺师在生活茶艺中提升技艺练习的方法。

在生活中习茶程式，茶席可简略，焚香可省略。

1. 净手静心

习茶贵以洁，在泡茶前应洗手，让忙碌慌乱之心平复下来，渐入静。当然，沐浴更衣，保持神清气爽、闲适无挂碍的状态习茶艺最好。

2. 雅致茶席

精心设计茶席，以表达茶艺的主题和心境。

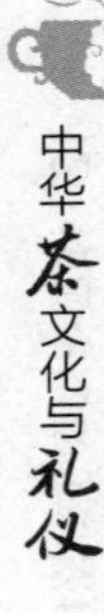

3. 诚敬焚香

燃一炷香，以助气定神闲。燃香时应注意香与所泡的茶香有一定的互助效果。比如冲泡绿茶，可燃带有兰花、水仙花等清雅香气的香品；冲泡乌龙茶，可燃带有兰花、桂花等清幽香气的香品，单一香品如沉香、檀香为好；冲泡红茶，可燃带有梅花、玫瑰花等浓郁香气的香品，单一香品如龙脑香为好；冲泡普洱茶，可选择沉水香为好。茶艺中用香应以清雅为上，浓郁次之，以不影响到茶汤的滋味和香气为宜。

4. 候汤涤器

以古法煮水别有情趣，如炭火煮名泉，用铁壶、银壶烧水，都是泡茶煮水的好选择。现在多用电水壶、电磁炉煮水，主要还是干净方便。水煮开后，对泡茶茶器及品饮茶具进行洗烫，一是讲究卫生，二是提高杯盏的温度。另外，不同材质的煮水壶烧同样的泉水，烧出的水质会有差别，这方面很多茶人有研究和实验，建议读者以实践求真知，乐在茶汤中。

5. 取茶置茶

以茶则取茶，量取一定的茶叶，投放入壶或杯盏之中。注意取茶时应控制好量，这是一壶茶沏泡浓淡的前提。

6. 润茶舒发①

置茶后，倒入少量的开水进行温润泡。一般第一泡浸润后 3～10 秒倒出，弃之不饮，称“润茶”，俗称“洗茶”“温润泡”“醒茶”等。主要是让茶叶稍微舒展，便于茶的浸出物溶解于汤中。现代茶艺中，应根据茶叶情况来确定是否润茶。

7. 正式冲泡

悬壶高冲，水流顺畅。若以急速大水流冲茶，则茶汤温度较高；若以细流缓速水流冲茶，则茶汤温度较低。实际操作时应根据茶类的情况，如老嫩

---

①说明：是否润茶需根据茶叶品质特点和具体茶叶状况而定。有的细嫩芽叶茶、有机茶等不用润茶，直接冲泡；有的较为粗老的茶叶、大宗普通商品茶叶、普洱茶等黑茶需要润茶。

程度等，控制冲茶水流速度。

8. 分茶品赏

冲好水后，稍停片刻（不同的茶类泡茶时间不同），倾倒茶汤入公道杯，以公道杯分茶入闻香杯或品茗杯，冷至适口，小口饮啜，细细品味。可续水冲泡壶盏之中的茶叶，直到味淡停饮。

9. 洁具归藏

清理茶器中的茶渣，对所用茶具进行清洁，擦拭水渍、茶渍。不易干燥的茶具应保持通风，紫砂壶应打开壶盖分别放置，便于风干。切记要养成爱惜茶具的好习惯，有人在清理完茶具之后，喜欢用力甩茶具中残余的水，殊不知这样容易失手打碎茶具或碰伤手臂，请读者一定要注意。

另外，冲泡不同的茶，茶艺程式应有所不同。若是表演展示类型的茶艺，还应有一定的艺术化的语言解说；生活休闲类型的茶艺，则程式简化，言语朴实，重在情感交流；修行类型的茶艺，则重在个人体悟，以止语静默的方式习茶。

12.3.2　特色茶艺

利用茶艺修行宗教。主要包括佛教茶艺、道教茶艺和文士茶艺等。宗教茶艺的特点是礼仪为尚，气氛庄严肃穆，茶具古朴典雅，强调以茶示道和以茶修身养性。

1. 禅茶茶艺

禅宗是中国化的佛教，禅茶茶艺是通过茶艺程式来感悟佛教教义，明心见性，在沏泡、品饮一杯茶汤的过程中用心参悟禅机佛理，感受佛教文化的氛围，达到以茶修禅的目的。

茶缘

禅茶茶艺的基本特征是在茶艺中融入禅机或以茶艺来昭示佛理。“茶禅一味”是中国佛教茶文化中的一个重要特征，它既是对茶与禅内理的精辟概括，又指出了饮茶和参禅在修行方法上的一致。

2. 道茶茶艺

道教是中国本土宗教，在中国茶文化的形成与发展过程中，道教文化对茶文化的影响很大。道茶茶艺以道家思想为中心，注重人与自然的和谐一体，注重尊生、贵生、坐忘、无己、道法自然、返璞归真，以道教圣地湖北武当山的道茶养生茶艺最具代表性。

3. 文士茶艺

文士茶艺起源于唐代的民间，经文人士大夫的参与和传播，形成了一种文人茶道，它强调一种人文精神，提倡简约、淡泊、宁静、旷达的生活态度。文士茶艺的特点是文化气息浓郁，品茶时注重意境，茶具精致典雅，表现形式多样，常和清谈、赏花、读月、抚琴、吟诗、联句、玩石、焚香、弈棋、鉴赏古董字画等相结合，茶艺程式以备器、焚香、涤器、赏茶、置茶、润茶、分茶、品饮、收具谢茶为流程。

4. 民俗茶艺

茶艺研究者根据中华民族各地区民间饮茶习俗的特色，通过简化及提炼泡茶或煮茶流程，设计出具有一定展演特色的民俗茶艺，对宣传中华民俗茶文化具有积极意义。如擂茶茶艺、白族三道茶茶艺、蒙古族奶茶、藏族酥油茶等。

12.4 无我茶会①

无我茶会是 1989 年时任台湾陆羽茶艺中心总经理的蔡荣章创办的一种新颖的茶会形式，并于 1990 年 6 月 2 日在台湾妙慧佛堂举行了首次佛堂茶会。经过数次改进与再实践，于 1990 年 12 月 18 日举行了首届国际无我茶会。

与以往茶会不同，无我茶会进行期间无须指挥与司仪，一切依排定的程

①资料主要参考了蔡荣章《说茶之陆羽茶道》《茶道入门三篇》，丁以寿《中华茶道》相关茶文化著作。

序进行。无我茶会要求人人参与冲泡、奉请和品饮活动，因此，有意参加茶会的人员必须事先准备茶叶、茶具、开水。茶叶、茶具视个人喜好而定，无须统一规定。

为使参加者能品饮和鉴赏到丰富多彩的茶品和茶具，一般希望所带的茶叶品种和茶具款式越多越好，以增添茶会观赏性。无我茶会与会者的座位是由抽签决定的，所以，参加者在报名时要抽取号签，凭签找位，然后就地而坐，摆放茶具。

由于是依次奉茶，故所有座位不论多少都必须围成一个闭合的圈。倘若约定每人泡茶四杯，则其中三杯奉给左邻的三位茶侣，一杯留给自己，这样在座的每个人都能品尝四种不同风味的茶汤。

按约定，每人敬茶三次，品完最后一道茶，可以安排五分钟以内的音乐欣赏，烘托茶味，回味意境。欣赏完音乐，即可收拾茶具，结束茶会。茶会结束后可酌情安排其他活动，或合影留念，或互赠礼品。

无我茶会强调“无我精神”，即参加者必须摒弃一切自私的欲念，本着一种平等的观念、平和的心境参加茶会，通过泡茶、奉茶和品茶，体验人间之真、之善、之美。无我茶会，因其精神契合了当今人们的审美情趣，操作方法简单易行，很快就在台湾流行开来，成为民众社交活动的一种新形式。

无我茶会是一种人人均可参与的茶会，其举办成败与否，取决于是否体现了无我茶会的精神。

第一，无尊卑之分。茶会不设贵宾席，参加茶会者的座位由抽签决定，在中心地还是在边缘地，在干燥平坦处还是在潮湿低洼处均不能挑选，自己将奉茶给谁喝，自己可喝到谁奉的茶，事先并不知道，因此，不论什么职业、职务、性别、年龄、肤色、国籍，人人平等。

第二，无流派、地域之分。无论什么流派和哪个地区来的茶友，均可围坐在一起泡茶，并且相互观摩茶具，品饮不同风格的茶，无门户之见，起到以茶会友、以茶联谊的作用，虽然语言不一定相通，但心灵相通。

第三，无“求报偿”之心。每个参加茶会的人泡的茶都是奉给左边的茶侣，而自己所品之茶却来自右边的茶侣，人人都为他人服务，而不求对方报偿。

第四，无好恶之分。每人品尝四杯不同的茶，由于茶类和沏泡技艺的差别，味道是不一样的，但每位与会者都要客观地欣赏每一杯茶，不能只喝自

己喜欢的茶，而厌恶别人的茶。

第五，时时保持精进之心。自己每泡一道茶，自己都品一杯，每杯泡得如何，与他人泡的相比有何差别，要时时检讨，使自己的茶艺更精。

第六，遵守公告约定。茶会进行时并无司仪或指挥，大家都按事先公告项目流程进行，养成自觉遵守约定的美德。

第七，培养集体的默契。茶会进行时，大家均不说话，用心泡茶、奉茶、品茶，时时自觉调整，配合他人，使整个茶会快慢节拍一致，并专心欣赏音乐或聆听演讲。只要人人心灵相通，即使几百人的茶会亦能保持宁静、安详。

13 茶礼仪与茶俗

茶是人们日常生活中常见的饮品。中国人历来就有“客来敬茶”的礼仪之道，茶礼仪是中华饮食之礼的重要组成部分。宾主之间，以茶相敬，合乎礼仪之道，彰显中华茶艺的礼仪之美。茶艺师不仅要能娴熟地根据茶叶特性沏泡好一杯茶汤，还要能按照一定的礼法规范、程式要求来完成整个茶艺过程。茶叶被世界各地的人们所接受，已融入当地的饮食范畴，成为世界各地饮食礼仪的一个重要载体。无论是在中国各地、各民族之间还是在世界上不同的国家、民族之间，茶作为健康的饮料，已受到越来越多的人青睐。

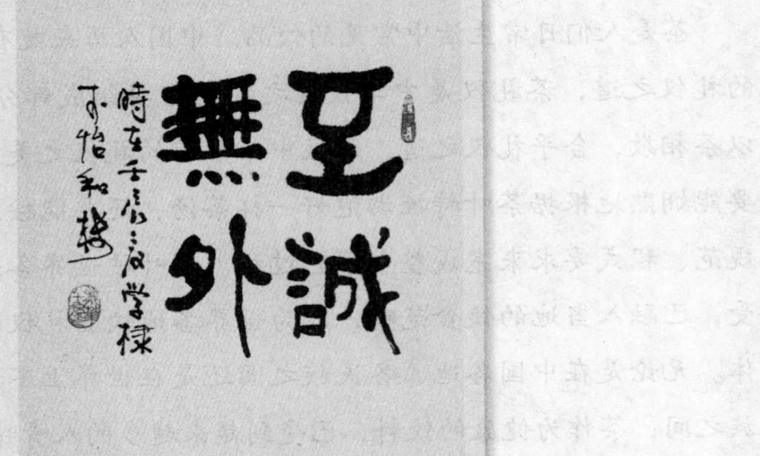
至誠無外

13.1　茶艺师基本技能

2002 年 11 月 8 日，由江西省中国茶文化研究中心制定的《茶艺师国家职业标准》正式颁布，标志着茶艺师的行业地位在我国正式确立。2016 年 12 月 16 日，人力资源和社会保障部公布的《国家职业资格目录》中，涉及茶行业的只有评茶员，未出现茶艺师；2017 年 9 月 12 日人力资源和社会保障部〔2017〕68 号文件公布的《国家职业资格目录》，茶艺师、评茶员入选。茶艺师列属餐饮服务人员大项，发证部门为人力资源和社会保障部技能鉴定机构会同有关行业协会；评茶员列属酒、饮料及精制茶制造人员大项，发证部门为供销行业技能鉴定机构和人力资源和社会保障部技能鉴定机构。

茶艺师的职业定义：在茶艺馆、茶室、宾馆等场所专职从事茶饮艺术服务的人员。

茶艺师职业分设五级，每一级都有相应的茶艺技能要求，分别为初级（国家职业资格五级）、中级（国家职业资格四级）、高级（国家职业资格三级）、技师（国家职业资格二级）、高级技师（国家职业资格一级）。职业能力特征：具有较强的语言表达能力，一定的人际交往能力、形体知觉能力，较敏锐的嗅觉、色觉和味觉，一定的美学鉴赏能力。

13.1.1　茶艺师职业道德及基础知识要求

职业守则：热爱专业，忠于职守；遵纪守法，文明经营；礼貌待客，热情服务；真诚守信，一丝不苟；钻研业务，精益求精。

基础知识：茶文化基本知识（中国用茶的源流、饮茶方法的演变、茶文化的精神、中外饮茶风俗）；茶叶知识（茶树基本知识、茶叶种类、名茶及其产地、茶叶品质鉴别知识、茶叶保管方法）；茶具知识（茶具的种类及产地、瓷器茶具、紫砂茶具、其他茶具）；品茗用水知识（品茗与用水的关系、品茗用水的分类、品茗用水的选择方法）；茶艺基本知识（品饮要义、冲泡技巧、茶点选配）；科学饮茶（茶叶主要成分、科学饮茶常识）；食品与茶叶营养卫生（食品与茶叶卫生基础知识、饮食业食品卫生制度）；相关法律、法规知识（劳动法相关知识、食品卫生法相关知识、消费者权益保障法相关知识、公共场所卫生管理条例相关知识、劳动安全基本知识）。

13.1.2 茶艺师技能要求

《茶艺师国家职业标准》从八个方面对茶艺师职业进行规范：接待（礼仪、接待）；准备与演示（茶艺准备、茶艺演示）；服务与销售（茶事服务、销售）；茶艺馆布局（茶艺馆设计要求、茶艺馆布置）；茶饮服务（茶饮服务、茶叶保健服务）；茶艺表演与茶会组织（茶艺表演、茶会组织）；茶艺创新（茶艺编创、茶会创新）；管理与培训（服务管理或技术管理、茶艺培训或人员培训）。

茶艺师泡茶

1. 初级茶艺师技能要求

接待：能够做到个人仪容仪表整洁大方，能够正确使用礼貌服务用语，能够做好营业环境准备、营业用具准备、茶艺人员准备工作，能够主动热情地接待客人。

准备与演示：能够识别主要茶叶品类，并根据泡茶要求准备茶叶品种；能够完成泡茶用具的准备工作；能够完成泡茶用水的准备工作；能够完成冲泡茶相关用品的准备工作；能够在茶叶冲泡时选择合适的水质、水量、水温和冲泡器具；能够正确演示绿茶、红茶、乌龙茶、白茶、黑茶和花茶的茶艺过程；能够介绍茶汤的品饮方法。

服务与销售：能够根据不同的季节向不同的顾客推荐相应的茶饮；能够适时介绍茶的典故、艺文，激发顾客品茗的兴趣；能够揣摩顾客心理，适时推荐茶叶与茶具；能够正确使用茶单；能够熟练完成茶叶、茶具的包装；能够完成茶艺馆的结账工作；能够指导顾客进行茶叶的储存和保管；能够指导顾客进行茶具的养护。

2. 中级茶艺师技能要求

接待：能保持良好的仪容仪表，能有效地与顾客沟通，能够根据顾客特点，进行有针对性的服务。

准备与演示：能够识别主要茶叶品级及常用茶具的质量；能够正确配置茶艺茶具和布置表演台；能够按照不同茶艺要求，选择和配置相应的音乐、服饰、插花、熏香、茶挂；能够担任3种以上茶艺表演的主泡。

服务与销售：能够介绍清饮法和调饮法的不同特点；能够向顾客介绍中国各地名茶、名泉；能够解答顾客有关茶艺的问题；能够根据茶叶、茶具销售情况，提出货品调配建议。

3. 高级茶艺师技能要求

接待：保持形象自然、得体、高雅，并能正确运用国际礼仪；能够用外语说出主要茶叶、茶具品种的名称，并能用外语与外宾进行简单的问候。

准备与演示：能够介绍主要名优茶的产地及品质特征，能够介绍主要瓷器茶具的款式及特点，能够介绍紫砂壶主要制作名家及其特色，能够正确选用少数民族茶饮的器具、服饰，能够准备饮茶的器物，能够掌握各地风味茶饮和少数民族茶饮的操作（3种以上），能够独立组织茶艺表演并介绍其文化内涵，能够配制调饮茶（3种以上）。

服务与销售：能够掌握茶艺消费者需求特点，适时营造和谐的经营气氛；能够掌握茶艺消费者的消费；能够介绍茶文化旅游事项；能够根据季节变化、节假日等特点，制订茶艺馆消费品调配计划；能够按照茶艺馆要求，参与或初步设计茶事展销活动。

4. 茶艺技师技能要求

茶艺馆布局、设计：能够提出茶艺馆选址的基本要求；能够提出茶艺馆的设计建议；能够提出茶艺馆装饰的不同特色，根据茶艺馆的风格，布置陈列柜和服务台；能够主持茶艺馆的主题设计，布置不同风格的品茗室。

茶艺表演与茶会组织：能够担任仿古茶艺表演的主泡，能够掌握一种外国茶艺的表演，能够熟练运用一门外语介绍茶艺，能够策划组织茶艺表演活动，能够设计、组织各类中、小型茶会。

管理与培训：能够编制茶艺服务程序，能够制订茶艺服务项目，能够组织实施茶艺服务，能够对茶艺馆的茶叶、茶具进行质量检查，能够正确处理顾客投诉，能够制订并实施茶艺人员培训计划。

5. 高级茶艺技师技能要求

茶艺服务：能够根据顾客要求和经营需要设计茶饮，能够品评茶叶的等级，能够掌握茶叶保健的主要技法，能够根据顾客的健康状况配制保健茶。

茶艺创新：能够根据需要编创不同茶艺表演，并达到茶艺美学要求；能够根据茶艺主题，配置新的茶具组合；能够根据茶艺特色，选配新的茶艺音乐；能够根据茶艺需要，安排新的服饰布景；能够用文字阐释新编创的茶艺表演的文化内涵；能够组织和训练茶艺表演队；能够设计并组织大型茶会。

管理与培训：能够制订茶艺馆经营管理计划，能够制订茶艺馆营销计划并组织实施，能够进行成本核算并对茶饮合理定价，能够独立主持茶艺培训工作并编写培训讲义，能够对初、中、高级茶艺师进行培训，能够对茶艺技师进行指导。

13.2 中华茶艺礼仪

茶艺师是茶艺行为的主体，友好和善、自信大方的仪容，干净利落、举止有度的动作，热情真诚的眼神，都展现了茶艺师的修养和心灵之美。也许有人问，我天生相貌平平，能做好一名茶艺师吗？茶圣陆羽未见典籍记载是美男子，而是一位相貌丑且口吃的弃儿，但他幽默机智，在戏班子里演丑角给人带来了欢乐，他才艺出众，善于学习，精于实践，钻研茶道，终成茶圣。在学茶的路上，大家要树立信心，相信深入茶门，茶能带给我们更多的期待与力量。

13.2.1 茶艺师基本姿势

1. 茶艺师仪容仪表

茶艺师是以个人技能直接面向客人展示茶艺的工作者。茶艺师仪容仪表要简洁、大方、得体。茶艺师在泡茶时，首先要保持身体干净整洁，无体味，不涂抹香水，不因人体的气味而影响茶的味道。一般男士不需要化妆，女士可以化淡妆，以表示对客人的尊重。化淡妆应以恬静素雅的风格与具有传统文化特色的茶人服相配为好。手是茶艺师的“第二张脸”，茶艺师的技艺水平、茶艺修养都能从手上反映出来。双手以干净、自然为美，不要涂抹香脂，不要用有气味的洗手液洗手，以免手上残留明显气味。除特殊需要（如喜弹古琴的，右手会留长指甲）外，双手应不留指甲，也不宜涂指甲油。在泡茶的间隙，双手停止活动时，可轻搭在茶巾上，或交叉放在腿间，手的动作不宜过多。

穿着方面，风格上与茶艺主题相合，服装不宜太紧，以方便伸展肢体为好，这样泡茶时不会因服装限制而受拘束。头发方面，要清洁整齐、色泽自然，不宜追求新潮奇异，男性头发不过耳，女性长发盘起来，整体给人感觉落落大方、清雅宜人。

2. 茶艺师姿态

主要包括坐姿、跪姿、站姿、行姿等。

坐姿：中华茶艺中大多以坐姿来操作茶具，坐在椅子或凳子上，坐姿应端正，双腿自然并拢，与地面垂直或稍向后收。要端坐中央，使身体重心居中，肩膀平正而不歪斜，双肩放松，双腿膝盖至脚踝并拢，上身挺直，头上顶，下颌微收敛，舌抵下颚，鼻尖对肚脐，以身体中正的姿态坐在茶桌前。若坐较为低矮的坐具，双腿自然合拢后向左或右倾斜。腰背要自然挺直，给人以真诚、正气、有精神的感觉。切忌两腿分开、跷二郎腿或摇腿、抖腿，给人以焦躁、不庄重之感。站着泡茶时，应注意两脚微分，收腹挺胸，给人以“站如松”之感。女性就座时，双手搭放在双腿中间，左手放在右手之上；男性就座时，双手可分搭在左右两腿侧上方。坐姿礼仪，可参考商务社交礼仪中对坐姿的规范要求。

跪姿：常见于日本和韩国茶艺活动中，中国在无我茶会时也多见跪姿。跪姿分为跪坐、盘腿坐和单腿跪蹲三种姿势。跪坐，日本人称之为“正坐”，双膝跪于坐垫之上，双脚背相搭着地，臀部坐在双脚之上，腰部挺直，双肩放松，向下微收，舌抵上颚，双手搭放在身前，女性右手在上，男性左手在上。盘腿坐，男性除正坐外常用的姿势，将双腿向内屈伸相盘，双手分别搭在两膝盖上，其他姿势与跪坐相同。单腿跪蹲，当品茶者坐的桌椅较矮或跪坐、盘腿坐时，奉茶时可用此姿势。具体动作是，右膝与着地的脚呈直角相屈，右膝盖着地、脚尖点地，其余姿势与跪坐相同。跪姿的三种姿势，应根据泡茶品茶时的具体环境、桌椅的实际情况灵活掌握，以身体安全、舒适、美观为宜，体现出主客双方的真诚友好。

站姿：双脚并拢，身体挺直，头上顶，下颌微收，眼睛平视，双肩放松。女性站立时，双手虎口交叉（右手放在左手上）置于胸前。男性站立时，双脚略呈“V”字形外分开，身体挺直，头上顶，上颌微收，眼睛平视，双肩放松，双手交叉（左手放在右手上）放在小腹部位。注意要站得沉稳，给人以稳重、大方、沉静的感觉。

行姿：品茶是舒缓而优雅的活动，无论男女在行走时不能慌乱，不能急步快走，要控制行走的节奏和动作。女性行走时移动双腿，跨步脚印为一直线，上身不能扭动摇摆，保持平稳，双肩放松，头上顶，下颌微收，双眼平视，双手虎口相交叉（右手搭在左手上）放于胸前。男性行走时，双臂随腿的移动可以在身体两侧自由摆动，行走时移动双腿，跨步脚印为一直线，上身不能扭动摇摆，保持平稳，双肩放松，头上顶，下颌微收，双眼平视。若与客人相对，跨前两步进行各种茶艺动作，如奉茶、点茶、收杯等，当要回身离开时，应面对客人先退两步，再侧身转弯，以示对客人的尊敬。

在茶艺师的各种动作中，整体上要让人感觉动作圆融、柔和、连贯，动作之间有起伏、虚实、节奏，能给人带来美感。茶艺师应根据自己的体形和肢体情况，平时有针对性地做一些训练动作，如打太极拳、练健美操、练静气功等，结合泡茶技艺动作训练，不断提高茶艺技艺。

13.2.2 茶艺师基本礼仪动作

茶艺行为动作受茶艺师主观控制，首先茶艺师要保持良好的心态，真诚、尊重、服务利他、分享茶之美的心态会在茶艺行为中表现得体。在茶艺活动中，从茶艺开始到结束，礼仪都贯穿其中，具体而言，主要包括鞠躬礼、伸掌礼、寓意礼。

1. 鞠躬礼

茶艺开始和结束时，主客都要行鞠躬礼。根据茶艺活动的情况，主要有站立式和跪坐式两种。根据鞠躬礼弯腰的程度，可分为真、行、草三种，"真礼"用于主客之间，"行礼"用于客人之间，"草礼"用于说话之前。

站式鞠躬礼。"真礼"动作：以站姿为预备，将相搭的两手渐渐分开，分别贴着大腿下滑，手指尖触至膝盖上沿为止，同时上半身由腰部起倾斜，头、背与腿呈近 90° 的弓形（头和腰一起弯，不能只低头不弯腰，也不能只弯腰不低头），略作停顿，表示对对方真诚的敬意，然后慢慢直起上身，表示对对方连绵不断的敬意，同时手慢慢上提，恢复至原来的站姿。行礼的时候要注意调整呼吸，弯腰时吐气，直起身时吸气，行礼的速度尽量与他人保持一致，避免尴尬。"行礼"动作与"真礼"动作相似，只是双手至大腿中部即可，头、背与腿约呈 120° 的弓形。"草礼"动作只需将身体向前稍作倾斜，两手搭在大腿根部即可，头、背与腿约呈 150° 的弓形，其他动作和"真礼"相似。

坐式鞠躬礼。在茶艺活动中，若茶艺师站立，客人坐，则客人用坐式答礼。"真礼"动作：以坐姿为预备，行礼时，将两手沿大腿前移至膝盖，腰部顺势前倾，低头，但头、颈与背部呈平弧形，稍作停顿，慢慢直起上身，恢复坐姿。"行礼"动作：将两手沿大腿前移至大腿中部，腰部顺势前倾，低头，但头、颈与背部呈平弧形，稍作停顿，慢慢直起上身，恢复坐姿。"草礼"动作：将两手沿大腿前移至大腿根部，腰部顺势前倾，低头，但头、颈与背部呈平弧形，稍作停顿，慢慢直起上身，恢复坐姿。

跪式鞠躬礼。"真礼"动作：以跪坐姿势为预备，颈、背部保持平直，上半身向前倾斜，同时双手从膝盖上渐渐滑下，全手掌着地，两手指尖斜相对，身体倾下至胸部与膝盖间只剩下一个拳头的空当（头和腰一起弯，不能只低头不弯腰，也不能只弯腰不低头），身体呈 45° 前倾，略作停顿，慢慢直起上身。行礼时动作要与呼吸相配合，弯腰时吐气，直起身时吸气，速度与他人保持一致。“行礼”动作与“真礼”相似，但两手仅前半掌着地（第二手指关节以上着地即可），身体约呈 55° 前倾。“草礼”与“真礼”动作也相似，但两手手指着地，身体约呈 65° 前倾。

2. 伸掌礼

这是茶艺活动中最常用的示意礼。当主泡与助泡、主人向客人敬奉各种物品时都会用到此礼。当两人相对时，可伸出右手掌对答表示，若侧对时，右侧方伸右掌，左侧方伸左掌对答表示，寓意为“请”和“谢谢”。伸掌姿势是：四指并拢，虎口分开，手掌略向内凹，侧斜之掌伸于敬奉的物品旁，同时欠身点头，面带微笑，动作要一气呵成。

3. 寓意礼

在茶艺活动中，尊重民间习俗形成的礼仪习惯，在茶艺程式的基本动作中较为常见，主要有提壶倒茶时的“凤凰三点头”、壶嘴不对客人、斟茶时的顺逆时针的顺序、表示谢意的叩指礼、主人端茶送客等。“凤凰三点头”是手提水壶或茶壶高冲低斟反复三次，寓意向客人三鞠躬以表示欢迎。壶嘴不对客人，是因为茶壶造型很像人在叉腰吵架的身体姿势，壶流嘴很像一个伸手指责的胳膊，对着客人有指责之嫌。斟茶时的顺逆时针的顺序，若用右手斟茶，以逆时针为好，给人感觉向内招呼大家来喝茶之请。若用左手斟茶，以顺时针为好，动作给人感觉招呼过来之意。端茶送客，当主客相聚太久或主人有事，但客人又不表示要离开，主人多次端茶暗示客人可以及时结束茶事活动了，这时客人应有所领会，倘若无法明了，主人又有急事，只能明说了。在茶艺活动中，照顾好客人，有很多细节之处需要注意，如方便客人品茶时，有柄的杯子放置的位置，尽量让客人方便取拿；请茶的伸掌礼、谢茶的叩指礼等，都有寓意。

叩指礼，客人常见的表示谢意的寓意礼。当有人给客人在杯子中倒茶、续水时，客人应以手指轻轻叩击桌面 3 下以表示感谢。叩指礼又分为三种：

第一种用五个手指并拳，拳心向下，五个手指同时敲击桌面，相当于五体投地跪拜礼，这是晚辈向长辈、下级向上级行的礼；敲桌面可以敲3下，相当于三拜，若遇特别尊敬之人，可以敲9下，相当于三跪九拜。第二种用食指和中指并拢，同时敲击桌面3下，相当于双手抱拳作揖，是平辈之间行的礼，相当于三作揖。第三种用食指或中指敲击桌面，相当于点点头，长辈对晚辈或上级对下级行的礼；敲桌面只需敲一下，相当于点一下头。主人给客人每续水或倒茶汤的时候，客人都应该行“叩指礼”作为回礼。在日常生活中，茶友品茶常见的多为双指敲击桌面3下，可能是新时代的平等致意吧。

13.2.3 茶艺礼仪中常见的误区

1. 认识误区

任何行为艺术活动都是受艺术理念的指引，作为茶艺者，首先应对指导茶艺活动的中华茶道的精神有深度的理解，其次是通过身体动作操作茶具等表现出来。如今，茶艺及各种茶艺表演在多种场所都有展示，但有些茶艺表演已经脱离了中华茶道的精神内涵，甚至有些茶艺表演不伦不类，令观者产生反感。茶艺成了卖茶促销的噱头，误导爱茶者们对茶艺内涵的正确理解，毫无自然清雅的茶艺风貌。透过这些所谓的茶艺表演，茶及茶的精神体现在哪里？虽然那种朴实无华、清雅脱俗的茶艺是我们希望看到的，但我们更希望看到的是茶艺师面对茶、面对共饮一杯茶的人所表现出的真诚、纯善、从容和坦诚。

在现实生活中，我们常见有人把茶艺师的茶艺表演说成茶道或茶道表演；见到某人桌子上有茶盘等专门的茶艺工具，就认为他是懂茶道的人；见到某人穿着茶人服，便认为此人是“茶人”；见到某人随身携带品茗杯蹭茶，也认为此人是“茶人”；见到某宗教人士在泡茶，便觉得此人为茶道高人；等等。这些都是对茶艺及茶艺师的误解。

2. 参加茶会时注意要点

茶艺师应注意：参与茶事活动，衣着得体，干净整洁，尤其是手部要干净，尽量不要涂口红；当着客人的面倒茶添水以七分满为宜；若是茶会服务人员，要兼顾茶汤质量和及时续杯添水；泡茶过程中，茶壶壶嘴不指对客人。在操作各种茶具时，要特别注意安全，尤其是防止烧开的沸水烫伤他人及自己，若有儿童在场，一定要特别叮嘱监护人对儿童多加注意。

品茶者应注意：在享受茶的过程中，应保持感恩之心，注重礼仪礼貌，相互尊重、赤诚相待，注重个人修养。例如，对敬来的一杯茶，应叩指致谢或起身迎茶致谢。品饮时不要喝太烫的茶汤，待冷至适口后再细细品饮。品茶时应以小口啜饮为宜，不宜大口，细品慢咽，闻香品味，静心感悟茶的味道。拿取盖碗时兼顾底托，持小品茗杯以三龙护鼎式为宜。

品茶者若接受茶艺师递过来的公道杯、茶壶等公共茶具，一定要注意不要太靠近茶具说话，以免唾沫飞溅到茶具上，有失礼仪。杯中尚存茶汤不想饮用时，可轻轻倒入水盂或能盛水的茶盘边缘处，不要随意浇淋在正在使用的茶壶上或桌上的茶宠上，注意讲究个人卫生。小茶点、水果等的外包装、残渣等不要投进水盂中，应放在垃圾箱或杂物盆里。茶艺师的茶巾是用来清洁和擦拭茶具的，不是抹布，也不是给客人用的，茶艺师或客人需要清洁时，用自带的手绢、纸巾为宜。泡茶用具多，而且小件居多，取远处物品应特别注意安全，要防止被衣袖和衣服的下摆等带到，碰碎物品。在以茶会友中，切忌高谈阔论，动作不宜大，应温文尔雅，有君子饮茶的礼仪风范。在茶会人多的场所，要注意人身及财产安全，若携带手机，特别要注意防止茶水污染。

13.3　中外饮茶习俗

在长期社会生活中，逐渐形成的以茶为主题或以茶为媒体的风俗、习惯、礼仪称为茶俗。茶俗是一定社会政治、经济、文化形态下的产物，随着社会形态的演变而消长变化。在不同时代、不同地点、不同民族、不同阶层、不同行业，茶俗的特点和内容不同。茶俗具有地域性、社会性、传承性、播布性和自发性，涉及社会的经济、政治、信仰、游艺等各个层面。

中国幅员辽阔，历史悠久，民族众多，56个民族分布在祖国各地。各民族饮茶的风俗多姿多彩，丰富并发展着中华茶文化。少数民族茶俗中，比较闻名的有：藏族酥油茶、维吾尔族奶茶与香茶、蒙古族咸奶茶、白族三道茶和响雷茶、回族罐罐茶和三炮台盖碗茶等。各地与茶相关的风俗也有很多，如庆生、婚嫁、祭祀等。

早在公元9世纪初中国茶叶就先后传入不同的国家，茶在异国他乡被种植、制作、消费，或只被作为消费品。它已经与当地文化相结合，形成了各具特色的饮茶风俗与文化。比较有名的有：韩国的茶礼、英国的下午茶、美国的冰红茶、马来西亚的肉骨茶、印度的红茶等。

13.3.1 中国各民族饮茶习俗

1. 藏族酥油茶

藏族同胞日常饮食中以奶、肉、糌粑为主食。有“腥肉之食，非茶不消，青稞之热，非茶不解”“一日无茶则滞，三日无茶则病”之说。饮茶，不仅可助人体消化，更补充了营养物质和食物中缺乏的维生素。

藏族酥油茶的做法是：在锅内放入适量的水，煮沸后投入碎茶（普洱茶或金尖茶敲碎后的茶），熬煮30分钟左右，使茶汁充分浸泡。滤去茶渣，趁热将茶汁倒入打茶筒（大多为铜制，也有银制或翡翠制成的盛茶器具，材质越高级，越显主人富有），再放入酥油（将牛奶或羊奶煮沸，充分搅拌后，倒入容器中，冷却后凝结于表面的一层脂肪）、盐巴和糖等。这时，盖住打茶筒，用手把持住木棒，不断舂打数十次，直到筒内声音由“咣当、咣当”变成“嚓咿、嚓咿”时，即表示筒内的茶、油、盐、糖等已混合充分，酥油茶就打好了。此时，即可把茶倒入铜制或银制的茶壶中，再分别倒入碗内饮用即可。

饮用酥油茶一定要讲究礼仪。青藏高原人烟稀少，访客不多，可以招待客人的饮品种类不多，加上酥油茶本身的独特作用，因此在藏族同胞眼中，酥油茶是招待宾客的珍贵饮品。倘不讲究饮用礼节，极易伤害宾主友谊和感情。

一般饮用过程：宾客上门入座后，主人立即奉上糌粑（用炒热的青稞粉和茶汁调制成的粉糊，也有捏成团状的），再分别递上一只木制的茶碗，主人会礼貌地按辈分大小，先长后幼向众宾客一一倒酥油茶，然后再热情地邀请大家用茶。客人要注意的是，喝酥油茶时不能端起碗一饮而尽，这种方式会被认为是不礼貌、不文明的，而是要慢慢喝。主人总是随时会把客人碗里的酥油茶添得满满的。假若你不想喝，就不要动茶碗，假如喝了一半，再也喝不下了，当

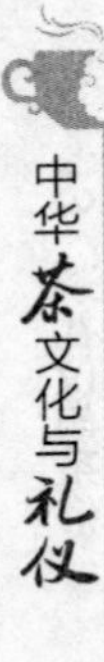

主人把碗里的茶添满，就任其放在那儿，等告辞时再喝一些，最后留一些茶汤有礼貌地泼在地上。也可以不待主人添茶，就把剩下的少许茶汤有礼貌地泼在地上，表示已喝饱了，主人也就不再劝喝了。

2. 维吾尔族的奶茶与香茶

维吾尔族奶茶的具体做法是：将茯砖茶敲碎后放入铝壶或铜壶中，加入适量清水，煮沸后约 5 分钟，向茶汤中加入一碗牛奶（或几个奶疙瘩）和少许盐巴，再煮 5 分钟左右，即可倒入茶碗中饮用。

牧民在劳作之余或接待客人时，多席地而坐，铺上一块洁净的白布，摆上烤羊肉、蜂蜜、苹果和馕（新疆人的主食之一，用全麦面粉烘烤的圆饼），再煮上一壶奶茶，边吃边饮，叙事联谊。女主人会始终在旁为客人献茶劝吃，因维吾尔族人热情好客，喝茶讲究要喝足、喝透、喝出汗。倘若客人已经吃饱吃好，只要在女主人敬茶时，用右手分开五指，轻轻在碗上一盖，表示“谢谢，请不要再加了”，这时主人也领会其意，不再加茶了。

香茶，煮法与奶茶不尽相同，具体做法是：将敲碎的茯砖茶和香料末（用胡椒、肉桂、丁香、豆蔻、良姜、益智仁等研磨而成的粉末）放入长颈铜壶或搪瓷壶中，向壶内注入适量清水，放在火上烹煮，待壶中茶汤沸腾约 5 分钟后，即可倒入茶碗中饮用。讲究一些的，可把滤网套在壶嘴上，滤去茶渣和香料末后再饮用。维吾尔族人饮香茶，多为一日三次，和早、中、晚餐同时进行，一般是边吃馕边喝香茶。茶在这里，已难分是饮料还是佐餐的菜汤了。

3. 蒙古族咸奶茶

蒙古族牧民饮食中以牛羊肉及奶制品为主，粮菜为辅。日常生活中饮用奶茶，不仅是生活习惯及长期以来的风俗，也是饮食中补充维生素和营养物质的需要。具体做法是：将青砖茶或黑砖茶敲碎后，投入已煮有沸水的铁锅或铝锅内，沸腾 3 ~ 5 分钟后，加入牛奶或羊奶（加奶量为水量的 1/5 左右），稍后再加适量盐巴，并充分搅拌，使茶、奶、盐均匀混合。再等到整锅咸奶茶开始沸腾时，滤去茶渣，把煮好的奶茶盛入茶碗（或小瓷碗、木碗）中，即可饮用。

煮咸奶茶，看似简单，其实不然。其滋味的好坏，营养成分的多寡与煮茶时用的锅、茶、水、奶及煮的时间长短和投放配料的顺序都密切相关。只有器、茶、奶、盐、温度五者相互协调，才能煮出咸甜相宜、美味可口的咸奶茶。所以蒙古族妇女对煮茶技艺异常重视，家中姑娘出嫁时，新娘须给亲友宾客煮茶以示受过良好的家教。

在内蒙古牧区，饮食习惯上讲究“一日三餐茶，一顿饭”。每日清晨，主妇的第一件事就是先煮一锅咸奶茶，供全家人一天享用。一般早晨边喝热奶茶边吃炒米，剩下的茶在微火上暖着，便于随时取饮。中午和晚上也喝咸奶茶，但晚餐因全家聚齐，会更为正式、讲究。

4. 白族的三道茶和响雷茶

白族散居于我国西南地区，主要聚居于云南大理白族自治州。白族的饮茶方式非常讲究，一般在逢年过节、生辰寿诞、婚嫁喜庆、新婿上门、拜师经商、亲朋走访之际，多以三道茶待客，日常自家生活饮用多为响雷茶。

三道茶，白族语叫“绍道兆”，其特点是“一苦二甜三回味”，也叫“三味茶”。其产生年代久远，流行广泛，最初是作为拜师、经商、婚嫁时长辈对晚辈教诲与祝福的一种仪式，后渐演变为一种待客的茶俗。旧时一般由家中或族中长辈亲自司茶，现在也有晚辈向长辈敬茶的。三道茶，每道茶的制作方法和所用原料都是不同的。第一道茶，叫“清苦之茶”。做法是：先将小砂罐置于文火上烘烤，烤热后，取一撮茶叶置于罐内，并不停地转动罐子，使茶叶受热均匀。当罐中茶叶发出“啪啪”的声音，茶色由绿转黄并发出焦香味时，向罐内注入沸水。稍停片刻，将茶汤倒入牛眼睛茶盅中，即可饮头道茶。

第二道茶，叫“甜茶”或“糖茶”。做法是：在小砂罐内重新烤茶置水（也有用留在砂罐内的第一道茶重新加水煮沸的）。把牛眼睛茶盅换成小茶碗或普通茶杯，碗内或杯中放入红糖和核桃仁、桂皮等，把热茶汤冲入至八分满后敬给客人。此道茶寓意“人生在世，做什么事，只有吃得了苦，才会有甜香来”。

第三道茶，叫“回味茶”。做法是：煮茶方法同前两道，在碗内放入一匙蜂蜜、少许米花、几粒花椒、一撮核桃仁等（也有在碗内加入用牛奶熬制的乳扇等白族特有的传统食品的），再冲入热茶水，冲入量以半碗为好。客人接过茶碗后，一边晃动茶杯，使茶汤和佐料均匀混合，一边口中“呼呼”作响，趁热饮下。此道茶甜、酸、苦、麻辣、香等各味俱全，回味无穷。此道茶，寓意“凡事都要回味自省，切记先苦后甜”的哲理。

以三道茶待客，一般每道茶相隔3~5分钟。饮茶期间多配以瓜子、松子、糖果等佐饮。近年来，随着社会的发展，三道茶的原料也不断发展和变化，内容变得更为丰富，但“一苦、二甜、三回味”的基本特点没变，依然是白族人民的传统饮茶风尚。

另外，白族人日常饮用的响雷茶，是一种十分富有情趣的饮茶方式，白族语叫“扣兆”。做法是：主人把刚从茶树上采下的芽叶或初制过的毛茶，放入一只小砂罐内，用钳子夹着砂罐，放在火上烘烤。当罐内茶叶“噼啪”作响并发出焦香味时，向罐内冲入沸腾的开水，这时罐内立即传出似雷响的声音。围坐在一起的客人们惊讶声四起，欢笑声不断，象征主宾吉祥如意。又因煮茶时能发出如雷响之声，所以白族人称其为“响雷茶”。当茶煮好后，主人把砂罐内的茶汤一一倒入茶盅，然后再由家中小辈女子双手捧盅，献茶。主宾双方饮茶叙谊，和美吉祥。

5. 回族罐罐茶和三炮台盖碗茶

回族是我国以散居为主、人数众多的少数民族之一。在聚居的宁夏南部、青海和甘肃东部六盘山一带的回族，除了有与汉族相同的“盖碗茶”“八宝茶”茶俗以外，还有与苗族、黎族、羌族等相似的喝罐罐茶的习俗。

具体做法是：在陶土小罐（高约10厘米，罐口直径约5厘米，腹部稍大，直径约7厘米）中盛入半罐清水，置于火塘上煮沸，在沸水中放入炒青茶叶，边煮边搅拌，使茶叶中的成分充分浸出。约3分钟后再向罐内注水至八分满，待罐内茶水再次沸腾时，即可倒入如酒盅大小的粗瓷小杯中饮用。

大多数人喝罐罐茶以清饮为主，也有少数在茶中放入花椒、核桃仁、食盐之类混饮的。

回族人喝罐罐茶习惯的形成，与大西北地区的人文、地理、生活环境密不可分。由于地处高原，气候寒冷，交通不便，新鲜果蔬供不应求，人们日常饮食结构中摄取肉奶制品较多，此时饮用浓茶不仅可以多补充维生素类物质，还可发挥茶的去腻助消化的功效。

三炮台盖碗茶也是回族人喜爱的饮茶方式之一。具体做法是：在三炮台茶具（由盛茶的茶碗、碗盖和茶托组成的茶具）的茶碗中放入茶叶（多用湖南茯砖茶、云南沱茶、炒青绿茶等）3 克、冰糖 50 克、4 颗龙眼（桂圆）干，再冲入沸水，将碗盖盖好，5 分钟后开盖，即可饮用。在饮用时，方式也颇为讲究：以左手执底托将茶碗托起，右手揭开碗盖，用盖子沿着碗边将浮在水面上的茶叶、龙眼干等向后刮去，碗盖微向内倾，向外沿略掀开，并用右手将碗盖扣紧茶碗，左手执底托，双手慢慢送茶碗至嘴边，边喝边刮，喝去部分后，可再续水冲泡，直至最后味淡，把碗内的龙眼去核吃下为止。

13.3.2 中国各地民间茶俗

1. 台湾的饮茶风俗

台湾是我国的产茶大省，茶叶品种极为丰富，如东方美人茶、福寿茶和冻顶乌龙茶等也深受大陆茶人的喜爱。台湾的饮茶风气极盛，城乡到处都有各种大大小小、形式多样的茶艺馆及经营各类茶食、茶饮料、茶叶和茶具的场所。台湾传统饮茶习俗主要有文人茶、忠义茶、老人茶和擂茶等。

现在台湾和大陆以及世界各地的茶艺交流越来越多，为中国传统茶文化发展做出了贡献。

2. 广东的饮茶风俗

广东人喜欢吃早茶。“一盅二件，人生一乐”，这是广东人对早茶的描述。所谓一盅二件，是指早茶常以一盅茶配两道点心，所以广东人所讲的喝早茶，其实是吃早饭。有文字学家提出，广东话里早茶的“早”作“最重要”讲。无论作何解，吃早茶对广东人来说，是每日的必修课。广东人上班之前，进茶楼占一席位，由服务员用精美别致的茶具沏上一壶好茶，再点几道美味可口的点心，一边品饮香茗，一边吃点心。

在广东，商界人士请客户进茶楼品茶谈生意也成为一种风俗。茶楼所备的茶叶品种甚多，有红茶、绿茶、乌龙茶、花茶、六堡茶等；点心也是各式名点齐备，如叉烧包、水晶包、小笼肉包、虾仁小笼、蟹粉小笼、虾饺和各种酥饼，除此之外，还有鸡粥、牛肉粥、鱼片粥和云吞等，真可谓香茗配名点，相得益彰。

3. 香港的饮茶风俗

香港人爱去茶楼饮茶，主要还是与广东的饮茶风俗接近，早晨也有去茶楼吃早茶的习惯。乌龙茶、普洱茶、红茶等都是茶客们喜欢喝的茶类。饮茶方式呈多样化，如现代休闲茶吧小饮的方式就深受青年人欢迎。

13.3.3 中国各地与茶相关的礼仪

1. 茶与生的礼仪

在南方的许多地区流行一种风俗：当婴儿刚出生时，第一个来看望产妇的外人，俗称“踩生人”。其进屋后，必须先喝一碗由主人双手奉上的米花糖茶。喝这种原始状的“茶”，意味着人一出生就得到茶图腾的佑护。而且在“三朝日”（新生儿诞生第三日），按国内许多地区的风俗，还要举行“吃原始煮茶”仪式，这其实都是原始茶部落阖族庆祝部落新生命到来的庆典遗韵。

在江西等地，若有婴儿出生，家长会用七叶红茶、七粒白米包成一个小红纸包，分发给亲朋好友。亲友们在收到红包后，须回一些礼钱。家长就用众亲友的礼钱买一把银锁，锁上刻有“百家宝锁”“长命百岁”等字样，挂在婴儿的脖颈上。民间认为，这样孩子就可以得到众人的祝福，防病消灾，趋吉避凶。

等孩子满月时，各地风俗又各异。比如浙江，要给小孩行“擦茶剃胎发”仪式。一般程序是：先敬清茶于祖堂，在茶稍凉后，主持仪式的妇女边蘸茶水、边在孩子的额头与发际间轻轻揉擦，同时说些特定的话，如“茶叶清白，头发清白”，然后才可开剃，俗称“茶叶开面”。剃净后，再用茶水抹一遍头顶，然后将胎发与现拔的猫毛、狗毛揉成一团，与红枣、桂圆用红线穿成“胎发团串”（一般红枣在上，胎发团在中间，桂圆在下边），挂在孩子母亲的床沿上，意为孩子永远在母亲身边，永远受母亲的保护。

在湖北咸宁地区，婴儿出生的第三天就要做“三朝”，喝三朝茶；满月时要做“满月”，喝满月茶；一百天要做“一百天”，喝百日茶；一周年做“抓周”，喝一岁茶；此后每年做一次生日，谓之“散生日”；五年做一次，谓之“小生日”；十年做一次，谓之“大生日”。而每做生日就要喝茶，而且很讲究，配料一般有八种以上。喝茶时，往往边喝茶边说或边唱贺词，如同现在的生日快乐歌曲一般，别有一番情趣。

2. 茶与婚俗礼仪

在明代时就有“定亲茶”的记载。清代人福格在《听雨丛谈》卷八中说：“今婚礼行聘，以茶叶为币，清汉之俗皆然，且非正室不用。”清代的郑板桥曾写了一首《竹枝词》，其中就描写一位性情爽朗的女子爱上一位青年的请茶诗：“湓江江口是奴家，郎若闲时来吃茶。黄土筑墙茅盖屋，门前一树紫荆花。”旧时在汉族的许多地区，未婚少女是不能随便去别人家喝茶的，因为一喝茶就意味着她愿意做这家的媳妇了。直至今日，还有俗语“一女不吃两家茶”“好女不吃两家茶”等说法。在曹雪芹的小说《红楼梦》第二十五回中，凤姐提起曾送给黛玉两瓶暹罗茶之事，随后就对黛玉打趣道：“你既吃了我们家的茶，怎么还不给我们家做媳妇？”这也说明了旧时女子吃茶意味婚姻之事。

在旧社会，男方随媒婆或父母到女方家提亲、相亲，女方的父母便叫待在闺中的女儿端茶待客，由此拉开了“相亲”的序幕。男方家人趁机审察姑娘的相貌、言行、举止，姑娘也暗将未来夫君打量一番。喝完甜茶，男方来客就用红纸包双数钱币回礼，这一礼物叫“压茶瓶”。到了娶亲这一天，男方的迎娶队伍来到女方家，女方家就要请吃“鸡蛋茶”（甜茶内置一个脱壳煮熟的鸡蛋）。

新婚婚宴后，新郎、新娘在媒婆或家人的陪伴下，捧上放有蜜饯、甜冬瓜条等“茶配”的茶盘，敬请来客吃茶，此礼叫“吃新娘茶”。结婚成亲的第二天，新婚夫妇合捧“金枣茶”（每一小杯加两粒蜜金枣）跪献长辈，这就是闽南、台湾民间著名的“拜茶”，也是茶礼在婚事中的高潮。倘若远离故乡的亲属长辈不能前往参加婚礼，新郎家就用红纸包茶叶连同金枣一并寄上。

在我国许多地区，现在依然流行着古老的婚俗茶礼。比如云南佤族订婚，要送三次订婚礼：第一次送“氏族酒”六瓶，不能多也不能少，另再送些茶叶、芭蕉等，数量不限；第二次送“邻居酒”，也是六瓶，表示邻居已同意并可证明这桩婚事；第三次送“开门酒”，只需送一瓶，是专门给姑娘母亲晚上为女儿祈祷时喝的。撒拉族中，假如女方同意男方的提亲，男方就

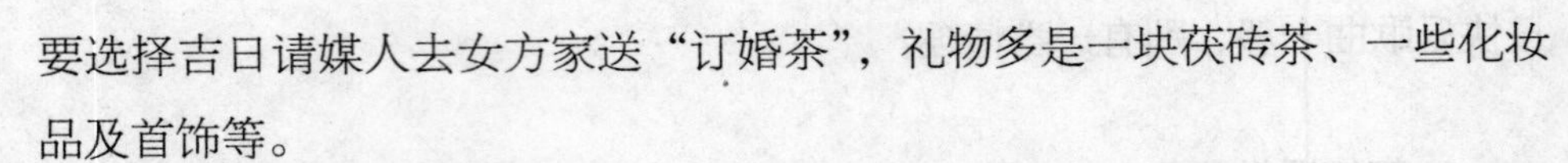

要选择吉日请媒人去女方家送“订婚茶”，礼物多是一块茯砖茶、一些化妆品及首饰等。

西北回族提亲被称为“说茶”，带有明显地将女子称呼为“茶”的痕迹。男方家父母相儿媳妇，女方家也要看女婿，若男方相中了，媒人到女方家回话时，首先要带茯砖茶，女方若收下此茶，则被视为同意，此举被称为“订茶”。事后，择吉日举办正式订婚宴“吃喜茶”。届时，女方要把男方送来的茯砖茶切成小块，送给众亲友分享。

另外，不少地区和民族在“订婚茶”后还有“彩礼茶”“迎亲茶”等风俗。通常，流行“彩礼茶”的地方较多，排场更大。比如撒拉族中，彩礼中必须有三块茯砖茶，其中一块送女方，一块送新娘舅家，一块送女方家远亲，都需用木盘盛送。同时还需有马、骡、羊及棉花等礼品。

尽管各地区的“订婚茶”“彩礼茶”“迎亲茶”等各异，但其实质都是一致的：最初都是茶图腾的婚俗礼仪的一部分，但随着时代的发展，各有残留，也各有变异，这才形成了各民族五彩缤纷、奇特有趣的婚俗茶礼。

3. 茶与节日礼仪

中国历来是一个重视节日的国家。在众多的节日中，茶和茶礼自是不可或缺的一部分。

①各地新年的茶礼仪

在江浙地区，正月初一，主人家必须以茶叶、青橄榄、金橘等为茶料，放入盖碗中，冲泡“元宝茶”待客。

在福建一带，天刚蒙蒙亮，各家就以爆竹之声“开正”，黎明时分，全家长幼聚集堂上，供桌上烧香点烛，以清茶、甜果及甜菜等祀神祭祖。由长者领头，依次行三跪九叩之礼，接着烧金纸、燃爆竹，祈求迎新辟邪、全家安康，以此作为全家的吉祥开端。而后，大家喝甜茶，相互祝贺新禧。天亮后，亲友也登门拜年，各道恭喜，主人必敬以糖茶和九龙盘。

在台湾，新年伊始的三更时分，全家聚齐开始祀神祭祖。以清茶、红豆等祭品上供，人人肃穆虔敬，先祭神后祀祖，为新年开正。

在广东翁源一带，新年一早，燃放爆竹“开门”之后，妇女们马上生火做饭，先盛上五碗饭，然后与在茶盘中摆好的茶及酒、肉，姜盐碟、香烛、纸钱、串炮等物，一起捧至家庙祀神祭祖。而在广东东莞一带，大多数人家都先选择一个吉利的时辰，届时举行祀祖典礼，祭品是茶、酒、饭、肉菜、年糕、瓜果、各色点心等，祭祀完毕后，全家团聚喝茶吃饭。在潮州一带，新年早起以茶祭祖后，全家团聚吃“五果汤”（用薏米、芡实、莲子、龙眼干、豆粉等合煮而成后，再用白糖调制的一种汤）。

重庆南部地区，正月初一，人们争相早起，从井中汲水烧茶，煮熟后奉献于家堂的“神龛”之下。同样的风俗，在广西、贵州也有流传。

在藏族地区，新年一大早，各家要用酥油茶、糖果、青稞的幼苗等为祭品，祀神敬佛祭祖，而后，大家痛饮酥油茶、青稞酒，相互祝福。

②端午节的“午时茶”

流行于南方地区的端午节“午时茶”，一般由苍术、藿香、苏叶、建曲、麦芽、陈茶等配制而成。

在浙江金华等地，端午节当天，民间多用红布做一鸡心形袋子，内装茶叶、米和雄黄，挂在小孩胸前，以驱邪祈福。

在贵州一些地区，端午节当天，人们将两张十字形的红纸贴于壁上，并写上：“五月五日午，天师骑艾虎。手持菖蒲剑，斩魔入地府。”民俗说，如此可以驱除虫害。也有用一小方形红纸写一“茶”字倒贴着，据说有同样的效验。

在山东鲁南一带，每逢端午节，则有采枣花当茶饮的风俗，据说吃了可辟邪健体。

在浙江宁波地区，端午节又称“送药节”，这一天流行采集百草，如以千金花、六月雪、秋蒿、桐子叶等为药，互送亲友，煎为茶饮，民间认为此日饮此类“茶”，可祛邪强身。

③中秋节的茶礼

中秋之夜，在我国许多地区都有品茗赏月之风俗。如在浙江省杭州市，流行中秋之夜桂花树下品茗赏月。

在湖南新晃等地的侗族有中秋之夜“偷月亮菜”的风俗。即中秋之夜趁着月色，侗家姑娘打着花伞去自己心爱的后生家的花圃里摘瓜菜，临走时高喊：“你的瓜菜我扯走了，你到我家去吃油茶吧！”这其中的中秋油茶，是两情相悦的纽带。

在湘黔桂毗邻的地区，中秋之夜青年男女要举办“茶歌节”。小伙子到姑娘家唱歌取乐，姑娘要亲手制作油茶款待，而这油茶的原料，还必须是姑娘自己开荒种植出来的。

13.3.4 国外饮茶风俗

1. 韩国

韩国人的饮茶历史较早，在一千多年前的新罗时期即有以茶入祭的记载。韩国人在每月农历初一、十五，以及节日和祖先的忌日时，在白天举行祭礼，称为“茶礼”。

韩国提倡的茶礼以“和”“静”为基本精神，含义包括“和、敬、俭、真”。“和”是要求人们心地善良，和平相处；“敬”是要求尊重别人，以礼待人；“俭”是指俭朴生活，廉正处世；“真”是指为人正派，以诚相待。另外，传统的茶礼精神还包括“清”“虚”。韩国茶礼侧重于礼仪、茶礼的过程，从迎客、环境、茶室陈设、书画、茶具造型与排列、投茶、注茶、点茶、吃茶等，都有严格的规范和程序，力求充分展现茶礼的清静、悠闲、雅致与文明。韩国茶园以生产绿茶为主，少量生产乌龙茶；饮茶方式较多，如点茶等，也有近代新发展的茶艺。中国的红茶、绿茶、乌龙茶、普洱茶等在韩国也多有饮用。随着韩国茶文化的推广，茶文化团体不断增多，有韩国茶道会、韩国茶人联合会、韩国茶文化协会、韩国茶学会、陆羽茶经研究会等。

2. 英国

中国茶叶是 17 世纪开始传入英国的，由于运费昂贵，加上英国政府对这种东方饮品课以重税，当时能享用得起茶叶的人，自然只有贵族阶层，喝茶也就成了英国人身份的象征。

在英国，下午茶也称午后茶。18 世纪中叶，英国人流行丰盛的早餐，简单的午餐，直到晚上 8 点才吃晚餐。据说贝德福公爵夫人安娜别出心裁，在下午 5 点钟邀请朋友品茶、吃茶点，后来这种方式很受朋友们欢迎，并逐渐流行于贵族之间。如今，在每天下午 4 点到 5 点，英国人就去喝下午茶，即使遇上办公会议，也要暂时停下来饮午后茶。

英国人的喝茶方式与中国人大不相同，其饮茶浓淡各有所好，但一般都要加糖加奶。是先加奶还是先倒茶，还相当讲究。据说早期英国贵族饮茶时，因用英国的瓷器沏茶，茶杯易受热而爆裂，故要先倒入凉牛奶，然后才能冲入热茶；若用中国茶具（当时用高价购买）冲茶时，往往故意当着客人的面将滚烫的茶汤倒入茶杯里，然后再加入牛奶。

英国人冲泡茶叶，烧水也很讲究，必须用生水现烧，而不用冷开水。水煮沸后，马上冲入泡茶的壶中，否则会认为泡出的茶不香。泡茶的茶具喜用上釉的陶器或瓷器，不喜用银壶或不锈钢壶。

在英国还有一个传统习俗，在清早 6 点左右空腹饮“床茶”。尤其遇到客人来家作客，主人给客人送上一杯早茶，这也是唤醒客人的最好方法，顺便还可以询问客人的就寝情况，以表示关心。在上午 11 点左右还要饮一次“晨茶”。

当代英国市场上的中国茶叶品种也相当多，餐馆中也有各色茶叶供应，不少餐馆还供应茉莉花茶，但对真品龙井绿茶或滇红，英国人大多生疏，能真正了解并喜爱的人就较少了。

英国人还有一种饮茶方式，就是饮冰茶。一般的做法是：冲泡好红茶汤，把冰块放进茶汤中，再加入牛奶和糖。这种茶香甜适口，多在夏季饮用。

3. 美国

美国人最喜欢饮冰茶，而且以速溶茶为主，这与美国社会崇尚简单、快速的生活方式有关。冰茶的一般制法是：将红茶泡成浓厚的茶汤，倒入预先放入冰块的玻璃杯内，再加入适量蜂蜜和一两片新鲜柠檬。

4. 马来西亚

马来西亚居民在举行宴会时用茶水、冰水待客，而不用酒，也喜欢吃肉骨茶和中国茶等。肉骨茶原是流行于中国闽南和闽粤相邻地区的风俗。一般制作方法是：用乌龙茶（如铁观音、白毛猴茶等）以沸水冲泡待用，另外选用新鲜质优的排骨，加入各种佐料、名贵药材等熬成肉骨汤。宾客一边饮茶一边吃肉骨汤，茶汤滋味醇浓、清香浓郁，肉骨汤清香味美、益气滋补。

5. 印度

印度人的饮茶方式是从西藏传播过去的，人们一般喜欢浓味的加糖红茶。具体而言，又可分为两种：第一种为调味茶。用红茶茶汤与羊奶以 1∶1 比例调和煮好后，再加入一些生姜片、茴香、丁香、肉桂、槟榔、肉豆蔻等以提高茶香和营养。第二种为马萨拉茶，也叫舔茶。在红茶中加入姜片或小豆蔻，煮好后，把茶汤倒在盘子里，用舌头舔食。

在印度北方的家庭里，也有用茶待客的习俗。客人来访，主人先请客人坐到席子上，客人若为男性，则必须盘腿而坐；若为女性，则必须双膝相并屈膝而坐。主人会献给客人一杯加糖的茶水，客人不要马上接茶，要先推辞客套一番后，再双手接过，细品慢咽，并可食水果和甜食等茶点。这种饮茶方式表现出主宾相融、客气有礼的气氛。

14 茶器美学

茶具也叫茶器，最初都称为茶具。我国茶具种类繁多，各类材质、各式造型的茶具驰名中外。从古至今的各国权贵富豪无不以拥有中国茶具为荣，而茶具中的宜兴紫砂壶、景德镇瓷茶具更为爱茶人士所追捧。西汉王褒《僮约》中的“烹茶尽具”，指烹茶前要将各种茶具洗净备用。茶具到晋代以后则称茶器。到唐代，陆羽《茶经》中采制所用的工具称为茶具，把烧水泡茶的器具称茶器，以区别其用途。宋代，又合二为一，把茶具、茶器合称为茶具。一般而言，狭义的茶具主要是指茶杯、茶碗、茶壶、茶盏、茶碟、托盘等饮茶用具；广义来说，是指与饮茶有关的所有器具。古代的茶具演变有一个漫长的过程，从无到有，从共用到专一，从粗糙到精致。

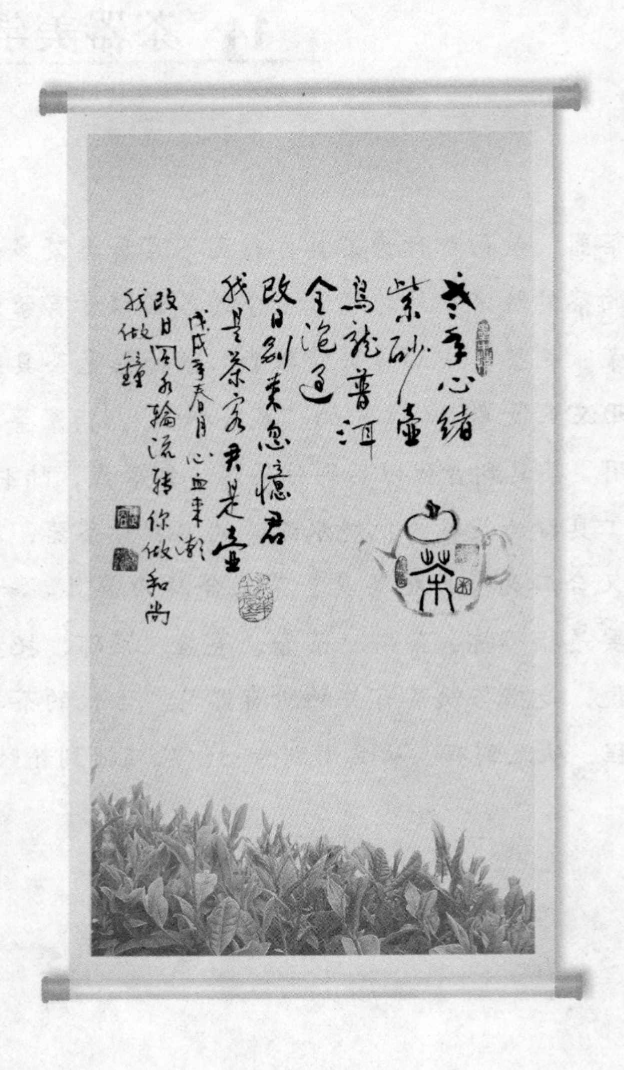
紫砂壶
乌龙普洱
全泡过
改日别来忽忆君
我是茶客君是壶
戊戌年春月心血来潮
改日风水轮流转
你做和尚
我做钟
茶

14.1 为茶而生的茶器

我国茶具发展最早，在原始社会，人们生活简朴，饮食文化不发达，还没有专门的茶具，饮食器具多为土罐、木碗等，且一器多用。奴隶社会以后，食器有了发展，开始出现陶碗，后经逐渐演变才出现了专门用于贮茶、煮茶和饮茶的茶具。茶具的发展是中华民族文化发展的集中反映，也是陶瓷工业、制壶技艺和茶道茶艺有机结合的象征。古代的茶具演变有一个漫长的过程，从无到有，从共用到专一，从粗糙到精致。

茶具发展到后来，依其用途不同，主要可以分为八类：一是生火用具，如风炉、灰承、筥、碳挝、火筴等；二是煮茶用具，如鍑和交床等；三是烤、碾、量茶具，如夹、纸囊、碾、拂末、罗合、则等；四是水具，如水方、瓢、竹筴、熟盂等；五是盐具，如鹾簋和揭等；六是饮茶用具，如碗和札等；七是清洁用具，如涤方、滓方和巾等；八是藏陈用具，如畚、列具、都篮等。根据质地不同又有陶土、瓷器、玻璃、搪瓷、漆器、玛瑙、金属、竹木茶具等。

陶土茶具出现于新石器时代晚期，由硬陶发展成釉陶，直到晋代才较多采用瓷茶具；唐代时瓷壶（也叫注子）、瓷碗、白瓷为主要的茶具；宋代时黑瓷、青瓷、白瓷等较为流行，茶具的型制方面出现了茶盏（茶盅）、茶壶，也由常见的莲花瓣形发展成瓜棱形；元代时景德镇青花瓷最为鼎盛，闻名于世；明代时宜兴的紫砂陶土茶具又与瓷器争奇斗艳，名噪一时，此时的景德镇在青花瓷的基础上又创烧了“斗彩”“五彩”“填彩”等。到清代时，陶瓷茶具的生产达到了空前鼎盛时期，形成了以瓷器和玻璃器为主的局面，朝廷内外多以瓷器为佳品。

现在，我国茶具仍以“景瓷”和“宜陶”最受人们喜爱。除了景德镇的瓷器、宜兴的紫砂陶器之外，福建德化、河北唐山、山东淄博、浙江龙泉、湖南醴陵等地的陶瓷茶具也非常著名，它们以其优良的宜茶性能和艺术审美性而受到了茶人的喜爱。

按照材质来划分，茶具主要分为陶、瓷、玻璃、金属、竹木、塑料、纸、漆器、玉、石、水晶、玛瑙、搪瓷等。近年来，紫砂壶、青花瓷壶等具有历史文化价值的茶具受到了诸多茶具收藏家以及爱茶人士的关注和追捧。

另外，石质茶具中用石头雕刻的石壶，其艺术性和泡茶性也较佳，是近年来受到茶人喜爱的茶具之一。石头中有益于人体的微量元素常随茶汤被补充到体内，石质茶具的天然纹理、质感及各种造型也给茶人带来了美的享受。

近年来，随着中华茶艺的兴起，人们对茶艺的兴趣越来越浓厚，这也促使茶具设计师们不断设计出新的茶具来。尤其是一些艺术家心灵手巧，利用自然的竹、木、石材等设计制作出具有天然意趣的手工茶具，令人爱不释手。结合当代科技的发展，一些公司设计制造出了一些具有科技含量的茶具，体现了时代特色。尤其是每年在国内举办的世界茶业博览会以及各地的茶博会、工艺美术展会等，都能看到富有创意的茶具，令爱茶者耳目一新。

14.2 常用茶具的特点

14.2.1 盖碗

盖碗材质多为瓷质，玻璃材质的不多。选购盖碗茶具应特别注意盖钮造型，以食指抵触舒适、能搭得稳当为宜。传统型的盖碗边缘有向外舒展及向上伸展的样式，向外舒展式初学者使用起来较为方便、舒适，不易烫到手。

另外，近年来也有很多改良创新型设计的盖碗，如盖碗内部设计了分隔茶叶的有空洞的“墙”、盖碗边缘设计了短流嘴等，方便了泡茶。

14.2.2 玻璃茶具

选购玻璃茶具应注意玻璃茶具壁内不能存有气泡，厚薄程度应均匀，身筒过长的玻璃杯一般使用不多，除非是为了茶艺表演观“茶舞”的需要，个人品饮玻璃杯一般选用身筒较矮的为宜。玻璃壶、公道杯的玻璃材质应注意选择质量较好的。尤其是公道杯，现在还有琉璃装饰的手柄、流嘴等，受到茶友喜爱。

14.2.3 陶壶

江苏宜兴紫砂、云南建水紫陶、广西钦州坭兴陶、四川荣昌陶被誉为“中国四大名陶”。宜兴紫砂壶是名陶中的佼佼者。紫砂壶宜茶性好，能发真茶之色香味。茶艺中选用的紫砂壶应注意重量适宜、容量不宜过大（100～500毫升为宜）、符合自己的手形，置茶及清理茶渣方便，造型以圆形为主。除宜兴紫砂壶外，其他三大名陶都有茶具制作，也是各具特色。

14.2.4 瓷壶

瓷质茶具质地致密，适宜沏泡各种茶类，且泡茶不受上一次茶类的影响，只要清洗干净，再泡另一种茶即可。瓷质茶壶有大有小，旧时很多家庭中“洋桶壶”瓷壶，多放在八仙桌上，便于客人沏茶，现在茶友中选用200～500毫升的瓷壶泡茶较为多见。

14.2.5 铁壶

在铁壶茶具中，当今以日本铁壶最受茶人追捧，其功用是煮水。另外，前几年普洱茶热的时候，浙江有不少民营企业生产小铁壶用以沏泡普洱茶。

14.2.6 银壶

茶艺的流行，也带动了银壶的销售。不仅拍卖市场上有各种古董级的银壶，现实生活中各种或大或小的银壶也常被茶艺师们选用。用银壶泡白茶、红茶、黑茶等，风味特别，一般200毫升左右的小银壶较多，价格相对不高，适合普通茶友消费。

14.2.7 其他茶具

茶友总是会淘多种茶具，有的还喜欢自己创造一些小茶具，让有茶的生活更添光彩。在日常生活中，可以根据茶席设计的要求，不断增添各类茶具，把茶席设计得更有趣味，更加具有中华茶文化的韵味。

14.3 景德镇瓷茶具之美

瓷器是中国古代的伟大发明之一。因其致密的胎质和釉色（多施透明釉）便于泡茶和观色而成为泡茶常用佳器。

景德镇的瓷器以“白如玉、明如镜、薄如纸、声如磬”而闻名世界。自明代以来，它即已成为全国的制瓷中心，千百年来以“中国瓷都”而闻名天下。景德镇制瓷历史悠久，从现有文献记载来看，早在1700多年前的东汉时期就有陶瓷生产。六朝时期，景德镇陶瓷业已进入瓷器阶段。唐代时，随着制瓷技艺的提高，所制瓷器被誉为“假玉器”，献于宫廷。宋代时，景德镇瓷器因胎质、造型、釉色、制作等方面的优势而进入鼎盛时期，影青是其代表作品。元代时，瓷器创新不断，青花白瓷和釉里红瓷器创制成功，把瓷器的装饰推入釉下彩的新阶段。明代时，景德镇已经成为全国制瓷业的中心，所出产的青花瓷器，成为全国瓷器生产的主流。此时，釉上五彩瓷器的创制，开创了瓷器装饰釉上彩的新纪元。永乐、宣德年间还烧制了铜红釉和其他单色釉瓷。瓷都景德镇在制瓷规模、工艺和瓷器质量等方面，享誉世界；清代景德镇仍是制瓷中心，瓷业空前繁荣，技艺水平冠绝一时，生产规模全国最大，是瓷业生产的黄金时代。清代康熙、雍正、乾隆时期，是景德镇瓷器生产的高峰期。从瓷器特点来看，康熙时期的刚健、雍正时期的雅致、乾隆时期的华缛；康熙时期的装饰多用人物，雍正时流行花鸟，乾隆早期尚奇巧，晚期重模仿（仿铜、仿漆、仿木等）；康熙时的五彩、雍正时的粉彩、乾隆时的珐琅彩等制作水平都达到了很高的水准。如今的景德镇，已经是一个拥有集陶瓷原料、机械、生产、教育、科研、经济、旅游于一体的比较完整的陶瓷工业和陶瓷文化艺术中心。

用瓷器泡茶，常泡绿茶、花茶、红茶、乌龙茶等，非茶之茶的菊花、金银花、玫瑰花等也常用瓷器来冲泡。素雅的白色杯壁（或壶壁），映衬得茶汤非常美观，瓷器的胎体致密（因施釉而封闭茶具壁的气孔），又促使茶香不易被吸收，所泡制的茶汤就显得特别清冽。闻香杯也多为瓷质，闻香杯致密的胎质使茶汤残留杯壁之后茶人可嗅得热、温、冷香之不同，而体验所泡之茶的妙香。

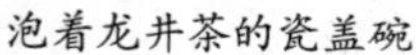

泡着龙井茶的瓷盖碗

手绘青花白瓷品茗杯

瓷器因瓷质致密，瓷胎不会像陶器那样易吸收茶汁，故不必刻意养壶。只要每次泡完茶把茶渣洗净、擦干，放在干燥通风处保存即可，注意不要用过于粗糙的清洗布擦拭，以免划伤茶具表面的光亮釉质。瓷质茶具经过长期的使用，也会有岁月的包浆，一样会有心动的喜悦。

瓷器的装饰手法极多，釉上装饰有古彩、粉彩、墨彩、新彩、广彩、电光彩、贴花、刷花、喷花、戳印花、描金、腐蚀金等；釉下装饰有青花、青花玲珑、釉里红、刻花等；综合装饰有青花斗彩、青花玲珑加彩、素三彩、珐三彩、颜色釉加彩、颜色釉刻花等；此外，还有圆雕、堆雕、捏雕、镂雕等技法。瓷器装饰技法的灵活运用，使得瓷艺大师们制作出来的瓷器茶具，既宜于泡茶又具有极高的艺术审美性，使人在享受美味茶汤之时，还能得到艺术上的审美体验。

14.4 宜兴紫砂茶具之美

紫砂茶具，主产于江苏省宜兴市丁山镇。它初创于北宋而成于明代，它的兴盛与茶叶的制作和饮用由蒸团、碎碾、沸煮改为散叶、炒青、冲泡等有直接的关系。紫砂茶具和一般陶器茶具不同，其里外都不敷釉，被人们誉为“素面素心”。紫砂壶由宜兴丁山的紫砂矿石经过一系列加工后炼制的紫泥、绿泥、红泥等精制焙烧而成，因配料、烧制温度及烧造处理方法不同，成品紫砂壶呈现黑、褐、紫、黄与绿等多种颜色。

宜兴市从行政区划上现隶属于无锡市，是具有 7300 多年制陶史的陶瓷产区。在此地，除了紫砂陶名誉世界之外，还有精陶、彩陶、均陶和青瓷等均享誉海内外，与紫砂并称为“五朵金花”。当下，“紫砂热”也带动了其他相关茶具产业的发展。因此，宜兴茶具，不仅有紫砂壶，也有其他陶瓷材质的茶具。

14.4.1 紫砂壶的五大特色

自明代瀹茶法成为主流以来，江苏宜兴紫砂壶因其益茶特点被好茶之文人雅士奉为宝器。明代周高起《阳羡茗壶系》：“以本山土砂，能发真茶之色香味。”紫砂壶因其透气性好，造型多样，适宜泡茶、储存茶汤，成为泡茶择器的首选。

①宜茶性

紫砂材质好，无毒无味，用紫砂泥制成的壶，胎体具有双气孔结构。用紫砂壶沏泡茶叶，香气滋味浓郁，比其他茶具更能延长保质期。

②紫砂泥制器精密

紫砂泥料可塑性强，可以独立成陶，制作精细精密的茶具，口盖可以做到纹丝不动（位移公差在 0.5 毫米以内），艺师巧匠能制作出具有各种造型装饰特色的紫砂壶作品。

③具有突出的触觉和视觉之美

紫砂壶具有丰富的肌理，给人以妙不可言的触觉感受。不同材质的紫砂泥在千度窑烧后呈现多种色彩，比如有咖啡色、米黄色、红色、绿色、灰色等。经茶水养护后，温润如玉，富有视觉美。

④适合把玩，可得妙趣

紫砂壶经过长期泡茶使用及把玩，壶表面会有温润如玉般的包浆，不仅观之养眼，触摸还令人心生怡悦。富有古雅之美的紫砂壶艺术品，清供案头，还能使人静气，平缓焦躁，消除烦恼，具有艺术品抚慰心灵之功效。

⑤情感、文化载体

紫砂壶精品还具有艺术家的个性化特征，其土质细腻，支持多种装饰手法，如陶刻文字图画、绞泥色彩斑斓的抽象图案等。紫砂壶是文化符号的载体，见证历史之物件，也是寄托情感、传播文化之器物。

14.4.2 紫砂壶的分类

紫砂壶造型千姿百态，历来就有“方匪一名，圆不一相，文岂传形，赋难为状”之誉，“方圆”变化之奥妙，全在这一把茶壶之中。从造型角度来讲，紫砂壶主要分为光器、花器、筋纹器和雕塑器，以及采用综合设计和装饰手法创造的介于四种器型之间的壶。

1. 光器

光器，又分为圆器和方器，也称为“几何体造型”，是根据球形、筒形、立方体、长方体及其他几何图形变化形成的。其造型设计上多要求壶嘴、壶纽、壶把在一条直线上，壶口、壶嘴和壶把位于同一个水平面上，壶把、壶嘴和整个壶身达到整体平衡，具有和谐的美感。

①圆器

由各种不同的方向和曲度的曲线组成，造型讲究“圆、稳、匀、正”，其艺术性要达到“柔中寓刚，圆中有变，厚而不重，稳而不笨，有骨有肉，骨肉亭匀”的要求，显示了活泼柔顺之美。

②方器

造型是由长短不等的直线组成的。方壶讲究方中藏圆，线面挺括平正，轮廓线条分明，给人以干净利落、明快挺秀之感。艺术造型的规则是：线条流畅，轮廓分明，平稳庄重，以直线、横线为主，曲线、细线为辅，器型的中轴线、平衡线要正确、匀挺、富于变化。它讲究外轮廓线的组合，并用各种线条作为装饰变化，要求壶体光洁，块面挺括，线条利落。

在光器中有一种容量为 100～150 毫升的水平壶，多用于冲泡乌龙茶，以圆器造型为多，主销于福建、广东、台湾、香港等嗜饮乌龙茶之地。

2. 花器

花器，造型也称塑器、花货、自然形体，主要是把动植物的自然形态，用浮雕、半浮雕、堆雕等造型设计成仿生形态的茶壶，讲求“巧形、巧色、巧工”。巧形就是造型设计构思奇巧，既肖形又不落入自然主义的俗套，整体处理达到视觉上的美观与触觉上的舒适，功能合理，理趣兼顾；巧色是巧妙利用泥料的天然色泽来突出作品的主题；巧工是艺人们运用高超的雕镂捏塑技巧来塑造作品，取得形神兼备的艺术效果。常见的南瓜壶、梅桩壶、寿桃壶等即是此类作品。评价花货作品，应探究其“形、神、气、态、韵、精、功”等多种艺术效果。利用紫砂矿土通过艺术手法来表现出自然界中多姿多彩的动植物，也体现了紫砂艺术的无穷魅力。

3. 筋纹器

筋纹器，造型也称筋囊货、筋纹货、筋囊器、筋瓤器、筋纹形体。将自然界中的瓜棱、花朵、云水纹等形体分为若干等份，把生动流畅的筋纹纳入精确严格的设计当中，使壶盖与壶体线条顺畅通达，或阴或阳，变化自然生动。其造型设计的重点是俯视角度下追求平面形态上的变化。筋纹器造型纹理清晰流畅，口盖衔接严密，体现了一种秩序、节奏之美。

4. 雕塑器

雕塑器，类似雕塑作品的紫砂壶。从外观上看是一件具有艺术性的紫砂雕塑品，在适当的部位设计壶嘴、壶把、壶盖等，具有泡茶功能。也有舍去泡茶功能的，纯粹是艺术观赏性的壶品。

紫砂壶造型多元化，几乎包括了自然界中可视的、可想象到的形体。制壶艺师们灵活运用光货、花货、筋纹货、雕塑等造型技法，将单一或多种技法运用于一壶，在当今更是创造了难以计数的壶艺作品。

当代一部分壶艺家们还在尝试一种探索，就是淡化紫砂壶的泡茶实用功能，注重壶的概念，注重表达壶艺思想的“现代紫砂”。浪石先生在《悄然兴起的现代艺术意识》一文中描述了现代紫砂的五个表现：“形体构成有了新的思维方法；有意识地强调点、线、面在形体中的地位；打破了功用结构的旧观念；重视表现材质的质表肌理；后现代艺术的综合美学意识。”随着各种新科技、新工艺在紫砂壶制作上的应用，各类创新壶也会不断问世。

14.4.3 紫砂壶的美学特点

紫砂壶集诗书画印于一体，不仅具有实用性，还具有艺术性。设计制作者通过调和泥料、造型、装饰、烧造等工艺，将紫砂壶烧成成品之后，加上泡茶者的使用养护，令紫砂壶温润如玉，呈现出其特有的美学意趣。

高庄设计，顾景舟制——提壁壶

自明代以来的“古朴、含蓄、精巧、文雅”的紫砂壶艺，如今依然是主流。除继承传统紫砂壶美学之外，当代紫砂壶艺术呈现出多元化的特点。世界文化的交融，在紫砂陶艺上日益彰显，传承创新，亦日见新风貌。设计创新、材质创新、技术创新、装饰创新等在紫砂陶艺方面多有呈现，当代更是有越来越多的人从事紫砂产业，关注紫砂艺术，是紫砂陶艺发展历史上的繁盛时期。紫砂壶设计制作者，立足当代科技，结合紫砂壶艺术多元化的需求，创造了各种艺术风格的紫砂壶作品，展现了紫砂壶艺术繁荣创新的新面貌。

紫砂壶艺术美学内涵丰富，难以用文字描绘表达清楚。笔者观壶数载，提炼了壶艺美学关键词24个：素朴、古拙、文心、禅意、清妙、儒雅、谦逊、闲逸、雅趣、爽净、壮硕、厚重、迂直、刚正、粗犷、谨严、精巧、细腻、繁复、秀美、冷峻、华丽、绚彩、童趣①。如此种种，各种壶艺之美学特色，令观者心与器相应和，激发出或温暖，或安泰，或喜悦，或清凉，或热烈，或冷静的感受。

紫砂壶的美，可以从三个方面来概括：一是紫砂壶的功能之美；

①胡付照．触目润心：宜兴紫砂商品美学［M］．北京：中国财富出版社，2017：40.

二是紫砂壶的艺术设计之美（表现在质地美、造型美和装饰美等）；三是紫砂壶的技术之美。三者的相互统一，才能完整地实现紫砂壶的美学价值。

紫砂壶的功能之美，是物质材料（紫砂泥料）与形式、结构相谐和的创造。紫砂壶的功能之美，一方面与紫砂泥特性的发挥有关；另一方面标志着感性形式本身符合美的形式规律。紫砂壶的宜茶特性、可把玩欣赏的特性，使得紫砂壶兼具物质与精神文化之美的双重内涵。

吕俊杰制——莲华壶

紫砂壶的艺术设计之美主要包括质地美、造型美、装饰美等几个方面。艺术设计之美，来源于自然和生活，讲究潜移默化的社会功能，遵循着气韵生动的美学设计原则，增加了紫砂壶的艺术内涵。质地美是紫砂壶艺术形象的肌肤肉质，是壶艺设计形象的基础；造型美是壶艺形象的灵魂；装饰美是壶艺形象的英姿丽质。

紫砂壶的技术美是壶艺形象创新的实现条件，它们在实用工艺美术品的功能约束下，相互融合，综合地展现了紫砂壶之美。手工技艺的美常常带有造物者的情趣，贯穿着人文精神，保持着经验、感性的特征。它是一种柔性之美、灵性之美，是从人的手中流溢出来的富有人情的美，是具有个人风格特征的技术美。技术美的存在形式与一般美的存在形式不同，它既是一种过程之美，又是一种综合之美，一种表现生产技术的形式和结构功能的综合之美。技术在紫砂壶的制作中是作为过程和手段而存在的，技术存在的具体化只有在壶上才能得到反映，它的美也只能在壶上表现出来。

具体而言，紫砂壶的美学特点必须通过紫砂泥料及装饰辅料、形式和功能等方面表现出来。纵观紫砂壶的设计与制作，始终从服务于人们生活的实用功能的角度出发，充满着浓郁的人文关怀，处处闪耀着人性的光辉和东方的工艺美学魅力。使用紫砂壶品饮中国茶，是一种生活化的艺术，成就了艺术化的生活。

14.4.4 选购紫砂茶具的注意要点

如何选购一把能长期伴随你的紫砂壶？这真是很难做到的一件事情。因为，要找到一把能超越一个人的审美疲劳，好用顺手，耐品耐读，符合自己气质和心性的壶也是需要缘分的。我们不难从紫砂壶鉴赏专著、互联网上查阅到相关挑选紫砂壶的标准条目，但具体到实践，能否挑选到一把好壶，则是一个人综合素质的体现。

有不少资深紫砂壶鉴赏家都认为选择紫砂壶没有既定的标准。从紫砂壶艺术角度来说，紫砂壶之美无法定量，难以用确定的文字来描述；倘若是以泡茶品茶为目的购买紫砂壶，就需要注重茶具的材质安全、宜茶功能、端拿自如，等等。

市场上，紫砂壶品种繁多，质量参差不齐，价格差别很大。如今，围绕紫砂壶已经形成一个巨大的产业，从分类上，笔者认为，主要分为三大类：粗货（陶瓷日用品）、细货（工艺美术品）和特种工艺品（艺术品）。这三类之间艺术价值相差很大。粗货是面向普通民众的大路货产品，价格不高，经济实用，制作较为粗放，造型简单大方，以实用为主，不在赏壶、鉴壶之列。细货是经济实用的工艺美术品，有一定的工艺水平，具有一定的功能性和艺术性，不是精心之作，不是创新之作，但壶店售卖的价格一般也不低。特种工艺品是出自名人之手的作品，用料考究，工艺精湛（体现在细节之处，尤其是壶的内部、转接处等），艺术气息浓，富有新意，个性显著。有些精绝的作品，更是难以复制。这样的艺术作品，在一般的普通茶具商店很难有售，多是在拍卖场所或直接向制作者定制。特种工艺品还是收藏家收藏的对象。

同样一个相似的造型，反映在市场上，价格可能会出现天壤之别。由此，也就出现了以普通粗货冒充艺术品欺骗消费者的现象。面对复杂的紫砂壶市场，消费者常常会感叹“壶虽小，水太深”！

紫砂壶作为泡茶实用以及把玩欣赏的一个器物，大家选购时还是有一定规律可循的。笔者认为，选壶时不妨从远观和细辨两方面考虑。要先让自己内心平静下来，不要在冲动和激动的时候选壶。把手洗干净，以清爽干燥的手去端拿紫砂壶。取壶的时候不能莽撞，要小心，穿着宽袖大衣等要防止袖口、下摆碰到其他的壶或物品，以免造成意外损坏。

汪寅仙制——神鸟出林壶

远观时用心感受壶的美学气韵，若感觉不错，可在手中把玩细辨壶的各部位做工。对于初识者来说，因很难辨识泥料好坏，不妨先从含砂量高的壶入手，对于泥料非常细腻的壶要慎选。对初学者而言，不要选太油亮的壶、太鲜艳的壶、太轻的壶、有异味的壶、粘手的壶；对资深研究者而言，倘若遇到不一般的壶，要做进一步的分析和研究，以免误判。

辨识紫砂壶的细部时，要仔细看各部件黏合部位是否有微细的裂痕，内部壶壁和壶底之间有没有裂缝，壶流内部的出水孔做得是否光滑、圆润、通畅，壶嘴圆不圆，壶盖和壶身之间是否精巧密合，壶盖盖在圆形的壶口上转动是否紧密自如。也可以按住壶纽气孔，用嘴巴向壶内吹气，检验壶盖和壶身是否紧密；壶把合不合自己的手形；重量是否满意；整个壶的部件之间是否有向上的蓄势感；壶把、壶流嘴、盖纽和壶体能否浑然一体，气息贯通；用鼻子闻壶的气味，以无土腥气和异味为好；提拿壶纽轻轻在壶口上旋转一下，听听声音是否干脆利落（最好别敲打，很多店家最讨厌顾客敲壶，因很有可能控制不当会敲碎壶盖或给壶体造成伤害）。制作壶的关键是要烧到该泥料最恰当的温度，若烧不透的话，敲击声音会沉闷，土腥味重，泡茶效果和养护的视觉效果不佳。若条件允许，可以用水试验，看看壶的出水是否顺畅，从壶流中流出的水柱是否圆润有力，断水是否干净利落。倒水时，水不能从壶盖和壶口之间渗出来，不然日后泡茶，可能会有烦恼。

对于初学者来说，应尽量避免选购过于油亮的壶。不妨选择砂质明显，颜色暗淡的壶；用开水浇淋之后，水蒸气能在表面蒸干，不易形成水珠的壶。若表面存有黑点（矿料中的铁质析出，俗称“美人痣”）、壶胎中存有极小的白点的壶算是原矿标志之一，但也有假冒产品专门做出这个标志。用手抚摸，壶应不粘手，若没有使用过的新壶，内部还有碎泥渣、白色的金刚沙砾等杂质，未清理的壶表面不应呈现类似冰糖葫芦的视觉感。

从泡茶的角度来选择壶。壶口大、壶身低矮的壶适应性较强，既适合泡不发酵、微发酵和半发酵的绿茶、黄茶、白茶和青茶等，也适宜泡红茶、黑茶等茶类。壶口小、壶身高的壶一般适合泡半发酵及发酵类的乌龙茶、红茶、黑茶等。不同的壶胎的疏松或致密对所泡茶叶也有影响。一般来说，胎质致密的壶适宜泡重香气的茶叶，胎质疏松的壶适宜泡重滋味的茶叶。胎质的疏松或致密可以用沸水试验：干燥的壶冲入沸水后，耳朵可凑近壶口向内听声音，若能听到滋滋不断的胎体吸水声，则说明壶体较为疏松；若能听到啪啪声且很短，则说明壶体较为致密。另外，朱泥壶一般胎质较为致密。模具辅助成型的壶比全手工成型的壶胎质会致密些。当然，以上也只是一般经验，具体情况还应根据特定的壶做分析和试验来判断。

壶的制作年代对泡茶也有影响。一般来说，古壶胎质比今壶疏松，使用时应注意先用温水预热，防止沸水冲壶“惊裂”。对于一般特定的壶而言，不妨多用几种茶叶试试，以便最终定下来冲泡哪种茶叶色香味最佳，然后再“专壶专用”。另外，笔者也有用“百家茶”泡一把壶的习惯，在茶和壶的试验中，品茶也另有一番情趣。

同样一把茶壶，在不同售卖场所价格相差很大。买壶时要保持冷静理性，一定不要把听到的故事当真，不少店家说的故事带有一定的迷惑性，买壶时不要把故事和壶一起买下来。作为普通百姓，在一般的壶店里购买茶具很少能买到收藏级别的紫砂壶艺术品，不少茶壶店售卖的紫砂壶只是普通的粗货，尤其在一些旅游纪念品商店，能淘到一把性价比高的紫砂壶更是不容易。

买到心仪的茶壶后，应给自己的茶具建档案，内容包括：此壶的名称、泥料、容量、制作者、购买的时间、价格、地点、购买时的一些感受和杂记等。因为日后当你买到越来越多的茶壶时，你可能会发现，养成记录档案的习惯是多么有必要。

互联网时代，信息沟通顺畅，诸多网站上常有紫砂壶及其文化知识的介绍，但由于内容有好有坏，初识紫砂壶者容易被文字误导，尤其是当下紫砂壶营销宣传中亦有夸张之处，甚至有虚假信息，君不见“大师”名号满天飞，一些制壶艺人信息的真实性难以查证。

当代紫砂壶市场，价格方面，没有明确的衡量标准。一把壶上的印章，有的是制作者的姓名，有的是紫砂企业品牌，有的是个人定制，等等，不能以此来判断价格高低。有职称的艺人，人们会根据职称的高低，有一个基本的价格认可范围，在面对具体的紫砂壶实物的时候，价格又有所不同；没有职称的艺人的紫砂壶，常被称为民间艺人壶，相对有职称的人来说，价格会稍低一些。但假若深入宜兴紫砂壶市场，我们不难发现，很多民间艺人的壶，价高且一壶难求的也不少见。壶底打上公司的品牌标识，这种壶一般采用全国统一定价的方式售卖，价格较为透明，以文化创意产品的形式受到初级爱壶爱茶者的追捧。对于一把壶而言，紫砂壶是特定物，稀缺而高端的壶主要在博物馆及一些收藏家、制壶者手中；市场流通时，一般在各大艺术品拍卖市场出现；旅游景点很难有精妙的高端壶，充斥着的多为普通商品壶，甚至还有大量的低劣假冒泥料制成的紫砂壶。

在使用紫砂壶过程中，你可能会发现以下几点：一、真的紫砂壶用开水冲泡后，用手触摸，也会感觉烫手。二、常有人说养护好的紫砂壶仅冲开水，也会有茶香之说，其实无论真壶还是假壶，这方面都很难做到。若是你平时泡茶专壶专用（一把壶只泡一种茶），打开壶盖，也许会嗅到上次所泡之茶的淡淡香气，但若冲开水入空壶想喝到茶汤，至少笔者尚未曾遇到。三、若专壶专用条件不具备，一把壶泡一类茶也可以。四、尽量不要用硬度大的碱性水泡茶，这样壶内很容易集聚茶垢，若有茶垢，应及时清理。五、有人说火烧紫砂壶不会裂，奉劝大家还是少试验为好，因为火烧的部位受热是否均匀、紫砂壶底有没有暗伤、壶身厚度是否存在较大差异等，这些都有可能令壶在受到外界明火烧热时而破裂，还是慎重为好。

关于紫砂壶是否有毒的问题则较为复杂。紫砂壶泥料中添加一些化工原料是为了烧成后的颜色好看以及提高紫砂壶的烧成率，但若是过量，就有可能给消费者的身体健康带来伤害。普通消费者是很难辨识眼前的这把壶的原料是否添加了可能有害人体的化学物质的，因此，选购紫砂壶时应尽量选择信誉度较高的商家以得到有效的保障。当然，选购时应尽量避免选择过于油亮、色彩过于鲜艳、存有异味、土腥味重、制作粗劣的紫砂壶。在此，笔者呼吁，政府及其相关机构应推动紫砂壶作为食具标准的制定，以及加强市场监管，确保茶具市场上紫砂壶作为食具的安全性。

14.4.5 使用紫砂壶的开壶方法

普通紫砂壶，大家应在使用前做一定的修整，对紫砂壶进行除杂、修整，进行第一次清理。可以把金属曲别针弄直后（或直接找到较软的不锈钢条），小心地通通壶流出水孔，看是否有泥料残渣。通的时候要小心，不要太用力（小心伤手），防止把出水孔边缘弄残。把壶弄湿，把旧牙刷刷头用火烤弯，然后伸入壶体内细刷（蘸点牙膏刷也好），注意各个部位都要刷到。壶盖和壶口之间稍微用力进行旋转摩擦，这样口盖之间会增加密合度，旋转摩擦会磨出一些粉末，可用湿布擦去。擦完后，可滴少许水，便于旋转摩擦。若是十分精美的好壶，要谨慎摩擦，以免弄巧成拙。

用牙刷把新壶表面的灰尘刷洗清理干净

紫砂壶新壶在用于泡茶之前，无论壶的质量高低，从卫生角度出发，还须进行一次沸水处理。将紫砂壶新壶放在干净无油的炊具（如钢精锅）中，再倒入半锅冷水，水要能漫过紫砂壶，壶内放入茶叶，壶盖和壶分别放在锅内，不必把紫砂壶的盖子盖在壶身上，锅内也放入一些茶叶（有特别讲究者是准备泡哪种茶就用哪种茶来开壶。笔者认为，不必刻意，用茶叶即可），盖上锅盖，以小火煮沸，沸腾后即可关闭火源。在烹煮的过程中要小心避免因水沸腾，锅底产生振动，锅内的壶、盖发生碰伤。待锅内的水冷却后，即可取出，用刷子再刷刷，用干净的水冲洗，即可使用。不建议采用网络上有人推荐的用豆腐、甘蔗开壶的方法，那只是能对一些极其劣质泥料做的壶起到掩盖异味的效果。

若是壶的烧成温度不够，或者添加了某些化学物质，就可能会有明显的土腥味。这样的壶，在开壶时，可多在茶汤锅子里泡些时间，但取出晾干后，仍可能会有土腥味。经过一段时间的使用或者再进行多次开壶，土腥味才能渐渐消失。若仍有土腥味，可储存茶汤做试验，若茶汤很容易变质，则此壶的质量不好，建议不要再用此壶泡茶，可能是添加了过量化工料的低劣壶，或者是使

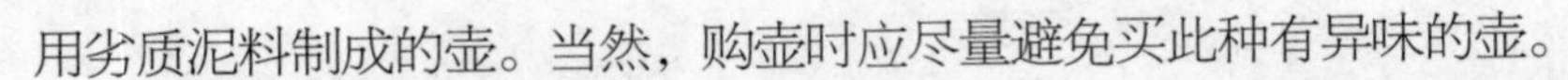
用劣质泥料制成的壶。当然，购壶时应尽量避免买此种有异味的壶。

若是一把旧紫砂壶，准备重新启用泡茶，应先做一番清洗之后再使用。有些壶假若盛放过油，或被其他来源不明的液体污染过，建议不再作为茶具使用，除非把这把壶放到窑中再烧制一遍，以尽最大可能确保茶具安全。

有些曾经泡过茶的旧壶，可能会因壶的内部有残存的茶渣或积累的茶山等而有霉味，笔者建议用 84 消毒液进行高浓度的浸泡，然后用清水浸泡，再用新壶开壶的方法，对壶做进一步的保养，以确保茶具泡茶安全。

有些被鞋油“化装”过的壶，不建议再作为茶具使用。有些具有一定岁月痕迹或曾经修补过的茶壶，建议仅作观赏，因为此类壶年代久，经手人过多，有些磕碰伤痕等，相关经手人会运用各种方法进行修补，在修补过程中，不知会使用什么材料，可能会含有毒有害物质。

14.4.6 紫砂壶的养壶技法

初次处理过的紫砂壶，即可用以泡茶。泡茶时，可用湿茶巾对壶的表面进行擦拭，擦拭时注意不要太用力，也不要过于频繁。一般用于泡发酵类茶叶（红茶、黑茶等）的茶壶，壶的颜色会变深；泡半发酵和不发酵类茶叶（乌龙茶、黄茶、花茶、绿茶等）的茶壶，壶的颜色变化较慢。每次品茶完毕后，应及时清理茶渣，保持壶体内外干净，把壶盖和壶体分开放在茶桌上，使其自然阴干。不一定要每天都用一把紫砂壶，可使用几天后，停用几日，然后再用。也可以在阳光下晒壶，晒的时候要注意壶内外都要擦拭干净，不要留有茶渍。壶若长时间不用，在存放之前，应把壶晒干。但即使这样，存放一段时日后，拿出茶壶，嗅壶内的气味，也可能会有霉味，可以用开水涤荡几次后，泡一泡茶，异味即可除去。若存放不当，壶体内发霉，应用牙刷仔细刷洗，以免对健康造成危害。

紫砂壶与养壶笔

另外，有些初次使用紫砂壶泡茶者还会存在这样的误区：认为用来泡茶的紫砂壶（已经烧造完成，在壶店里售卖的）永远不能干燥，担心壶会因干燥开裂。这个完全不必担心，而且，紫砂壶最好是泡茶后特意干燥几天，间用间停，还有利于养壶。有的壶内部很容易出现“茶锈”，有的是因为壶的泥料不好，有的是因为用来泡茶的水太硬，要注意识别。除非为了陈设观赏保持旧壶的原状，用于泡茶的话，还是及时清理茶锈为好。

一把好壶经过用心的养护，壶的光泽和颜色会发生诸多的变化，这种变化令人感觉非常愉悦。一把心仪的好壶，你会对它产生感情。当你为琐事烦恼时，端拿美壶，一切烦恼皆烟消云散，细品香茗，令人心情怡畅。壶友中常赞“养壶即是养心”，用心养壶，爱上品茶，在潜移默化之中，有茶的生活能让心静下来，做事更有智慧。

在养壶品茗之外，还需提醒初学者，壶养得美，只是品茶之中的一个副产品，切莫一味追求壶的“包浆”美，为养壶而养壶。

14.4.7 提高紫砂壶艺美学素养的方法

从艺术的角度看，美都是相通的，平时要养成多欣赏艺术品的习惯，听音乐、尝美食、看优美的风景、欣赏诗书画印等。从提升壶艺美学素养看，还要养成如下的好习惯：

（1）多观赏好壶。对紫砂壶制作名家名师的作品风格有一定的了解，对博物馆藏品、拍卖公司拍品展览、紫砂壶收藏家藏品、紫砂艺术家的作品展览、工作室展品等保持浓厚的兴趣，多品读，多交流。

（2）养成品茶的好习惯。根据个人经济条件，对有些品质较高的茶，应尝试了解其风味。尽可能多地使用不同造型和材质的紫砂壶进行泡茶实践，这样你能从利于泡茶的角度对紫砂壶的造型及其设计细节有深刻的认识，对不同的壶适宜泡什么茶才能有更深刻的感受。

（3）多关注媒体上播出的紫砂壶类的专题节目。尤其是互联网上很多视频类门户网站（如优酷、土豆网、酷6网、百度视频等）的相关资料很多，可以“紫砂”专题进行搜索后下载或直接观看。

（4）多参与互联网上的紫砂论坛、茶文化论坛，个人紫砂及茶文化博客、微博等，向茶友、壶友学习，交流探讨。

（5）深入宜兴实地探访，重点去丁蜀镇，深入了解紫砂壶制壶工艺及其

艺术精品。

另外，若是你想作紫砂文化方面的深度研究，不妨系统地购买紫砂文化专著、查阅紫砂或工艺美术类的专业文献。多读书，不仅能对紫砂艺术有深度了解，还能扩大视野，提升涵养气质，成就学习型的好公民。

14.5 茶具收藏与养护

中华茶艺中的茶具种类繁多，材质多样，在收藏与养护中要特别注意针对不同材质和特点的茶具进行保护。

竹木茶具要特别注意防发霉、防开裂、防虫蛀。在使用和收藏中，不能在太阳下暴晒，在梅雨天要特别注意检查，防止发霉长毛。这类茶具要远离烧水壶，因为烧水壶温度高，壶流嘴容易喷出蒸汽，对竹木茶具造成损坏。

陶土、紫砂、瓷器、玻璃类茶具，因脆性大，受到外力很容易磕碎弄残，也尽量不要沾染油污，尤其是陶土及紫砂类茶具。陶土及紫砂材质的茶具胎体具有一定的吸附性，肉眼看似晾干了，但茶具内部可能还会有水汽，若盖上壶盖直接收纳起来，内部很容易发霉。所以，平时泡完茶，清理茶具之后，应把壶盖和壶身分开放置，便于晾干。若放在茶桌上长期不用，建议用透明的塑料保鲜袋包裹，防止落上灰尘。

金属材质的茶具，每次使用完毕应擦拭或晾干，不要使水汽存在茶具中，防止生锈或产生异味。

纺织品类的茶具也要防止受潮发霉、折痕弄脏等。其他材质的茶具，如翡翠、玉石、玛瑙、水晶等，应按照相关材质的特点进行保管和养护。

14.6 常用茶具选购要点

我们去茶具商店购买茶具时，首先要明确定位，根据店的位置、经营档次，进店之后面对店里的茶具要做综合判断，做到自主选购。要特别注意的是，有些导购员常会把普通的“商品壶”（所谓商品壶，是玩壶者对粗货的俗称，不是经济学上的概念）当作艺术品壶去谈壶论壶，误导购买者。可以说，以目前的物价来看，市场上 500 元一把的普通商品壶以 1 万元一把卖掉的情况也是存在的。消费者应多学习一些有关茶具的知识，提高美学素养，多些理性，是买到称心如意的茶具的关键。另外，现在网上购物较为普遍，但购买茶具仅凭图片很难辨别真伪、好坏等，这个要谨慎为之。

笔者认为，选购茶具时可以考虑以下几个方面：

（1）无论何种材质的茶具，自己拿在手里，感受一下，顺不顺手，好不好用，美不美观，品相是否完美等，最好再用鼻子嗅一嗅，先做一个简单的判断，再考虑和店家讨价还价。

（2）作为茶艺泡茶用壶，好用比好看重要。紫砂泰斗顾景舟大师曾说过，紫砂壶要越用越喜欢、越看越高兴才行。看似随意的一句话，其实蕴含着很深刻的道理。因此，在选购时，要选适合自己的手形、重量得宜、端拿适度的茶具，同时还要具有一定的文化艺术内涵，值得人细细品味。

（3）市场上有各种产地、各种材质的茶具，要从茶艺的角度选择茶具，以茶之色香味为核心要素，即考虑茶具的材质、造型、颜色、大小、导热率、器物胎质的厚薄等。要做对比试验，要做定时、定量试验，长此以往，才能对茶具适宜泡某种茶有自己的体会，才不至于人云亦云。

（4）在市场上找一把好看又好用的壶很难。不论是紫砂壶还是瓷壶、陶壶等，要选择盖好壶盖倒茶时不易从盖口与壶身结合处流水的、停倒茶汤时不易从壶嘴处顺壶流涎的壶。名家的壶也未必能做到不流涎，这其中涉及的原因较为复杂，购买时最好先进行试水试验。试水时，壶内外都要湿，倾倒壶水时要突然断水，进行判断。

（5）两把同样的壶，用过的壶（俗称养过的壶）要比未用的稍贵些，但不能贵得离谱。笔者在使用紫砂壶过程中，发现有的壶初用时没发现缺陷，但经过一定时间的泡茶使用，壶身会出现小裂纹、小沙砾爆出等现象。买稍经养过的壶，可直接规避这些风险。

（6）各种材质的壶，壶嘴流出的水流形状各有不同，要以集束、圆润、流速有力的为好。

（7）壶把形式各异，要选适合自己手形的。所以，选壶时应自己试着端拿，看手的适合度、重量的

茶艺师用朱泥小壶泡茶

适合度等。

（8）很多专家都建议选壶要选壶嘴、壶把、壶纽三点一线的壶，并且壶嘴、壶口和壶把在一个平面上。所以有的人去买壶带着卡尺，其实没有必要，找到这样的壶一是不太容易；二是即使符合了要求，也不一定有韵味。所以，如何选壶是仁者见仁智者见智的事情，不好一概而论。

（9）现在市场上具有闲逸古韵味道的壶较少，装饰过度造作、线条紧张的壶较多。

（10）有的壶视觉美感要高于实用性，建议用作观赏把玩，以免因泡茶不好用而对壶生厌恶心。

（11）耐品耐读的壶少之又少。初看一把壶，可能很喜欢，然而用了一段时间后，也许就束之高阁了。所以，不要小看那些传统造型的茶壶，经过几百年甚至上千年的器形传承变化，其造型中已经融入了中华文化的骨气文脉，经得起推敲，“涵光华于朴厚，寄风雅于平常”，好壶好用。

（12）小壶好用。容量在100~200毫升的小品壶很好用。笔者在多种场合拿出小壶，多半会被观众或学生善意取笑。问他们为什么笑？则答曰：太小，能盛几口茶水？这样问者，多是难得钻研泡茶艺术者。因为泡一款茶，若连喝三壶，也有600毫升了，这小壶还小吗？

（13）大壶自由。出汤时，手持大壶，高冲入杯，有爽净大方之气。用400~500毫升的大壶来泡大叶种茶叶，看着壶内大叶子自由舒展，就会心生自在畅快之感。考虑大壶储水时温度降低缓慢，泡好茶后，要及时把茶汤出在公道杯或另外的壶内。

（14）作为一个茶艺师，一定要有几把容量大小不一且好用的壶，以便于在不同的场合泡不同的茶时使用，而且要注意养护、保管，用心呵护，珍惜和壶的缘分。

（15）品茗杯应考虑材质、色彩、导热率、容量大小、与嘴唇接触部位的杯口造型弧度等。

（16）盖碗杯要注意选择盖与杯身扣合比较好的，因为市场上盖变形者、杯口不圆者较为常见。

（17）对于有釉质的瓷质茶具，选购时应注意：从外观上看，器物胎体组织均匀、细腻，无可见杂质，光泽度好，无色差，线条清晰，造型合度。注意识别外观缺陷，如底足变形、斑点、熔洞、坯泡、疙瘩、泥渣、釉泡、裂纹、毛孔、落渣、缺泥、色脏、粘疤、注浆纹、合缝迹、缺釉、皮子釉、裂纹、底沿粘渣、水泡边刺边、烤花粘釉等。

（18）对别人总结出来的选壶、养壶、择壶泡茶等经验要反复审思，不可武断地否定或肯定。要有质疑的精神，尤其是那种神化了某种茶具的观点一定要不得。

（19）古壶和今壶泡茶的味道不同。不同泥料、胎质、造型、容量、导热率的茶壶对泡茶效果影响明显，应根据茶具和茶叶的情况进行综合选择。

不器（弘尚书法）

（20）对不发酵的绿茶或发酵度低的乌龙茶，用适合的紫砂壶也能泡出美味茶汤。每一把紫砂壶的泥料、胎质疏密程度、造型、色彩等都不同，因此，不是每一把紫砂壶都适合泡绿茶。实验表明，胎质致密、壶口较大、身筒较矮、容量200～300毫升的紫砂壶，沏泡绿茶效果不错。但对胎质致密些的紫砂壶泡绿茶来说，绿茶的鲜灵度会损失较明显，但绿茶的香气会较好。当然，泥料对泡出来的茶汤也有影响，大家可以试验验证茶与壶的适配性问题。

（21）当代电脑科技发达，不要轻信茶具上的印章符号，不要轻信各种证书、包装盒等，要综合判断为是。

（22）面对器物要理性、冷静。虽然笔者也未必完全能够做到，但要经常提醒自己，以免又囤积了大量不喜欢的、只有三分钟热度的茶具。

（23）新的好用好看的、具有高科技元素和时代特色的茶具一定会不断地被创制出来，我们不要拒绝它，应以积极的态度面对它，敢于尝试新器物。

煮一壶禅意
品百年风流

15 茶与文学艺术

茶是一种具有文化载体性质的植物性饮料。数千年来，人们以茶为食、以茶入药、以茶为饮，对茶的深加工已在多个产业中发挥作用。茶有迷人的香气和滋味，通透诱人的色彩，当你闻香品味之后，常常会有清和愉悦、安详舒泰之感，这也是人们常常会痴迷于它的原因。茶是人们日常生活的嗜好品，爱茶的人吟咏赞美它，通过书画描绘它，通过各种文学形式来寄情抒怀，茶已渗透在人们的物质和精神生活的方方面面。茶文学是以茶及茶事活动为题材的语言艺术[1]。与茶有关的文学艺术内容丰富多彩，如茶与书画篆刻、茶与音乐、茶与歌舞戏剧、茶与诗词、茶与楹联、茶与小说、茶与散文等，都令人感受到茶文化的博大精深。

①周圣弘，罗爱华．中国茶文化教程[M].广州：世界图书出版公司，2016：234.

陶雅

茶文化注重文化意识形态以雅为主表现诗词书画歌舞弹唱融入了儒家思想道家和释家的哲学色彩是独具特色的一种文化模式

乙未文

15.1 茶与书画篆刻艺术

绘画起源甚早，早在旧石器时代人类居住的山洞中，就留有早期人类的画作。但是，关于饮茶和茶事的画卷，至唐代时才见提及。中国茶画是以茶事为题材的绘画作品，茶画是中华茶文化重要的表现形式①。

15.1.1 茶与绘画

1.（唐）阎立本《萧翼赚兰亭图》

阎立本（约 601—673 年），唐代早期画家，所画《萧翼赚兰亭图》是我们现在能够看到的最早的茶画，现存南宋摹本保存在"台北故宫博物院"。此画纵 27.4 厘米，横 64.7 厘米，绢本，工笔着色，无款印。该画后面有宋代绍兴进士沈揆、清代金农的观款，明代成化年间进士沈翰的跋文。

（唐）阎立本《萧翼赚兰亭图》（南宋摹本）

①周圣弘，罗爱华．中国茶文化教程 [M]．广州：世界图书出版公司，2016：234.

画中有5位人物，中间坐着八旬高僧辩才，对面长须飘洒的为萧翼，左下有两人煮茶。画上机智而狡猾的萧翼和面露难色的辩才和尚，神态惟妙惟肖。画中左下有一老仆人蹲在风炉旁，炉上置一锅，锅中水已煮沸，茶末刚刚放入，老仆人手持"茶筅"欲搅动"茶汤"。另一旁，有一童子弯腰，手持茶托盘，小心翼翼地准备"分茶"。矮几上，放置着茶碗、茶罐等用具。这幅画不仅记载了古代僧人以茶待客的史实，而且再现了唐代烹茶、饮茶所用的茶器茶具，以及烹茶方法和过程。也有人认为此画不是阎立本所画，但作者究竟是谁，目前尚无定论。

2.（五代）顾闳中《韩熙载夜宴图》

顾闳中，生卒不详，南唐画院待诏，以善画人物侍奉于李后主。此画是由听乐、观舞、午憩、清吹和宴归五个片段组成的，充分表现了当时贵族们夜生活的重要内容——品茶听琴。"听乐"部分，画中矮几上茶壶、茶碗和茶点散放在宾客面前，主人坐榻上，宾客有坐有站，左边有一女子弹琵琶，宾客们一边饮茶一边听曲。从画面上人物神态来看，几乎所有的人都被那美妙的乐声迷住了。

（五代）顾闳中《韩熙载夜宴图》（局部）

3.（南宋）刘松年《茗园赌市图》

刘松年（约1155—1218年），宋代宫廷画家。钱塘（今浙江杭州）人，擅长人物画。《茗园赌市图》现藏于"台北故宫博物院"。该画中茶贩有注水点茶的、有提壶的、有举杯品茶的，右边有一挑茶担者，专卖"上等江茶"，旁有一妇拎壶携孩边走边看。"江茶"是一种散叶茶，但饮用方法类似团饼茶，经茶磨磨成粉后再点茶，品饮。该画描

（南宋）刘松年《茗园赌市图》

绘细致，人物生动，一色的民间衣着打扮，这是宋代街头茶市的真实写照。

4.（明）文徵明《惠山茶会图》

文徵明（1470—1559年），明代著名文人，诗文书画出众。与名士祝允明、唐寅、徐祯卿四人，时称“吴中四才子”。文徵明擅长山水、人物、花鸟画。画史上将他列名于沈周、唐寅、仇英之中，合称“吴门四家”。他一生创作了大量的茶画，如《乔林煮茗图》《品茶图》《松下品茗图》《林树煎茶图》《茶事图》《惠山茶会图》等。

（明）文徵明《惠山茶会图》

《惠山茶会图》现藏于北京故宫博物院，纸本，设色，纵21.9厘米，横67厘米。画面描绘了明正德十三年（1518年）清明时节，文徵明同书画好友蔡羽、汤珍、王守、王宠、潘和甫、朱朗共七人游览无锡惠山，在惠山泉旁的“竹炉山房”饮茶赋诗的情景。该画体现了文徵明早年山水画细致清丽、文雅隽秀的风格。画前引首处有蔡羽撰的《惠山茶会序》，后有蔡羽、汤珍、王宠各书记游诗。诗画相应，抒情达意。

5.（明）陈洪绶《停琴品茗图》

陈洪绶（1599—1652年），字章侯，号老莲，浙江人，明末清初画家。《停琴品茗图》描绘了两位高人逸士相对而坐，琴弦收罢，茗乳新沏，良朋知己，香茶间进，手捧茶杯，边饮茶边谈古论今，加之雅气十足的珊瑚石、莲花、炉火等，如此幽雅的环境，把人物的隐逸情调和文人淡雅的品茶习俗，渲染得既充分又得体，给人以美的享受。

（明）陈洪绶《停琴品茗图》

6.（清）董诰《复竹炉煮茶图》

董诰（1740—1818 年），浙江富阳（今杭州市富阳区）人。明代王绂曾作《竹炉煮茶图》遭毁后，董诰在乾隆庚子年（1780 年）仲春，奉乾隆皇帝之命，复绘一幅，因此称《复竹炉煮茶图》。画面有茂林修篁，茅屋数间，屋前茶几上置有竹炉和水瓮。远处是清丽的山水，景色优美，画右下有画家题诗："都篮惊喜补成图，寒具重体设野夫。试茗芳辰欣似昔，听松韵事可能无。常依榆夹教龙护，一任茶烟避鹤雏。美具漫云难恰并，缀容尘墨愧纷吾。"画正中有"乾隆御览之宝"印。

（清）董诰《复竹炉煮茶图》（局部）

7.（清）程志远《茗壶枣枝图》

程志远，清代康乾间人，江苏长洲（今苏州）人，擅长水墨花果、人物画。《茗壶枣枝图》画面简洁，共有两把茶壶，均为圆壶，一高瘦，一胖圆，壶的左侧放有一枝三枚枣，左上角题字"茗壶奇古，枣枝肥大。道者家风，清真可爱。奇哉齿牙，咬他不坏"，落款"程志远""南溟"印。

（清）程志远《茗壶枣枝图》

8. 墓葬茶画

墓葬茶画是茶走入丧葬文化的派生物。以茶为题材内容的墓葬壁画其实是以茶入祭祀风俗的一种表现。

①（辽）张世古墓壁画——《将进茶图》（局部）

作者不详，河北张家口市宣化区下八里村张世古墓出土。壁画中间一女人手捧茶托和茶盏，似准

（辽）张世古墓壁画
《将进茶图》（局部）

备向主人奉茶。桌上有大碗、茶碗和茶托，桌前炉火通红正在煮水，有写实感。

②（元）《茶道图》

（元）《茶道图》

作者不详，彩绘壁画，内蒙古赤峰市元宝山区沙子山 2 号墓壁画。画面生动地再现了元代的饮茶习俗及饮茶场面。长桌上有内置长匙的大碗、白瓷黑托茶盏、绿釉小罐、双耳瓶。桌前侧跪一女子，左手持棍拨动炭火，右手扶着炭火中的执壶。桌后三人：右侧一女子，手托一茶盏；中间一男子，双手端着执壶，正向旁侧女子手中盏内注水；左侧女子一手端碗，一手持红色筷子搅拌。

9. 西方茶画的发展

18 世纪时，随着饮茶在欧美的兴起，以茶为题材的画作也陆续见于西方各国。据美国威廉·乌克斯《茶叶全书》介绍，1771 年，爱尔兰画家 N. 霍恩就曾创作过一幅《饮茶图》。1792 年，英格兰画家 E. 爱德华兹曾画过一幅牛津街潘芙安茶馆包厢中饮茶的场面。

此外，现收藏于美国纽约大都会艺术博物馆中的恺撒的《一杯茶》、派登的《茶叶》，收藏于比利时皇家美术博物馆的《春日》《俄斯坦德之午后茶》《人物与茶事》，以及保存于俄罗斯列宁格勒美术馆的《茶室》等，都是深受人们喜爱的茶事名画。

15.1.2 茶与书法

书法艺术，是中华民族特有的一种艺术形式。2009 年“中国书法”入选“人类非物质文化遗产代表作名录”，成为世界非物质文化遗产之一。书法艺术经历了从实用到艺术的发展过程，书法家通过笔墨线条的变化，表达出对生命的感悟和审美情趣，在对文字进行创思美化书写的过程中，提升书写者的审美品格。我国汉字书法艺术尽管风格各异，但从书体来说，大致可分为篆、隶、楷、行和草书五种。在流传下来的中国历代书法作品中，有很多有关茶文化内容的

作品值得品读。尤其是唐宋以来，茶产业及书法艺术的大发展，文人雅士参与茶事，撰写了与茶相关的文章及书籍，他们聚会之时，谈文论艺，品茗相伴，客观上也提升了茶的文化内涵。如今以茶为主题的书法作品也常被书法家青睐，现特选几幅历史上较为著名的有关茶文化的书法作品做简要介绍。

1.（三国）皇象《急就章》

相传三国时吴国皇象（生卒年未详）书，皇象，字休明，三国吴时广陵江都（今江苏扬州）人。皇象的书法，被赞为“中国善书者不能及也”。晋葛洪《抱朴子》誉其为“一代绝手”。南朝宋羊欣说：“吴人皇象能草，世称沉著痛快。”今世仅存《急就章》石刻，以“松江本”最为著名。“松江本”传系皇象所书。其字结体略扁，各字间均不牵连。有些笔画下笔尖细，重按后上挑，形成不规则的三角形，成为其字的重要特征。“松江本”原石现藏于上海市松江博物馆。对喜爱章草的人来说，“松江本”是学习章草的优秀范本，因为章草是早期的草书，到了皇象时代已十分成熟，且为众多书家所擅长。

（三国）皇象《急就章》（部分）

2.（唐）怀素《苦笋帖》

《苦笋帖》是唐代僧人怀素（725—785年）的作品，它是现存最早的与茶有关的佛门手札。怀素，字藏真，湖南零陵人，幼年出家入佛门。他以狂草闻名，在中国书法史上有着突出的地位。唐代草书大家怀素的《苦笋帖》，绢本，纵25.1厘米，横12厘米，字径3.3厘米左右，清时曾珍藏于内府，现在藏于上海博物馆。在这篇名札中，书写有“苦笋及茗异常佳，乃可迳

（唐）怀素《苦笋帖》

来。怀素上。”十四字。此帖墨韵天成，藏正于奇，蕴真于草，极为简逸，是以少胜多的典型范式，从文意中可窥见怀素对茶的喜爱与期盼之情。

3.（北宋）蔡襄《思咏帖》

蔡襄（1012—1067年），字君谟，福建路兴化军仙游县（今属福建）人。北宋书法家、政治家、茶学家。其楷书端重沉着，行书温淳婉媚，草书参用飞白法，为“宋四家”之一。宋皇祐二年（1050年）十一月，蔡襄自福建仙游出发，应朝廷之召，赴任右正言、同修起居注之职。途经杭州，约逗留两个月后，于1051年初夏，继续北上汴京。临行之际，他给邂逅钱塘的好友冯京留了一封手札，全文如下：“襄得足下书，极思咏之怀。在杭留两月，今方得出关，历赏剧醉，不可胜计，亦一春之盛事也。知官下与郡侯情意相通，此固可乐。唐侯言：王白今岁为游闰所胜，大可怪也。初夏时景清和，愿君侯自寿为佳。襄顿首。通理当世屯田足下。大饼极珍物，青瓯微粗。临行匆匆致意，不周悉。”这就是《思咏帖》。其书体属草书，共十行，字字独立而笔意暗连，用笔虚灵生动，精妙雅妍。通篇虽不及“茶”“茗”二字，但其中蕴含的风流倜傥的人物形象，以及其游戏茗事的清韵，令人感动。

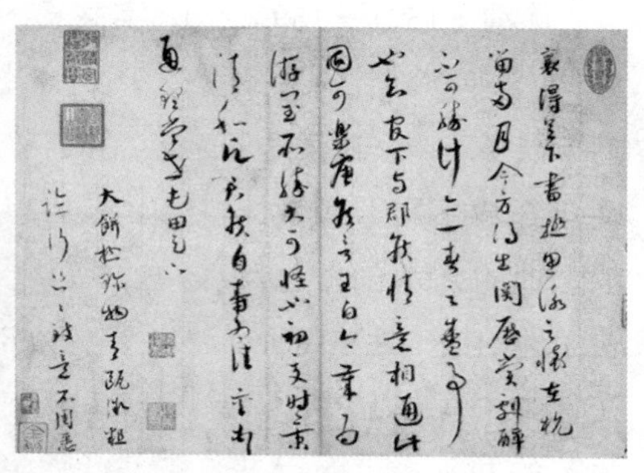

（北宋）蔡襄《思咏帖》

4.（北宋）苏轼《啜茶帖》

苏轼（1037—1101年），字子瞻，又字和仲，号东坡居士，北宋眉州眉山（今四川眉山市）人。宋代著名文学家，唐宋八大家之一，宋代文学的代表人物之一。苏轼作为书法上的“宋四家”之一，为后世留下了许多的书法作品，他的书法与他的诗词文一样多重于“意”的抒发，信手写来，笔意自然，挥洒绝尘，意趣两足。他的有关茶的

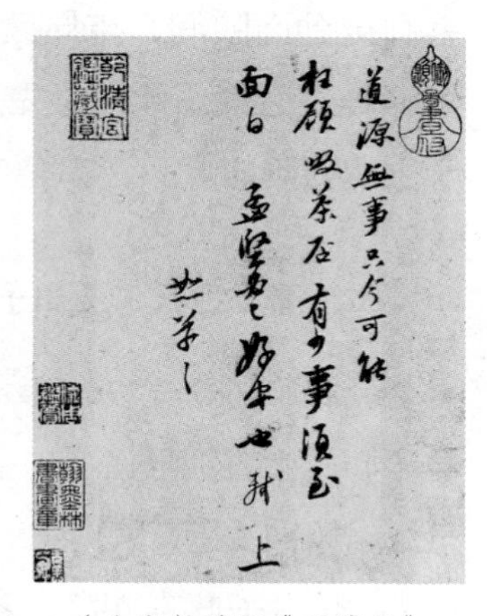

（北宋）苏轼《啜茶帖》

书法作品显示了他挥毫啜茗的绝代风采。

《啜茶帖》，也称《致道源帖》，纸本，纵23.4厘米，横18.1厘米，原帖藏于“台北故宫博物院”，是苏轼于宋神宗元丰三年（1080年）写给道源的一则便札，邀道源饮茶，并有事需当面商量。32字，纵分4行。内容是：“道源无事，只今可能枉顾啜茶否？有少事须至面白。孟坚必已好安也。轼上，恕草草。”

5.（明）徐渭《煎茶七类》

徐渭（1521—1593年），字文长，又字文清，号天池山人、青藤道士等，山阴（今浙江绍兴）人。明代杰出的书画家和文学家。徐渭一生不仅写了很多茶诗，还依陆羽之范，撰有《茶经》一卷（已轶）。徐渭一生坎坷，晚年狂放不羁，孤傲淡泊。他的艺术创作也反映了他的这一性格特征。在他的书画作品中，有关茶的并不多，而行书《煎茶七类》则是艺文合璧。文后有作者记云：

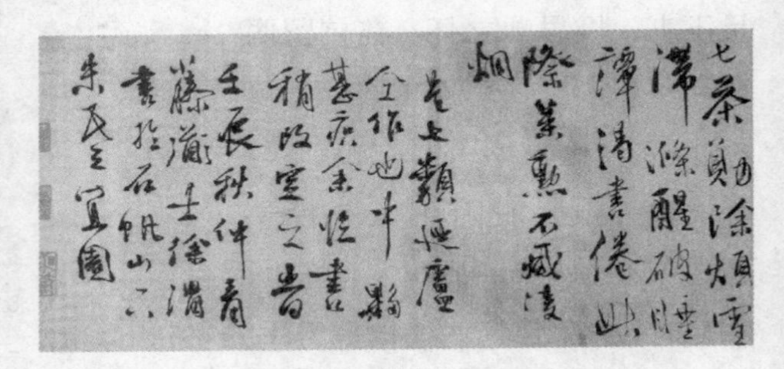

（明）徐渭《煎茶七类》（局部）

“是七类乃卢仝作也，中夥甚疾，余临书稍改定之。”书后小记署时为“壬辰秋仲”，乃明万历二十年（1592年），是年徐渭71岁，乃逝世前一年，犹见他跳掷腾挪的姿态与雄健的笔力。《煎茶七类》带有较明显的米芾笔意，笔画挺劲而腴润，布局潇洒而不失严谨，与徐渭的另外一些作品相对照，多存雅致之气。此帖早先为浙江上虞天香楼所藏，其刻石失而复得，今藏于上虞曹娥庙。

6.（清）金农《玉川子嗜茶帖》

金农（1687—1763年），钱塘（今浙江杭州）人，字寿门、司农、吉金，号冬心先生，别号诸多。金农的书法善用秃笔重墨，有蕴含金石方正朴拙的气派，风神独运，气韵生动，人称之为“漆书”。

《玉川子嗜茶帖》，系有关茶事的隶书中堂。年代不详，纸本，纵

124.5 厘米，横 50 厘米，现藏于浙江省博物馆。书轴全文：“玉川子嗜茶，见其所赋茶歌，刘松年画此，所谓破屋数间，一婢赤脚，举扇向火。竹炉之汤未熟，长须之奴复负大瓢出汲。玉川子方倚案而坐，侧耳松风，以俟七椀之入口，可谓妙于画者矣。茶未易烹也，予尝见《茶经》《水品》，又尝受其法于高人，始知人之烹茶率皆漫浪，而真知其味者不多见也。呜呼，安得如玉川子者与之谈斯事哉！稽留山民金农。”所书虽为隶书，却是漆书笔法，苍古奇逸，魄力沉雄，是书风内涵丰满的精品。曾由夏衍收藏，1989 年捐赠给浙江省博物馆。

（清）金农
《玉川子嗜茶帖》

7.（清）郑板桥《溢江江口是奴家》

郑燮（1693—1765 年），字克柔，号板桥，江苏兴化人。清代书画家、文学家。在“扬州八怪”中，郑板桥的影响很大，与茶有关的诗书画及传闻轶事也多为人们所喜闻乐见。他擅写兰竹，以草书中竖长撇法运笔，体貌疏朗，风格劲峭。工书法，用隶体参入行楷，自称“六分半书”。

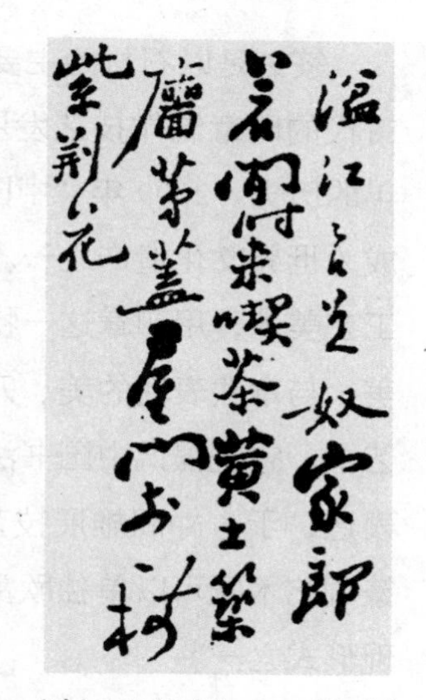

（清）郑板桥《溢江江口是奴家》

《七绝十五首卷》，原件十五首诗，其中一首《竹枝词》吟及茶事，诗云：“溢江江口是奴家，郎若闲时来吃茶。黄土筑墙茅盖屋，门前一树紫荆花。”据元代陶宗仪《南村辍耕录》卷四所记，这首《竹枝词》产生于元代诗人揭傒斯的一段奇遇。郑板桥在书作最后落款为“板桥居士郑燮书于潍县”，当是他 1746—1752 年在潍县时所书。整幅书法均为六分半书的“乱石铺街体”，左右挥洒，从容自如。墨迹藏于扬州博物馆。

8. 吴昌硕《角茶轩》

《角茶轩》篆书横批。1905 年春节吴昌硕应友人之请所书。其笔法、

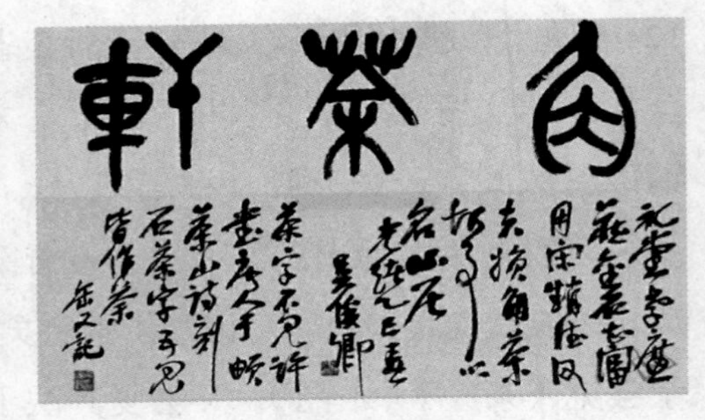

吴昌硕《角茶轩》

气势源自石鼓文。落款很长，以行草书之，其中对“角茶”的典故、“茶”字的字形做了考记：“礼堂孝廉藏金石甚富，用宋赵德父夫妇角茶趣事以名山居……‘茶’字不见许书，唐人于岥茶山诗刻石，‘茶’字五见皆作‘茶’。”所谓“角茶趣事”，是指宋代金石学家赵明诚（字德父、德甫、德夫）和他的妻子、婉约派词人李清照以茶作酬，切磋学问，在艰苦的生活环境中依然相濡以沫，精研学术的故事。

15.1.3 茶与篆刻艺术①

篆刻是以石材为主要材料，以刻刀为工具，以汉字为表象的并由中国古代的印章制作技艺发展而来的一门独特的镌刻艺术，至今已有 3000 多年的历史。2009 年“中国篆刻”入选“人类非物质文化遗产代表作名录”，成为世界文化遗产之一。篆刻艺术是书法（主要是篆书）和镌刻相结合的工艺美术，用印章这一特定的形式表现的一门工艺美术；是将汉字书法的美，与章法表现的美、刀法展现的美及金石的自然之美融为一体的表现性艺术。它既强调中国书法的笔法、结构，也突出镌刻中自由、酣畅的艺术表达，于方寸间施展技艺、抒发情感，深受中国文人及普通民众的喜爱。篆刻艺术既可以单独欣赏，也能与书画艺术相结合，是中国艺术的重要表现形式之一。

我国篆刻艺术具有悠久的历史，最早可追溯到春秋战国时期。它的雏形应该追溯到印模——新石器时代古老陶器上的一种制作技艺。最早文献资料《周礼·地官·司市》记载：“凡通货贿，以玺节出入之。”这里的玺，是一种交换的信物，而在春秋战国至秦以前，印皆称为玺；秦以后，皇帝所用的印

---

①佚名．中国篆刻与茶 [EB/OL]．人民政协网，www.rmzxb.com.cn/c/2014-05-28/331833.shtml.

曰玺，大臣以下的官员或者私人所用才称为印。篆刻艺术历经时代变迁，所用的材料和技法也越发多元，篆刻的内容也更加广泛。把具有茶元素的内容以篆刻的形式表现出来，是茶文化与篆刻艺术融合的产物。茶印按字义内容分，可分为切题印和题外印两大类。前者即以茶事为题材的印章，后者即非以茶事为题材而有“茶”字的印。以性能分，可归纳为实用印章和篆刻艺术印章两大类。

带有“茶”（即古“荼”）字印文的玺印。秦汉以前，茶字印甚少。目前仅从现存古玺印痕中可以看到如“侯荼”和“牛荼”等印章。直到清代，印人篆刻以茶事为内容的印作明显增多，其中有篆刻大家吴昌硕和“西泠八家”之一的黄易的不少杰作。

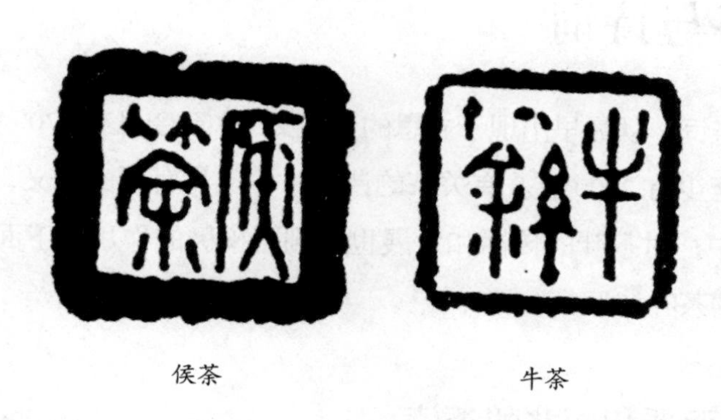

侯荼　　牛荼

“张荼”汉篆圆形白文印，系一张氏以“荼”为名者的私印，刊于清代陈介祺所辑《十钟山房印举》，是迄今史料中所能见到的最早的茶字印。全印清丽灵动，刚朗洒脱。

“荼豸”是一方汉代的封泥印。尽管封泥不是印章，但封泥作为凭信出现在特定的历史阶段，在篆刻艺术史上占有重要地位。

张荼　　荼豸

“茶陵”是湖南长沙出土的西汉石印，是一方典型的凿印。有学者认为，“茶陵”是一方明器。在视死如生的遥远古代，能够与主人入土为安，恰好证明这一石印是主人生前的心爱之物。从随葬官印能推断出墓主应该是一名将帅，甚至极有可能在茶陵一带率兵打仗。在湖南株洲就有一个叫茶陵的地方，其地理位置北抵长沙、南通韶关，因相传神农氏“崩，葬长沙茶乡之尾，是曰茶陵”。茶陵，也是中国历史上唯一一个以茶命名的行政县。

茶陵

15.2 茶与诗词

以茶入诗词，从最早出现于左思的《娇女诗》至今已有1700多年的历史，闻名于世的至少有2000首。有关茶的诗词，不仅具有历史意义，而且在当时的现实生活中，对茶叶的传播和发展也起到了积极的作用。下面笔者将重点介绍各时期的茶叶诗词。

15.2.1 两晋和南北朝茶诗

从前文可知，“荼”字在唐以后统一作“茶”字。《诗经》中多次出现“荼”字，但文中所指是否专指“茶”，茶学界各学者看法不一。现介绍几首两晋和南北朝时期的茶诗：

1. 孙楚《出歌》(部分)

茱萸出芳树颠，鲤鱼出洛水泉。

白盐出河东，美豉出鲁渊。

姜桂茶荈出巴蜀，椒橘木兰出高山。

蓼苏出沟渠，精稗出中田。

2. 张载《登成都楼诗》（部分）

借问扬子舍，想见长卿庐。
程卓累千金，骄侈拟五侯。
门有连骑客，翠带腰吴钩。
鼎食随时进，百和妙且殊。
披林采秋橘，临江钓春鱼。
黑子过龙醢，果馔逾蟹蝑。
芳茶冠六清，溢味播九区。
人生苟安乐，兹土聊可娱。

3. 左思《娇女诗》（部分）

吾家有娇女，皎皎颇白皙。
小字为纨素，口齿自清历。
鬓发覆广额，双耳似连璧。
明朝弄梳台，黛眉类扫迹。
浓朱衍丹唇，黄吻烂漫赤。
娇语若连琐，忿速乃明集。
握笔利彤管，篆刻未期益。
执书爱绨素，诵习矜所获。
其姊字惠芳，面目粲如画。
…………
贪华风雨中，眒忽数百适。
务蹑霜雪戏，重綦常累积。
并心注肴馔，端坐理盘鬲。
翰墨戢闲案，相与数离逖。
动为垆钲屈，屐履任之适。
心为茶荈剧，吹嘘对鼎䥶。
…………

4. 王微《杂诗》（部分）

待君竟不归，收颜今就槚。

5. 杜毓《荈赋》

灵山惟岳，奇产所钟。瞻彼卷阿，实曰夕阳。厥生荈草，弥谷被岗。承丰壤之滋润，受甘霖之霄降。月惟初秋，农功少休，结偶同旅，是采是求。水则岷方之注，挹彼清流。器择陶拣，出自东瓯；酌之以匏，取式公刘。惟兹初成，沫沈华浮，焕如积雪，晔若春敷。若乃淳染真辰，色绩青霜，氤氲馨香，白黄若虚，调神和内，倦解慵除。

15.2.2 唐及五代茶诗

1. 李白《答族侄僧中孚赠玉泉仙人掌茶（并序）》（部分）

常闻玉泉山，山洞多乳窟。
仙鼠如白鸦，倒悬清溪月。
茗生此中石，玉泉流不歇。
根柯洒芳津，采服润肌骨。
丛老卷绿叶，枝枝相接连。
曝成仙人掌，似拍洪崖肩。
举世未见之，其名定谁传。
宗英乃禅伯，投赠有佳篇。
清镜烛无盐，顾惭西子妍。
朝坐有余兴，长吟播诸天。

2. 卢仝《走笔谢孟谏议寄新茶》

日高丈五睡正浓，军将打门惊周公。
口云谏议送书信，白绢斜封三道印。
开缄宛见谏议面，手阅月团三百片。
闻道新年入山里，蛰虫惊动春风起。
天子须尝阳羡茶，百草不敢先开花。

仁风暗结珠琲瓃，先春抽出黄金芽。
摘鲜焙芳旋封裹，至精至好且不奢。
至尊之馀合王公，何事便到山人家？
柴门反关无俗客，纱帽笼头自煎吃。
碧云引风吹不断，白花浮光凝碗面。
一碗喉吻润，两碗破孤闷。
三碗搜枯肠，唯有文字五千卷。
四碗发轻汗，平生不平事，尽向毛孔散。
五碗肌骨清，六碗通仙灵。
七碗吃不得也，唯觉两腋习习清风生。
蓬莱山，在何处？
玉川子，乘此清风欲归去。
山上群仙司下土，地位清高隔风雨。
安得知百万亿苍生命，堕在巅崖受辛苦？
便为谏议问苍生，到头还得苏息否？

3. 齐己《咏茶十二韵》

百草让为灵，功先百草成。
甘传天下口，贵占火前名。
出处春无雁，收时谷有莺。
封题从泽国，贡献入秦京。
嗅觉精新极，尝知骨自轻。
研通天柱响，摘绕蜀山明。
赋客秋吟起，禅师昼卧惊。
角开香满室，炉动绿凝铛。
晚忆凉泉对，闲思异果平。
松黄干旋泛，云母滑随倾。
颇贵高人寄，尤宜别匮盛。
曾寻修事法，妙尽陆先生。

4. 刘禹锡《尝茶》

生拍芳丛鹰嘴芽，老郎封寄谪仙家。
今宵更有湘江月，照出菲菲满碗花。

5. 元稹《一字至七字诗·茶》（宝塔诗）

茶。
香叶，嫩芽。
慕诗客，爱僧家。
碾雕白玉，罗织红纱。
铫煎黄蕊色，碗转曲尘花。
夜后邀陪明月，晨前命对朝霞。
洗尽古今人不倦，将知醉后岂堪夸。

6. 杜牧《题禅院》（煎茶诗）

觥船一棹百分空，十岁青春不负公。
今日鬓丝禅榻畔，茶烟轻飏落花风。

7. 杜甫《重过何氏五首·其三》（饮茶诗）

落日平台上，春风啜茗时。
石阑斜点笔，桐叶坐题诗。
翡翠鸣衣桁，蜻蜓立钓丝。
自今幽兴熟，来往亦无期。

8. 姚合《乞新茶》（采茶诗）

嫩绿微黄碧涧春，采时闻道断荤辛。
不将钱买将诗乞，借问山翁有几人。

9. 杜牧《题茶山》（造茶诗）

山实东吴秀，茶称瑞草魁。
剖符虽俗吏，修贡亦仙才。

溪尽停蛮棹，旗张卓翠苔。
柳村穿窈窕，松涧度喧豗。
等级云峰峻，宽平洞府开。
拂天闻笑语，特地见楼台。
泉嫩黄金涌，牙香紫璧裁。
拜章期沃日，轻骑疾奔雷。
舞袖岚侵涧，歌声谷答回。
磬音藏叶鸟，雪艳照潭梅。
好是全家到，兼为奉诏来。
树阴香作帐，花径落成堆。
景物残三月，登临怆一杯。
重游难自克，俯首入尘埃。

10. 白居易《山泉煎茶有怀》（名泉诗）

坐酌泠泠水，看煎瑟瑟尘。
无由持一碗，寄与爱茶人。

11. 徐夤《贡余秘色茶盏》（茶具诗）

捩翠融青瑞色新，陶成先得贡吾君。
功剜明月染春水，轻旋薄冰盛绿云。
古镜破苔当席上，嫩荷涵露别江濆。
中山竹叶醅初发，多病那堪中十分。

12. 皮日休《包山祠》（部分）（以茶祭神）

白云最深处，像设盈岩堂。
村祭足茗糤，水奠多桃浆。

15.2.3 宋代茶叶诗词

宋代的诗人，非常重视对传统的继承，饮茶之风盛行，诗人们都嗜茶、

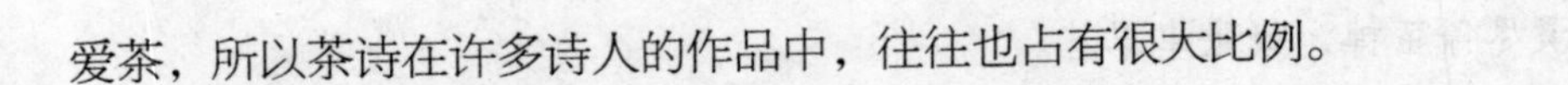

爱茶，所以茶诗在许多诗人的作品中，往往也占有很大比例。

1. 苏轼《马子约送茶，作六言谢之》（绝句）

珍重绣衣直指，远烦白绢斜封。

惊破卢仝幽梦，北窗起看云龙。

2. 赵佶《宫词·其三十九》

今岁闽中别贡茶，翔龙万寿占春芽。

初开宝箧新香满，分赐师垣政府家。

3. 范成大《夔州竹枝歌》（竹枝词）

白头老媪簪红花，黑头女娘三髻丫。

背上儿眠上山去，采桑已闲当采茶。

4. 苏轼《记梦回文二首（并叙）》（回文诗）

十二月二十五日，大雪始晴，梦人以雪水烹小团茶，使美人歌以饮。余梦中为作回文诗，觉而记其一句云乱点余花唾碧衫，意用飞燕唾花故事也，乃续之为二绝句云。

酡颜玉碗捧纤纤，乱点余花唾碧衫。

歌咽水云凝静院，梦惊松雪落空岩。

空花落尽酒倾缸，日上山融雪涨江。

红焙浅瓯新火活，龙团小碾斗晴窗。

5. 苏轼《行香子》（茶词）

绮席才终，欢意犹浓，酒阑时、高兴无穷。共夸君赐，初拆臣封。看分香饼，黄金缕，密云龙。斗赢一水，功敌千钟，觉凉生、两腋清风。暂留红袖，少却纱笼。放笙歌散，庭馆静，略从容。

6. 汤巾《以庐山三叠泉寄张宗瑞》（部分）（赞名泉诗）

鸿渐但尝唐代水，涪翁不到绍熙年。

从兹康谷宜居二，试问真岩老咏仙。

7. 苏轼《游诸佛舍，一日饮酽茶七盏，戏书勤师壁》(赞茶功诗)

示病维摩元不病，在家灵运已忘家。

何须魏帝一丸药，且尽卢仝七碗茶。

8. 苏轼《惠山谒钱道人烹小龙团登绝顶望太湖》(含泉茶诗)

踏遍江南南岸山，逢山未免更流连。

独携天上小团月，来试人间第二泉。

石路萦回九龙脊，水光翻动五湖天。

孙登无语空归去，半岭松声万壑传。

15.2.4 元、明、清代茶叶诗词

元、明、清时代，除有茶诗、茶词外，还出现了以茶为题材的曲，如李德载的《喜春来·赠茶肆》小令十首，节录如下：

第一首：茶烟一缕轻轻扬，搅动兰膏四座香，烹煎妙手胜维扬。非是谎，下马试来尝。

第七首：兔毫盏内新尝罢，留得余香满齿牙，一瓶雪水最清佳。风韵煞，到底属陶家。

第十首：金芽嫩采枝头露，雪乳香浮塞上酥，我家奇品世间无。君听取，声价彻皇都。

另外，清代的回文诗也广泛流传，如黄伯权创作的《茶壶回文诗》：

落雪飞芳树，幽红雨淡霞；薄月迷香雾，流风舞艳花。

又如张奕光的《梅》：

香暗绕窗纱，半帘疏影遮；霜枝一挺干，玉树几开花；

傍水笼烟薄，隙墙穿月斜；芳梅喜淡雅，永日伴清茶。

15.2.5 近代茶叶诗词

我国的茶叶生产从清代后期逐渐衰落，自20世纪50年代以来，茶叶生产又有了较快的发展。因此，茶叶诗歌的创作也出现了新的局面。特别是20

世纪 80 年代以来，随着茶文化活动的兴起，茶叶诗词创作更呈现出一派繁荣兴旺的景象，为人们留下了许多韵味盎然的新作。

如朱德的《看西湖茶区》《庐山云雾茶》，陈毅的《梅家坞即景》，赵朴初、苏步青、启功、胡浩川、庄晚芳、王泽农等都以清新的笔触，把我国传统的茶叶诗词推到一个新的阶段。

15.3　茶与楹联

楹联，也叫对联，相传最早始于五代后蜀主孟昶在寝门桃符板上的题词。至宋时遂推广用在楹柱上，后来随着时代的变迁，又普遍作为装饰或交际之用。

茶联的出现，最迟应在宋代，但目前有记载的并广为流传的，多为清代的茶联。现代的名山大川、茶楼、茶馆、茶社和茶亭等处都可见到意味深远、妙趣横生的茶联，给茶客以美的享受。本部分将从四个方面对我国主要流传的茶联作粗浅的探讨。

15.3.1　名人与茶联

清代著名书画家、文学家郑板桥一生写过许多茶联。他在镇江焦山别峰庵求学时，就曾写过茶联："汲来江水烹新茗，买尽青山当画屏。"将名茶好水、青山美景融入茶联之中。他在家乡兴化，曾用方言俚语写茶联："扫来竹叶烹茶叶，劈碎松根煮菜根。""白菜青盐糄子饭，瓦壶天水菊花茶。"这种粗茶菜根的清贫生活，是普通百姓的日常生活写照，使人看了觉得既亲切又有情趣。郑板桥号称"扬州八怪"之一，既能诗善画，又乐于品茗，因此，笔墨入茶也就不足为奇了："墨兰数枝宣德纸，苦茗一杯成化窑。"联中将"文房四宝"与茶和茶具联系在一起，结合得恰到好处，生动地再现了作者爱墨喜茶的雅趣。

郑板桥书法：墨兰数枝宣德纸　苦茗一杯成化窑

中国四大名著之一《红楼梦》的作者曹雪芹是一位见多识广、才气纵横，琴棋书画、诗词曲赋无所不精的小说家、诗人及画家。他在《红楼梦》中提到茶的地方竟达 270 余处之多，咏茶的诗词、对联有十来首，对饮茶的方式、名茶品目、古玩茶具、沏茶用水等都作了详尽的描述，无怪乎曾有人说，一部《红楼梦》，满纸茶叶香。

15.3.2 茶馆与楹联

古代名人为茶馆题联的虽然很多，但有不少广为流传的茶联已难以考证作者为谁了。

北京中山公园的“来今雨轩”，民国初年曾改为茶社。有一楹联云：“三篇陆羽经，七度卢仝碗。”把陆羽和他著的《茶经》、卢仝和他的《七碗茶歌》写入楹联。

广州羊城著名的茶楼“陶陶居”，据说 20 世纪 80 年代前店主为了扩大茶楼影响，曾出重金征以“陶”字开头的楹联一副，有位外乡人赠：“陶潜善饮，易牙善烹，饮烹有度；陶侃惜分，夏禹惜寸，分寸无遗。”此联用了四个人名，四个典故，不但把“陶”字嵌入每句之首，还巧妙地把茶楼的沏茶技艺和经营特色都恰如其分地表达出来，受到店主的欢迎和饮茶人的传诵便是自然的了。

浙江杭州的“茶人之家”，在正门门柱上悬有一副茶联：“一杯春露暂留客，两腋清风几欲仙。”既道明了以茶留客，又说出了用茶清心和飘飘欲仙的感觉。进入前厅，在会客室的门前木柱上又有一联，曰：“ 得与天下同其乐，不可一日无此君。”此联中虽无“茶”字，但人们一看便知主人愿“以茶会友”的心情。在陈列室的门庭上，还有一副对联：“龙团雀舌香自幽谷，鼎彝玉盏灿若烟霞。”此联措辞含蓄，点出了名茶名具，使人未曾参观却已有入宝山之势。

北京前门大茶馆门楼的茶联为：“大碗茶广交九州宾客，老二分奉献一片丹心。”此联不仅刻画了店家以茶联谊的初心，还进一步阐明了茶馆的经营宗旨。

上海曾有一家茶楼的对联也颇有特色：“客上天然居，居然天上客；人来

交易所，所易交来人。”此联顺念倒读成联，很有雅趣。

浙江湖州八里店镇有一茶亭，亭上有一副楹联：“四大皆空，坐片刻无分你我；两头是路，吃一盏各自西东。”此联既写出了眼前景观，又道出了佛机禅理，可谓是妙手佳作。

江苏无锡城里新雅水乡茶楼有一联：“水乡香茗引清客，梁溪古韵伴和风。”茶楼地处闹世，但清雅古韵的茶楼为城市增添了清静之感，成为无锡城里一道亮丽的风景。

15.3.3 名茶与楹联

名茶不仅被历代皇帝及官吏视为宝物而不遗余力地向茶农征之，也为文人雅士所推崇，更赋予其优美的文化韵味。现将部分常见的名茶茶联介绍如下：“龙井云雾毛尖瓜片碧螺春，银针毛峰猴魁甘露紫笋茶。”“扬子江心水，蒙山顶上茶。”“兰芽雀舌今之贵，凤饼龙团古所珍。”“入山无处不飞翠，碧螺春香百里醉。”“草泥来趁蟹螯健，茗鼎香分小凤团。”“瑞草抽芽分雀舌，名花采蕊结龙团。”

15.3.4 其他与茶有关的楹联

其他与茶香、采茶、茶具、好水、品茗心境等有关的楹联主要有：“香飘屋内外，味醇一杯中。”“凝成云雾顶，茗出晨露香。”“菜在街面摊卖，茶在壶中吐香。”“诗写梅花月，茶煎谷雨春。”“只缘清香成清趣，全因浓酽有浓情。”“为爱清香频入座，欣同知己细谈心。”“酒好能引八方客，茶香可会千里友。”“茗外风清移月影，壶边夜静听松涛。”“瓦壶水沸邀宾客，列位请进请进；茗碗香腾破睡魔，诸君快来快来。”“尘虑一时净，清风两腋生。”“四海咸来不速客，一堂相聚知音人。”“欲买先品味，方识雾中茶。”“甘泉天际流，香茗雾中飘。”“美酒千杯难知己，清茶一盏也醉人。”“竹雨松风琴韵，茶烟梧月书声。”“香分花上露，水汲石中泉。”“煮沸三江水，同饮五岳茶。”“品泉茶三口白水，竺仙庵二个山人。”“泉从石出清宜冽，茶自峰生味更圆。”“泉香好解相如渴，火红闲评坡老诗。”“红透夕阳，好趁余晖停马足；

茶烹活水，须从前路汲龙泉。”“秀萃明湖游目频来过溪处，腴含古井怡情正及采茶时。”

15.4 茶与谚语

茶谚，是我国茶文化的重要组成部分，它是茶叶生产、饮用发展到一定阶段才产生的一种文化现象。下面笔者选取一些常见茶谚，供读者鉴赏。

开门七件事：柴米油盐酱醋茶。

文人七件雅事：琴棋书画诗酒茶。

国不可一日无君，君不可一日无茶。

宁可一日无食，不可一日无茶。

平地有好花，高山出好茶。

高山雾多出名茶。

好茶需要好水配。

头交水，二交茶，三泡四泡赶快爬。（指喝茶还是第二泡茶味好，三四泡的茶就可以走了，指茶味已淡，没有值得留恋的了）

春茶苦，夏茶涩，要好喝，秋露白。（这是一条流传较早的古谚，主要含义是提倡和鼓励人们采摘秋茶，并不是真正说秋茶的质量比夏茶和春茶好）

时新茶叶陈年酒。

姜是老来辣，茶是后来酽。

茶叶学到老，茶名记不了。

嫩茶轻，老茶重。

客来敬茶。

茶叶好比时辰草，日日采来夜夜炒。

头茶不采，二茶不发。

清明发芽，谷雨采茶。

茶叶不怕采，只要肥料待。

向阳好种茶，背阴好插柳。

土厚种桑，土酸种茶。

若要茶树好，锄草不可少。

七挖金，八挖银，不挖茶园成草林。

秋冬茶园挖得深，胜于拿锄挖黄金。

早采三天是个宝，迟采三天变成草。

15.5 茶与音乐

品茗喝茶，若有音乐相伴，则倍添情趣。茶与音乐自古以来就相伴而行。品茶时选择什么音乐，可以根据自己的喜好而定。况且，每个人的文化背景、爱好不同，规定品茶时听什么音乐，一来对他人不礼貌，二来也有违茶道精神。下面所列出的与茶有关的音乐，仅是笔者喜好推荐，供大家参考。

15.5.1 写茶叶的音乐

台湾风潮有声出版有限公司出版过一套“听茶”系列音乐，其中直接写茶的有《清香满山月》《香飘水云间》《桂花龙井——花薰茶十友》《铁观音》等。

《清香满山月》中运用排箫、高胡、古筝、琵琶、笙、古琴等传统乐器的不同特性，让人充分领略清新的茶境。包括曲目：从来佳茗似佳人——西湖龙井；清香满山月——广东凤凰水仙；香泉一合乳——蒙古奶茶；寒夜客来茶当酒——西藏酥油茶；芳气满闲轩——洞庭碧螺春；疏香皓齿有余味——台湾冻顶；茶烟轻扬落花风——福建春茶；临风一啜心自如——闽南工夫茶。

《香飘水云间》中将曲笛、板胡、古筝、琵琶、笙、中阮、中音唢呐等乐器相结合，细腻地描绘了不同地区的茶味与景致的无限世界，了解各类名茶的味境。包括曲目：香飘水云间——庐山云雾茶；香氲满袈裟——普陀山佛茶；谁人知此味——甘肃三炮台；茗外风清移月影——信阳毛尖茶；一碗和香吸碧霞——台湾包种茶；风前何处香来近——新疆维清茶；壶边夜静听松涛——黄山毛峰茶；云间幽径香——峨眉蛾蕊茶。

《桂花龙井——花薰茶十友》中融入大自然的水声、虫鸣、鸟叫、海潮等声，把花香与茶香缓缓地沁入听者的心中，提升了音乐的悠然意境。包括曲目：珠兰大方——清友；梅花祁红——韵友；莲花珍眉——净友；玳玳毛尖——名友；玫瑰翠片——艳友；桂花龙井——仙友；茉莉银毫——雅友；玉兰云雾——芳友；栀子普陀——禅友；菊花普洱——益友。

《铁观音》在古筝、胡琴、排箫等乐器的诠释下，把乌龙茶中不同品种的名茶之风味，与听众做一次心灵深处的亲切交流。包括曲目：铁观音、凤凰单丛、水金龟、白毫乌龙、永春佛手、大红袍、铁罗汉、白鸡冠。

15.5.2 写茶艺茶境的音乐

笔者在此主要介绍写水的音乐、写茶具的音乐、写茶境的音乐、写茶道的音乐与写茶俗的音乐等几类。

1. 写水的音乐

《茶雨》是以西湖龙井为灵感创作的专辑，巧妙地融合了物（茶）、景（湖光山色）、乐（吴地音调）、情（吴人情怀）。主要曲目有：月落西子湖、茶雨、听泉、戏茶、古刹幽境、月下飘香、闲看柳浪、听雨。

2. 写茶具的音乐

在现代吃茶过程中，茶壶是茶具的主体。《听壶》所阐释的音乐，即使不泡茶的人，也可以从精神深处闻到那股浓烈而迷人的茶香。主要曲目有：轻如云彩——鸡头壶；紫泥泛春华——大彬壶；甜梦何悠然——睡翁壶；苍竹滴翠——束竹壶；隔淡雾看青山——薄胎粉彩壶；盛来雪乳香——番瓜壶；古树扭风——树瘿壶；芳轩小品——孟臣壶。

3. 写茶境的音乐

中国文人吃茶向来注重环境，写茶境的音乐有描绘山境的、田园生活的、森林的、大海的，等等。从吃茶的角度来看，描写此类的“景或境”的音乐，大多带有“禅”或“道”的思想在其中，当然，也有纯正的大自然的音乐。

《山月迎僧——山行》主要曲目有：山月迎僧、黄山朝晖、翠谷幽泉、迎客古松、云海丹峰、西海晚晴、小镇节景、水乡船歌。

《万里无云》主要曲目有：万里无云、山林传说、千山独行、翠微、雨后天台、清凉心、游子、天涯白雪映月、近乡情。

《归去来兮》主要曲目有：桃花源记、归去来兮、林泉听鸟、悠然心、连雨独饮、迎风、闲情赋、神释、菊仙、归园田居。

《浮生》主要曲目有：浮生闲、蝉悦、逸仙子、佛轩茶思、观鱼跃、一叶扁舟轻行、雨过天晴、花弄影、坐看云起时、轻罗小扇。

4. 写茶道的音乐

《茶道》将茶道中的净、雅、洁的精神完全融入中国传统音乐的曲调中，用音乐带听者入“道”。主要曲目有：雅、洁、净。

《茶界Ⅰ》、《茶界Ⅱ》（古琴：巫娜，洞箫：侯长青）、《茶界Ⅲ》（古琴：赵晓霞，南箫：班苏里、喻晓庆）以古琴与笛箫合奏，营造出禅意浓浓的茶道意境。主要曲目有：虚空望月、琴音茶语、叶水相逢、茶禅、谷水怀香、方寸一席、茶乐花香、茶香竹林、心似莲花开、一具一梦幻、和敬清寂、吃茶一水间、只生欢喜不生愁、吃茶趣、一叶知心、侘寂之境、赵州禅、茶有真味、内观、空纳万境、沉香楼、怜清影、芙蓉雨、清宵半、昔成珏、香阁絮、玉壶冰、西风凉、忆春山、绕天涯。

5. 写茶俗的音乐

饮茶在中国有着非常丰富的民俗表现，不同地区和不同民族都有着独具特色的茶俗。把茶俗融入音乐中，体现了有茶、有民族、有地域的特点。

《云之南——茶马古道（大西北谣曲）》将云南这片彩云之南的茶马古道的沧桑、大西北土地上居住的民族的情结展现出来。主要曲目有：茶马古道（滇西北）、香格里拉之梦（藏族）、孔雀公主（傣族）、小河淌水（汉族）、美丽的瑞丽江（傣族）、太阳神祭（景颇族）、峡谷圣诗（傈僳族）、摇篮曲（独龙族）、玉龙雪山传说（纳西族）、绿风（哈尼族）、云之南。

《一筐茶叶一筐歌》收集了各地悦耳动听的茶谣，好似手拥一把茶壶，壶边的友人说了一个个动听的茶乡故事，配器上，如二胡、古筝、琵琶、笙、笛等化作采茶女的悠扬歌声。主要曲目有：湘江茶歌、闽乡采茶舞、蜀山茶谣、采茶谣、洞庭茶歌、茶山姐妹、西子湖畔请茶歌、茶郎梦。

《奉茶》中婉约清扬的女声和空灵悠远的笙、笛、排箫，琤琮流畅的柳琴、琵琶、古筝，呼应着远方淙淙溪泉，勾勒出一幕幕深情的茶乡记事。主要曲目有：奉茶——义情；指间香——真情；思想起——旧情；摘芽童心——稚情；寄情——乡情；在水一方——惜情；香凝绿林上——爱情；茶悟——放情。

15.6 茶与歌舞、戏曲

从茶史资料上看，茶叶成为歌咏的对象，最早出现于西晋孙楚的《出歌》，其称“姜桂茶荈出巴蜀”。此后，唐代陆羽创作的茶歌、卢仝的《走笔谢孟谏议寄新茶》、皎然的《饮茶歌诮崖石使君》等也广为流传。这里的茶歌，是由文人雅士的茶诗演变而来的，另外还有民间民谣流传而来的。如明清时浙江杭州富阳一带流传的《贡茶鲥鱼歌》，就是根据《富阳谣》改编为歌的。

茶歌的另一个来源是由茶农和茶工创作的民歌或山歌。歌曲的内容丰富多彩：有反映社会状况的，有反映茶民生活的，也有反映各类茶事活动的，等等。如清代流传在江西武夷山采茶工人中的歌：“清明过了谷雨边，背起包袱走福建。想起福建无走头，三更半夜爬上楼。三捆稻草搭张铺，两根杉木做枕头。想起崇安真可怜，半碗腌菜半碗盐。茶叶下山出江西，吃碗青茶赛过鸡。采茶可怜真可怜，三夜没有两夜眠。茶树底下冷饭吃，灯火旁边算工钱。武夷山上九条龙，十个包头九个穷。年轻穷了靠双手，老来穷了背竹筒。”充分反映了采茶人悲惨的人生命运。

随着茶歌的传唱与发展，后来形成了专门的采茶调，发展成为一种传统的民歌形式。

在西南少数民族中，汉族的“采茶调”也被演化成“打茶调”“敬茶调”“献茶调”等广为传唱。如藏族同胞中流传的“挤奶调”（挤奶劳动时唱）、“结婚调”（结婚时唱）、“敬酒调”（宴会进餐时唱）、“打茶调”、“爱情调”（青年男女相会时唱）等。

在当代，随着社会的变化，茶农的生活得到了改善和提高，茶歌的内容也发生了很大的变化，如周大风词曲的《采茶舞曲》，不但被单独演奏、演唱，还配以舞蹈相伴。相配的舞蹈多从茶农劳动动作中提炼加以艺术化。茶舞主

要分为采茶舞、采茶灯两类，音乐以“采茶调”为主。

随着茶歌与茶舞的发展和民间戏曲的发展，后来出现了流行于江西、湖北、湖南、安徽、福建、广东、广西等省区的“采茶戏”。采茶戏最早的曲律是“采茶歌”，采茶戏的人物表演，又与民间的“采茶灯”极其相近，在演唱形式上也保留了一些过去民间采茶歌、采茶舞的传统。它和花灯戏、花鼓戏的风格十分相近，也互有影响，形成的时间大约在清代中期至清代末期这一阶段，主要曲调和唱腔有“茶灯调”“茶调”“茶插”，曲牌有“九龙山摘茶”等。采茶戏一般在曲调上婉转欢快，在舞蹈动作上节奏鲜明。

早期的戏曲是通过茶馆进入城镇的。茶馆出现于唐代，宋代后已相当发达，当时京城的茶馆已成为茶客休闲之地及艺人卖艺的场所。在明清时期，凡是营业性的戏剧演出场所，一般都统称为“茶园”或“茶楼”，以卖茶点为主，演出为辅，茶客一边品茶，一边听曲，看戏是附带的，演员的演出收入也是由茶馆支付的。所以有人说：“戏曲是用茶汁浇灌起来的一门艺术。”

戏曲的创作者、演员、观众大多好饮茶，明代戏剧剧本创作中的“玉茗堂派”，就是因为剧作家汤显祖嗜茶，将其临川的住处命名“玉茗堂”而得名。另外，还有不少戏曲剧目都与茶有关，如元代大戏曲家王实甫《苏小卿月夜贩茶船》杂剧，明代朱权《卢仝七碗茶》杂剧、佚名《三生记》杂剧，清代大戏曲家洪昇《李易安斗茗话幽情》、王文治《龙井茶歌》杂剧、孔尚任《桃花扇》中的“访翠”等。有的剧目以茶事为背景，比如我国传统剧目《西园记》的开场词中，就有“买到兰陵美酒，烹来阳羡新茶”的语句，把观众引入特定的乡土风情之中。在当代，话剧《茶馆》在国内外不断演出，受到了中外观众的好评。

参考文献

[1] 陈宗懋 . 中国茶经 [M]. 上海：上海文化出版社，1992.

[2] 施海根 . 中国名茶图谱：绿茶、红茶、黄茶、白茶卷 [M]. 上海：上海文化出版社，2007.

[3] 施海根 . 中国名茶图谱：乌龙茶、黑茶及压制茶、花茶、特种茶卷 [M]. 上海：上海文化出版社，2007.

[4] 关剑平 . 文化传播视野下的茶文化研究 [M]. 北京：中国农业出版社，2009.

[5] 恩格斯 . 反杜林论 [M]. 北京：人民出版社，1970.

[6] 董存荣 . 蒙山茶话 [M]. 北京：中国三峡出版社，2004.

[7] 裘纪平 . 中国茶画 [M]. 杭州：浙江摄影出版社，2014.

[8] 周圣弘，罗爱华 . 中国茶文化教程 [M]. 广州：世界图书出版广东有限公司，2016.

[9] 胡付照 . 茶叶商品与文化 [M]. 西安：陕西人民出版社，2004.

[10] 胡付照 . 壶里乾坤——紫砂壶艺术探赜 [M]. 桂林：广西师范大学出版社，2012.

[11] 胡付照 . 习茶概要 [M]. 北京：中国财富出版社，2013.

[12] 胡付照 . 触目润心——宜兴紫砂商品美学 [M]. 北京：中国财富出版社，2017.

[13] 中映良品 . 茶道 普洱 [M]. 成都：成都时代出版社，2008.

[14] 朱自振，沈冬梅，增勤 . 中国古代茶书集成 [M]. 上海：上海文化出版社，2010.

[15] 李晓光 . 我国宋代的斗茶之风及斗茶用盏 [J]. 岱宗学刊，1998（3）.

[16] 丁以寿，关剑平，章传政 . 中国茶道 [M]. 合肥：安徽教育出版社，2011.

[17] 张士康 . 中国茶产业优化发展路径 [M]. 杭州：浙江大学出版社，2015.

[18] 宛晓春 . 茶叶生物化学 [M]. 北京：中国农业出版社，2003.

[19] 陈睿 . 茶叶功能性成分的化学组成及应用 [J]. 安徽农业科学，2004（5）：1031-1036.

[20] 王汉生，刘少群. 茶叶的药理成分与人体健康 [J]. 广东茶业，2006（3）.

[21] 李斌城，韩金科. 中华茶史 · 唐代卷 [M]. 西安：陕西师范大学出版社，2013.

[22] 沈冬梅，黄纯艳，孙洪升 . 中华茶史 · 宋辽金元卷 [M]. 西安：陕西师范大学出版社，2016.

后记

茶为国饮，近年来，我所在的无锡城几乎每年都会新增很多茶馆，周围爱茶的朋友也越来越多。学生中对品茶及茶艺感兴趣的也越来越多，他们经常会和我谈起有关茶的话题，茶给他们的生活带来了喜乐。通过交流发现，很多学生和朋友了解到的茶叶商品知识或茶文化知识还不够全面，有的对茶还存在偏见，于是我萌生了一个尽量系统地介绍茶文化的想法。编撰此书，力求尽量较为全面地把中华茶文化的知识作系统介绍，希望能给爱茶的朋友打开一扇了解茶文化的大门。

因为我爱饮茶，家人也饮茶，一家人每天围坐在一起喝茶，既分享茶汤美味，又交流思想感情，其乐融融。因为茶，我结交了很多爱茶、研究茶的朋友，大家对茶的态度是认真的，对茶的感情是真挚的。因为茶，我常常有机会站在国内不同的茶山上、茶馆里，感受天地之间、杯盏之中，茶作为一种饮料对人类的非凡意义。茶不仅是自然生态的，还是人文的，它能引人进入哲思之境，亦能使人入世融入那浓浓的人情味之中。

我常独坐书房，焚香、瀹茶，细细品味壶中真趣。好茶清幽，独品得神。借由茶汤，亦能感受天地之间，吾心徜徉在清静和雅之境。对于茶艺，我总是希望以减法对之，把专注一念贯穿于茶艺程式过程中，泡一壶茶的过程，就是修养身心的过程，涤去杂念，让气息平静，心归平常。

于茶文化研究而言，初始我从商品学角度识茶，在多年的高校教学研究之中，又经历了管理学、营销学、旅游学、设计学、美学、民俗学、文化学、社会学、伦理学等多种学科的教育教研背景，与涉茶管理的政府部门、茶企业等有多个涉茶项目合作研究，对茶产业从理论及实践上有了更加深刻的认识。我相信，中国的茶产业及茶文化的明天会越来越好。

在本书付梓之际，感谢江南大学商学院、无锡旅游与区域发展研究基地对本书出版的资助，本书亦是中央高校基本科研业务费专项资金资助（Supported by the Fundamental Research Funds for the Central Universities）休闲视野下非物质文化遗产保护与利用研究（2017JDZD13）项目，江苏省高校哲学社会科学研究基金项目：经济美学视角下宜兴紫砂品牌创新研究（2017SJB0821），江南大学 2017 年本科教育教学改革研究项目：通识教育课程多元化教学改革探究——以茶与紫砂文化课程为例（JG2017139）。此书的顺利出版，还特别感谢我的导师徐兴海先生于百忙之中为学生之作作序，忘年交朱郁华教授题写书名并插画，书法家弘崙兄的书法作品为本书增添雅趣，师兄张士康博士在茶产业方面的指导，以及曹炳汝教授、张光生教授多年来的指导帮助。非常感谢中国财富出版社的宋宇主任及其所在的团队的大力支持，先后出版了多种茶与紫砂文化方面的著作，如今一本旨在启蒙青年学子学习茶文化的图书顺利付梓，在此特向整个团队成员致以真诚的敬意！最后也特别感谢亲切的茶友们及我的家人对我的工作和爱好的大力支持！

胡付照

戊戌年春　于无锡观一居